RECHERCHES

SUR QUELQUES

EFFLUVES TERRESTRES.

Imprimé par DANICOURT-HUET, à Orléans.

RECHERCHES

SUR QUÉLQUES

EFFLUVES TERRESTRES.

Par le coute J. de Tristan,

MEMBRE DE LA SOCIÉTÉ PHILOMATIQUE DE PARIS,
DE LA SOCIÉTÉ ROYALE DES SCIENCES, BELLES-LETTRES ET ARTS D'ORLÉANS,
ET DE CELLE D'AGRICULTURE ET DES ARTS DE SEINE-ET-OISE.

E pur si muove.
(GALILÉE.)

PARIS.

BACHELIER, LIBRAIRE, QUAI DES AUGUSTINS, n° 55.
REY ET GRAVIER, LIBRAIRES, MÊME QUAI, n° 55.
ARTHUS-BERTRAND, RUE HAUTEFEUILLE, n° 23.

1826.

AVANT-PROPOS.

Les recherches que je présente au public étaient depuis long-temps livrées à la presse lorsque j'ai rencontré, dans les ouvrages d'un de nos savans les plus distingués, un passage qui m'a semblé très-remarquable. Il s'applique si bien au sujet que je traite que je l'aurais employé comme épigraphe s'il eût été moins étendu. Ne voulant pas néanmoins renoncer à l'appui qu'il me présente, je le rapporte ici comme pour me servir d'égide. Au reste je ne suis pas le premier qui en ait fait cet usage ; M. le docteur Rostan l'a cité au commencement de son article sur le magnétisme animal (Dict. de Méd., t. XIII, p. 427). Ce passage est tiré de *l'Essai sur les Probabilités*, par M. le marquis de La Place (p. 358); il se trouve aussi dans l'*Annuaire du bureau des longitudes* (année 1820, p. 110); le voici :

« De tous les instrumens que nous pouvons em-
« ployer pour connaître les agens imperceptibles
« de la nature, les plus susceptibles sont les nerfs,
« surtout lorsque des causes particulières exaltent
« leur sensibilité. C'est par leur moyen qu'on a
« découvert la faible électricité que développe le
« contact de deux métaux hétérogènes, ce qui a
« ouvert un champ vaste aux recherches des phy-
« siciens et des chimistes. Les phénomènes singu-
« liers qui résultent de l'extrême sensibilité des
« nerfs dans quelques individus ont donné naiss-
« sance à diverses opinions sur l'existence d'un
« nouvel agent que l'on a nommé *magnétisme ani-*
« *mal,* sur l'action du magnétisme ordinaire, et sur
« l'influence du soleil et de la lune dans quelques
« affections nerveuses ; enfin sur les impressions que
« peuvent faire éprouver la proximité des métaux
« ou d'une eau courante. Il est naturel de penser
« que l'action de ces causes est très-faible et qu'elle
« peut être facilement troublée par des causes acci-
« dentelles. Ainsi, parce que dans quelques cas elle
« ne s'est point manifestée, on ne doit point

« rejeter son existence. Nous sommes si loin de
« connaître tous les agens de la nature et leurs
« divers modes d'action, qu'il serait peu philoso-
« phique de nier des phénomènes, uniquement
« parce qu'ils sont inexplicables dans l'état actuel
« de nos connaissances. Seulement nous devons
« les examiner avec une attention d'autant plus
« scrupuleuse qu'il paraît plus difficile de les
« admettre. »

RECHERCHES

SUR

QUELQUES EFFLUVES TERRESTRES.

CHAPITRE Ier.

INTRODUCTION.

Lorsque j'ai commencé à apercevoir les faits que je vais exposer, et dès que j'ai eu la pensée d'en rendre compte au public, j'ai songé aux précautions que j'aurais à prendre pour ne point blesser des préventions qui ne sont pas dépourvues de quelque fondement. J'ai cherché sous quelle forme je présenterais mes observations, et quel coloris je tâcherais de leur donner pour surmonter les répugnances et les oppositions qui peuvent se rencontrer. J'ai examiné s'il n'y avait pas quelque moyen préparatoire pour capter l'attention des savans, et pour obtenir d'eux de lire avec une parfaite impartialité ce que je me propose de leur soumettre.

Mais à mesure que la suite des expériences a déroulé devant moi les innombrables liaisons de ces faits avec toute l'économie de la nature, lorsque j'ai vu toutes les observations éparses se rattacher les

1

unes aux autres, et se coordonner entre elles, mes doutes, mes incertitudes se sont évanouis. J'ai cru dès lors que le meilleur moyen de convaincre était d'exposer la vérité dans toute sa simplicité. Sans doute, me suis-je dit, on se préviendra d'abord; on prendra pour un jeu ou pour une illusion ce que je présente sérieusement; moi aussi j'en ai fait long-temps un simple amusement: mais bientôt on verra le théâtre s'agrandir, et, après avoir douté comme j'ai douté moi-même, après avoir supposé, comme je l'ai fait, toutes les espèces d'illusions imaginables, force sera de reconnaître la vérité; et si, contre mon attente, on lui résistait pour le moment, on y reviendrait un peu plus tard.

Telles sont les réflexions que je faisais en 1822 et au commencement de 1823, époque à laquelle j'explorais une route qui s'était ouverte devant moi dans le domaine de la physique. Plus adonné jusque là à des recherches d'histoire naturelle proprement dite, je leur consacrais uniquement d'assez rares momens de loisir, et je n'étais pas au courant des brillantes découvertes qui se sont faites depuis cinq ou six ans relativement à l'électricité. En étudiant donc les nouveaux phénomènes qui s'étaient présentés à moi, et qui semblaient me diriger vers cette partie de la physique, je croyais traverser isolément un pays nouveau; je croyais, notaunier sans boussole, voyager seul sur une mer inconnue. Mais la brume s'est dissipée, et j'ai vu que j'étais entouré de voyageurs qui peuvent me prêter un puissant secours. Avec les savans qui ont étudié l'électricité dynamique, j'aurai peu besoin de préambule, et lorsque je leur aurai dit que j'étudie la marche d'un conducteur mobile, porté sur deux rhéophores électriques, ils comprendront que ce conducteur mobile peut tourner sur son axe, que les deux rhéophores peuvent être des substances animales; ils pourront les supposer même substances vivantes; et ils admettront sans peine que l'appareil électromoteur peut être naturel, que l'électricité transmise peut être immédiatement puisée dans la nature sans le secours d'une machine artificielle; alors j'oserai prononcer que mon point de départ est ce vieux phénomène, dont le charlatanisme a réellement tant abusé, mais qu'on a aussi rejeté avec trop de dédain; en un mot, que c'est la baguette divinatoire.

Mais si déjà ce simple rapprochement de ce qu'il y a de vrai dans cette vieille superstition, et des phénomènes électrodynamiques, peut suffire pour me concilier l'attention de physiciens qui connaissent les travaux de MM. Oerstedt, Amper, etc., je dois penser qu'une grande partie du public, et même bien des gens qui s'intéressent au progrès des sciences sans les suivre pas à pas, conserveront quelques préventions contre ce malheureux mot que je viens de prononcer, la baguette divinatoire. J'en juge par ce que j'ai moi-même éprouvé, par l'espèce de honte que j'avais à avouer la nature de mes recherches. J'en ai été guéri seulement lorsque, voulant coordonner les très-nombreuses expériences que j'avais recueillies, et forcé de rechercher où en était l'électricité que j'avais un peu perdue de vue, je me suis aperçu que les physiciens qui suivent la route ouverte par Oerstedt venaient à ma rencontre, et que, parti d'un point différent, j'arrivais à des phénomènes analogues.

Si donc j'ai à réclamer l'impartialité et l'oubli d'anciennes préventions qui ont pu être fondées, je dois particulièrement insister auprès des personnes qui ne sont pas tout-à-fait au courant des découvertes modernes sur l'électricité. Ainsi, laissant en arrière ce qui a été fait depuis cinq ou six ans, je leur présenterai quelques réflexions fondées sur des faits généralement connus.

Si un homme venait annoncer aujourd'hui qu'il s'élève de la terre des effluves électriques, on lui dirait qu'il y a long-temps qu'on sait cela, et que ce fait n'a guère été contesté.

Si cet homme ajoutait que ces effluves sont différens, soit en qualité, soit en quantité, selon les heures ou les saisons, et que même ils sont soumis à des variations qui peuvent tenir à d'autres causes, on lui répondrait encore que ces assertions sont au moins très-probables.

Si de plus il disait que les effluves sont plus abondamment fournis par certaines localités que par d'autres, on passerait de même sans difficulté sur cela, sinon comme prouvé, du moins comme une conséquence assez naturelle de ce qui est prouvé.

Ce ne serait pas non plus énoncer un fait nouveau que de prétendre que le corps humain est conducteur, et que les effluves électriques qu'il reçoit peuvent être transmis par lui à un autre corps.

Peut-être faudrait-il donner quelques preuves si l'on avançait que certains individus ne sont pas conducteurs, et qu'en général les hommes le sont inégalement. A cet égard, je crois que les physiciens un peu exercés à suivre les phénomènes électriques trouveraient dans leur mémoire de quoi appuyer cette assertion ; mais pour ne pas la laisser ici tout-à-fait sans soutien, je rappellerai que M. de Lacepède a fait une remarque analogue sur les animaux ; il a vu des torpilles qui ne donnaient aucun signe d'électricité, et dont, par conséquent, la constitution électrique différait, du moins pour le moment, de celle des autres poissons de même espèce (Buffon, *Traité de l'Aimant*, pag. 65). Il me tombe d'ailleurs sous la main un passage de Sparman, qui peut trouver place ici. Ce voyageur rapporte (*Voyage au Cap de Bonne-Espérance*, t. I, pag. 34) qu'une torpille ayant été prise aux environs du Cap de Bonne-Espérance, plusieurs personnes éprouvèrent ses commotions, mais qu'un individu s'y trouva tout-à-fait insensible. Il rappelle à ce sujet un exemple cité par Musschenbroek (*Introd. à la philos. natur.*, §. 832, n° 3), de trois personnes qui n'étaient susceptibles d'aucun des effets ordinaires de l'électricité. Il dit avoir vu lui-même un homme qui paraissait être à peu près dans le même cas. Mais je ne ferai pas un plus long étalage d'érudition pour établir la possibilité d'un fait qui probablement ne sera pas contesté.

Supposons donc que je propose d'admettre les cinq

propositions qui précèdent, je n'aurai rien dit qui puisse étonner, ni qui puisse choquer les idées reçues. Si donc j'ajoutais que les effluves électriques transmis par certains individus à la baguette qu'ils tiennent, peuvent y causer un mouvement de rotation, c'est pour cela seulement que j'aurais besoin de preuves, parce que jusqu'aux expériences électrodynamiques, que je laisse pour le moment de côté, on ne voyait pas de liaisons entre un tel mouvement et les idées reçues sur l'électricité. Si c'est en cela seulement que consiste le phénomène de la baguette réduit à sa plus simple expression, qu'a-t-il de prodigieux, que contient-il d'absurde, qui lui mérite d'être rejeté sans examen?

Mais, dira-t-on, cet examen a été fait, et tout ce qui a rapport à la baguette divinatoire a été nié par la presque totalité des gens instruits, du moins depuis que la physique marche toujours accompagnée du flambeau d'une saine logique.

A cela je répondrai 1° que cette condamnation n'est pas plus sans appel que celle de beaucoup d'autres opinions d'abord rejetées, et auxquelles il a fallu revenir. On se moquait encore, il y a trente ans, quand un paysan prétendait que le tonnerre pouvait tomber en pierre; c'était pourtant l'expression assez claire, quoique peu exacte, d'un phénomène long-temps nié, mais qu'il a fallu reconnaître. Combien n'a-t-on pas allégué contre Buffon, que les grandes masses de nos montagnes portaient évidemment les caractères d'une origine aqueuse, et voilà que l'on met de nouveau en question l'origine ignée de l'enveloppe du globe.

Je répondrai 2° qu'on a nié tout l'ensemble de ce qu'on attribuait à la baguette sans le détailler. Des individus évidemment charlatans ont annoncé des découvertes merveilleuses faites par le moyen de la baguette, et lui ont pour ainsi dire attribué une clairvoyance morale ; on a eu raison de nier. Si l'on n'avait pas le temps de démêler le vrai du faux, dans des choses d'un intérêt secondaire, il était plus sûr de nier en masse que de se jeter au milieu de superstitions ridicules ; et d'ailleurs, à cette époque, peut-être n'avait-on pas assez de données pour trouver la véritable route. Depuis il s'est rencontré des gens instruits, Touvenel, Fortis, etc., qui, n'attribuant plus à la baguette que des facultés physiques, ont cru pouvoir en soutenir la réalité. Mais on a reconnu de l'enthousiasme chez quelques individus, encore du charlatanisme chez d'autres ; quelques expériences anomales n'ont pas donné les résultats qu'on en attendait, on a tout nié de nouveau ; cette fois on a été trop vite, on a proscrit par habitude.

Maintenant je restreins bien autrement la puissance que j'attribue à la baguette ; ce n'est pas que je prétende lui rien enlever de son domaine légitime, mais nous n'accorderons que sur titres authentiques, et pour le moment je dis seulement que *les effluves terrestres dans certains cas et transmis par certains individus, peuvent causer un mouvement de rotation à une baguette de bois construite et tenue de la manière que j'indiquerai.*

Tel est le phénomène isolé d'où je suis parti ,

dont j'ai cherché la cause et les modifications, et qui m'a conduit à de nouveaux phénomènes vers lesquels la physique se dirigeait par une autre route. Mais, je l'ai déjà dit, je n'ai pas voulu prendre d'abord une direction déterminée : craignant les illusions et dépouillant tout esprit de système, je n'ai pas voulu deviner d'avance ce que je devais voir, ni rien chercher précisément; j'ai suivi pas à pas ce que l'expérience m'indiquait.

Aussi je suis fort à mon aise sur toutes les suppositions qu'on voudra faire. Dira-t-on que les mouvemens de la baguette sont causés par la chaleur des mains, par les secousses de la marche, par la disposition du corps, etc. : tout cela peut être plus ou moins vrai, et même je suis très-convaincu que ce sont des causes qui influent sur le phénomène. Dira-t-on que c'est à tort qu'on prétend trouver de l'eau ou des métaux par le moyen de la baguette : je répondrai que je ne le prétends pas; c'est une question que je n'examine pas pour le moment, et que je ne pense pas avoir encore suffisamment examinée. Je m'en tiens au théorème que j'ai posé ci-dessus. Mais d'après cela, et pour écarter s'il se peut tout souvenir des anciennes superstitions de la baguette, je dois rejeter certaines expressions qui y avaient trouvé leur origine. Ainsi je ne puis me servir des mots *rhabdomante, hydroscope, etc.*, employés pour désigner un individu qui a la faculté de transmettre à la baguette la cause de son mouvement. Cependant, comme il faut bien un mot pour désigner les choses, je mettrai à leur place celui de *bacillogire* (1) dont je ferai usage, soit comme substantif, au lieu de ceux que je rejette, soit comme adjectif avec les mots *forces*, *puissances*, *fluides*, *expériences*, *etc.*, pour indiquer les causes de ces effets singuliers, ou toute autre chose qui s'y rapporte. Je proscrirai aussi l'expression *baguette divinatoire*, et même le mot baguette employé dans le même sens; je me servirai du mot *furcelle* pour désigner la baguette fourchue que j'emploie ordinairement, ou l'instrument de forme analogue que je lui substitue quelquefois.

Peut-être, par les réflexions qui précèdent, suis-je parvenu à vaincre certaines répugnances. Cependant on aura toujours un peu de peine à admettre des effets que tout le monde ne peut pas produire, à reconnaître des facultés particulières à quelques individus. Mais d'abord est-ce donc une chose si rare de voir des hommes jouir d'une organisation qui leur permette de faire des choses que d'autres ne peuvent imiter? Quel est l'Européen qui, à l'exemple de certains sauvages, pourrait se laisser guider par son odorat pour suivre l'animal dont il veut faire sa proie? Au reste il est inutile de s'appesantir sur ce raisonnement; que deviendra l'objection, que vaudra-t-elle contre moi, lorsque je dirai que dans

---

(1) La racine grecque, et la manière dont elle a passé en latin dans le mot *gyrus*, m'avaient d'abord fait écrire *bacillogyre;* mais cette même racine ayant été admise avec un *i* simple dans les mots français *girouette*, *girasol*, *etc.*, j'ai cru devoir m'en tenir à cette orthographe.

mon opinion la faculté bacillogire existe, au moins en principe, chez la très-grande majorité des individus. Ce sont peut-être ceux qui en sont tout-à-fait dépourvus qui font exception. A la vérité cette faculté est souvent difficile à découvrir; il faut, je crois, dans bien des cas, des circonstances favorables et de la patience pour la reconnaître en soi, quoique souvent elle se manifeste dès les premiers essais. Au reste, quand elle existe, l'usage et l'exercice la développent beaucoup : elle a cela de commun avec toutes les facultés humaines.

Pour achever d'écarter les préventions, je ferai remarquer que quand un homme annonce des faits nouveaux, il se trouve nécessairement dans l'un de ces trois cas : ou il veut tromper, ou il se trompe lui-même, ou il dit la vérité. Je ne raisonnerai pas sur la première hypothèse, et je l'écarte. Quant aux deux autres, il faut encore entrer en explications. Je crois vrai le théorème que j'ai énoncé, et je donnerai tout à l'heure encore quelques détails qui me persuadent que je n'ai pu me faire illusion à son égard; mais ce théorème n'est, comme je l'ai dit, qu'un point de départ. Par son moyen j'ai cherché à poursuivre les effluves terrestres dans leur route et dans leurs effets; je les ai suivis dans des végétaux et dans des animaux, dans des muscles, dans des nerfs et dans des substances mortes; dans tous ces détails j'ai pu commettre des erreurs; j'ai corrigé moi-même de premiers aperçus dans lesquels je m'étais trompé, et si je me hâte de publier mes expériences, c'est en partie parce que je désire que d'autres physiciens voient, discutent et éclaircissent ces faits compliqués et m'aident à redresser ma route; mais, je le répéte, je suis convaincu de la réalité d'un effet physique que je crois avoir exprimé assez correctement, et je pense que la furcelle étudiée avec soin et sans prévention fournira un instrument extrêmement sensible, analogue à un électroscope ou aux conducteurs mobiles de l'électricité dynamique, et qui peut conduire à d'importantes découvertes. Il s'agit donc de savoir si, relativement au premier fait et au parti qu'on en peut tirer, j'ai pu me laisser abuser et me faire illusion à moi-même. Or, voici très-succinctement l'histoire de mes recherches : il y a une vingtaine d'années, un homme qui par sa position dans la société ne pouvait être soupçonné de chercher à abuser les autres, me fit voir par forme d'amusement l'effet de la baguette; lorsqu'elle agissait il se supposait sur un courant d'eau; il me parut probable qu'il ne se trompait pas; mais je m'attachai à examiner le mode d'action. La même personne m'assurait en avoir rencontré beaucoup d'autres qui étaient susceptibles de produire des effets semblables. Rentré chez moi, et me trouvant dans une position extrêmement favorable pour faire des essais analogues, je me reconnus la même propriété. Depuis ce temps j'ai fait essayer ces expériences à un assez grand nombre de personnes, et peut-être environ un quart ou au moins un cinquième se sont trouvés bacillogires dès les premières tentatives; de plus, pendant ces vingt ans, je me suis souvent exercé, mais sans suite, comme par amusement, et sans me douter même de la possibilité d'y trouver d'autres applications utiles dans les sciences. Enfin, dans l'été de 1822, étant à la campagne, et loin des objets ordinaires de mes travaux, ce phénomène me revint à la mémoire, et je résolus de chercher quelle pouvait en être la cause. Alors commença une longue suite d'expériences; j'estime en avoir fait quinze à dix-huit cents en quinze mois; parmi elles environ douze cents ont été immédiatement notées. Or, quel est le genre d'illusion que peut se faire le bacillogire? (il n'est toujours question que du phénomène fondamental) tout le monde peut voir comme lui la furcelle s'élever ou s'abaisser dans ses mains, c'est un fait matériel sur lequel il ne peut y avoir de doute; mais cet effet peut être le résultat mécanique d'un mouvement artificiel des mains, ou un mouvement particulier à la furcelle, et tout-à-fait étranger à l'action mécanique des mains. Je demande maintenant s'il est possible de supposer qu'un homme, habitué depuis long-temps et presque depuis son enfance à cultiver les sciences physiques et mathématiques, se tenant en défiance contre le phénomène qu'il observait, continuellement ramené à ce principe de défiance par tous ceux qui n'éprouvaient pas les mêmes effets; s'il est possible, dis-je, de croire qu'il ait pu se faire illusion pendant vingt ans, au point de méconnaître un mouvement que ses mains auraient causé devant lui sans qu'il s'en doutât, mouvement que d'ailleurs il savait très-bien produire artificiellement, mais qui exigeait alors de sa part une volonté et une action qu'il ne pouvait confondre avec un effet involontaire. Cette supposition deviendra encore plus inadmissible pour moi qui ai vu plus de trente personnes éprouver des effets analogues, et chez lesquelles il faudrait reconnaître la même illusion. Ce n'est pas que les effets éprouvés par divers individus soient de tous points les mêmes, j'ai dit seulement analogues; mais cela suffit ici. Eh quoi! constamment, dans certains lieux, et un grand nombre de fois, une trentaine de personnes auraient fait sans s'en apercevoir un mouvement qu'elles surveillent ; et constamment dans d'autres lieux elles auraient su l'éviter; en vérité ce serait un phénomène plus étonnant que celui du mouvement de la baguette, aux termes où nous l'avons réduit.

Une seconde preuve de la réalité de ce phénomène sera, je crois, fournie par l'ensemble des expériences que je vais rapporter; mais cette démonstration serait encore plus puissante s'il était convenable de les détailler toutes dans l'ordre où je les ai faites, et avec toutes les circonstances qui les accompagnaient. On verrait que dans une multitude de cas je ne pouvais prévoir si la furcelle agirait ou non; souvent je présumais le contraire de ce qui arrivait; j'avais un résultat qui d'abord me semblait une exception ou une anomalie, et dont je ne découvrais la liaison avec les antécédens que long-temps après. Je pense néanmoins qu'on sera frappé de l'accord d'une multitude d'expériences, de la marche uniforme des différentes séries, et de l'ensemble que présente leur réunion; en un mot je ne crois pas qu'on puisse les supposer le résultat d'une illusion. Cependant je suis bien loin de dire qu'il ne reste pas d'anomalies ou d'expériences isolées; ce serait prétendre que j'ai tout rattaché à un même système, et que je l'ai vu dans son entier, tandis que je n'ai voulu qu'exposer des faits qui ne forment sans doute encore qu'un ensemble fort incomplet. Mais avec tout le désir possible de me tenir en garde contre l'esprit systématique, il m'a bien fallu classer mes expériences, et pour moi-même et pour en rendre compte. En les faisant j'avais besoin d'un lien pour les unir les unes aux autres; j'avais besoin d'un fil pour me retirer de ce dédale. En les publiant je dois exposer tout ce que j'ai cru voir, et non pas jeter au public un tas de notes informes et incohérentes; mais je n'ai nulle attache pour tout ce qui rappelle des idées théoriques; ainsi si je parle d'électricité, de magnétisme, de deux fluides, etc., c'est que j'en ai besoin comme d'un langage, pour me faire entendre; c'est que le rapprochement est si naturel, qu'en l'évitant je serais tombé dans un autre excès, dans une autre espèce de système, celui de rejeter des lumières qui viennent comme d'elles-mêmes éclairer ma route; mais si avec les matériaux que j'apporte on peut construire un édifice d'un autre ordre et mieux entendu, je serai le premier à y applaudir. J'annonce même d'avance que j'ai déjà des matériaux dont je ne sais trop que faire. Je les exposerai néanmoins, dussent-ils gêner ma marche.

Mais il est un troisième genre de preuves qui sans doute devrait mettre dans l'impossibilité de me supposer des illusions; ce serait de fournir aux autres physiciens les moyens de répéter mes expériences. En effet, puisque j'ai annoncé que probablement un grand nombre d'individus possédaient la faculté bacillogire, il est à croire que plusieurs de ceux qui en feraient l'épreuve la découvriraient en eux, et que ceux-là du moins seraient forcés d'avouer la réalité des faits. Je pense qu'il doit en être ainsi ; mais cependant il n'est pas toujours facile de reconnaître en soi cette faculté, même quand elle existe avec une certaine énergie ; trois conditions sont essentielles, 1° des circonstances favorables, plus rares qu'on ne l'imagine ; 2° une grande patience ; 3° une impartialité complète. C'est réellement une expérience délicate ; il est certain qu'un faux mouvement peut quelquefois donner une impulsion artificielle à la furcelle ; il faut donc étudier toutes les sensations qu'on éprouve, et surtout ne pas se presser de condamner ; au reste on verra dans cet ouvrage la manière de préparer et de tenir la furcelle, et dans le dernier chapitre on trouvera quelques avis utiles à ceux qui voudraient essayer les mêmes expériences.

Il me reste à dire un mot du plan de mon ouvrage. La marche que j'ai choisie est dans son ensemble celle de mes recherches. C'est-à-dire que je pars du phénomène simple, tel que je l'ai énoncé sous la forme de théorème : après l'avoir examiné dans toutes ses circonstances, je cherche à l'analyser et à le varier ; il me conduit ainsi insensiblement aux phénomènes électro-dynamiques. J'aurais pu suivre une marche inverse, et, partant des expériences électro-dynamiques qui sont connues, je me serais avancé vers les phénomènes bacillogires qui sont contestés. Mais c'est alors que j'aurais été plus en danger de me laisser prévenir par un esprit de système ; j'aurais conduit mes lecteurs, accompagné de lames de cuivre et de zinc, de conducteurs, de rhéophores et de corps isolans, etc. : tout cet appareil préparé d'avance et appelé à mon secours aurait pu faire craindre quelque illusion. Au lieu de cela je les menerai pas à pas par les routes que j'ai suivies. Éclairés du seul flambleau de l'expérience, nous viendrons vers cette même électricité dynamique, mais nous y viendrons par une pente naturelle, et, je crois, sans faire de fausse manœuvre, car nous nous laisserons aller au courant, et nous ne permettrons pas à l'imagination de prendre le gouvernail ; elle sera tout au plus autorisée à regarder derrière elle, et à travailler sur le passé sans chercher à deviner en avant. Si pourtant je m'étais égaré, on pourra mieux voir où j'ai pris une mauvaise direction, et repartir de là pour mieux faire.

Cependant cette analogie entre l'ordre que j'adopte ici, et la suite de mes expériences, n'existe que dans leur ensemble. On sent bien qu'en les exposant j'ai dû les classer et éviter au lecteur une multitude de fausses tentatives, de retours sur les antécédens, de vérifications. Je présente en un mot une longue série de faits que j'ai rangés par ordre, mais dont je n'ai point renversé la marche, et je conduirai le lecteur dans la même direction que j'ai suivie pour mes recherches.

Un autre motif m'a déterminé à suivre cette méthode, c'est que pendant que je rédigeais ceci je continuais toujours un peu à travailler, et si je faisais quelques pas en avant je pouvais les tracer et les inscrire à la suite de l'espèce de répertoire que je présente. D'ailleurs il faut faire aussi une petite part à l'amour-propre. Quand je me suis vu arriver directement au milieu des conducteurs mobiles électro-dynamiques, j'ai commencé par prendre confiance dans ce que j'avais fait; j'ai pensé que je ne m'étais pas égaré ; mais bientôt j'ai regardé avec inquiétude chaque pas que faisait cette partie de la physique. J'ai vu d'habiles physiciens partis d'un autre point se diriger vers moi, et nous nous rencontrons. Je ne prétends pas lutter contre eux, je suis prêt à me soumettre à leur pavillon, mais je suis bien aise de mettre sous mon nom la carte de mon voyage; et pour cela il faut me hâter si je ne veux pas perdre l'initiative.

Cette dernière raison expliquera encore une multitude d'imperfections qu'il sera facile de reconnaître ici ; on s'apercevra peut-être aussi que j'ai omis plusieurs rapprochemens assez naturels entre mes travaux et les nouvelles expériences électriques, mais j'ai craint d'avoir fait de celles-ci une étude trop peu approfondie.

2

Quand j'ai prévenu que j'étais parti d'une première expérience, sans savoir où j'irais, il ne faut pas croire cependant que j'aie été tout-à-fait sans prévoyance. Ce n'est sans doute pas sans dessein que ma première tentative a été d'envelopper mes mains avec une étoffe de soie ; évidemment je faisais à la nature une question relative à l'électricité (1) ; mais j'étais indifférent sur la réponse ; il m'était égal de recevoir un oui ou un non. Néanmoins cette réponse était une lumière qui permettait une autre question conséquente de la première. C'est ainsi que j'ai continué à me conduire ; le tableau suivant fera mieux connaître le plan de cet ouvrage , il se compose de vingt-cinq chapitres , dont cette introduction forme le premier : voici les titres et la disposition des vingt-quatre autres.

TITRE Ier. *Exposition du phénomène simple consistant en un mouvement naturel de la furcelle en certains endroits.*

1° Préparation de la furcelle
et manière de la tenir,   Chapitre II.
 2° Définition du sol excitateur, Chapitre III.
 3° Description du phénomène ,
ou effets simples de la furcelle, Chapitre IV.

---

(1) Cette question avait déjà été posée et semblait résolue jusqu'à un certain point par Fortis ; mais j'étais décidé à regarder comme non-avenu tout ce qui a été fait avant moi sur la baguette , afin d'être plus sûr de me débarrasser de tout ce qui a pu tenir à l'enthousiasme ou au charlatanisme.

Si j'ai dit que je me tenais en garde contre les
idées systématiques, et si j'ai résolu d'empêcher mon
imagination de se porter en avant, il est bien évident aussi que je n'ai pu ni dû m'interdire de tirer
quelques conclusions, de résumer les expériences, et
de recueillir ce qui découle naturellement du sujet.
Mais j'ai pris encore une précaution contre moi-
même en mettant à part ce qui n'est pas simplement expérience. Les chapitres 2, 3 et 4 ne sont
pourtant pas soumis à cette forme; c'est réellement

au chapitre 5 que les recherches commencent. A partir de là je rends compte sans aucune remarque ni conclusion des expériences et de leur préparation; puis, quand j'en ai exposé un certain nombre qui se rattachent ensemble, et qui forment une série, je place un corollaire dans lequel je conclus ce qui semble forcément résulter de cette série. Cette marche me présente deux avantages; d'abord, si je me suis trompé dans mes conclusions, les faits positifs se trouvent isolés et dégagés de mes erreurs; si au contraire on adopte mes raisonnemens, on peut revoir la suite des corollaires, l'enchaînement des faits, sans lire de nouveau le détail des expériences.

J'ai eu souvent à renvoyer d'un endroit de l'ouvrage à un autre, et à citer des faits antérieurement exposés. Pour le faire avec plus de facilité j'ai placé un numéro à la tête de chaque alinéa; mais j'ai employé une série simple de numéros, et je n'ai point distingué les alinéas qui contiennent des expériences de ceux qui contiennent des réflexions; il suit de là que si je cite par exemple l'expérience 54, il ne faut pas conclure que c'est la cinquante-quatrième expérience rapportée dans l'ouvrage, mais que c'est celle qui se trouve dans l'article n° 54.

Avant de terminer cette introduction, je présenterai encore une remarque. J'ai dit que le fait fondamental et quelques autres faits que j'annoncerais étaient certains à mes yeux; mais j'ai ajouté que je n'affirmais pas avec la même assurance quelques objets de détail. On sera peut-être étonné qu'ayant dit aussi que j'avais rencontré autour de moi plusieurs bacillogires, je n'en aie pas profité pour faire revoir la majeure partie de mes expériences; mais, il faut en convenir, elles sont très-fastidieuses pour un homme qui n'a pas sous les yeux l'ensemble des phénomènes; ils se réduisent pour les sens à voir une baguette s'élever ou s'abaisser; c'est en étudiant les circonstances de ces mouvemens, c'est surtout en envisageant les conséquences qui en découlent, que l'intérêt se soutient. Je me suis donc contenté de réclamer de ceux qui ont bien voulu me prêter leurs secours, la vérification de quelques faits importans. Demander plus aurait été indiscret; d'ailleurs l'attention se serait difficilement soutenue, et elle est nécessaire.

CHAPITRE II.

Préparation de la furcelle, manière de la tenir.

1. Les préparatifs nécessaires pour les expériences bacillogires sont très-simples, du moins quand il s'agit du phénomène fondamental. Il n'est personne qui n'ait entendu parler de la manière dont on a abusé de ce fait physique ; il n'est personne qui ne sache que l'instrument employé le plus souvent par les rabdomantes et par les hydroscopes était une simple baguette fourchue pour laquelle on prescrivait de choisir le bois de coudrier. C'est le même instrument que doit employer le bacillogire, sans donner cependant une préférence exclusive au coudrier. Les anciens hydroscopes ont quelquefois varié la forme de cette baguette ou la manière de la tenir. Nous ferons aussi quelques essais dans ce genre, à mesure que la marche des expériences nous les suggérera ; mais pour l'étude du fait principal nous nous servirons de la simple baguette fourchue que nous allons décrire, et à laquelle nous avons donné le nom de furcelle.

2. Si le choix du bois n'est pas indifférent, du moins il laisse beaucoup de latitude. J'ai essayé la plupart des arbres de nos climats ; parmi eux je n'exclus que le tilleul et le genêt d'Espagne. Ce n'est pas que les causes du phénomène que nous

étudions soient sans influence sur eux, mais ils en modifient les effets par suite de leur organisation particulière, et nous étudierons séparément ces modifications. Je conseille aussi de ne pas prendre le marronnier d'Inde, quoique dans certains cas au contraire on puisse le préférer. Parmi les autres arbres que j'ai soumis à mes essais, je fais encore un choix; mais les différences qui le motivent me paraissent dépendre seulement du plus ou moins de souplesse ou de grosseur des tiges. Je mets dans la classe que je préfère :

Le troène.	L'érable.
Le coudrier.	Le cornouiller sanguin.
Le charme.	L'épine blanche.
Le frêne.	Le cytise.

L'autre classe me fournit des furcelles moins commodes ou un peu moins faciles à mettre en mouvement, quoique bonnes aussi. J'y mets :

Le chêne.	La ronce.
Le châtaignier.	Le prunier.
L'orme.	Le cratægus aria.
Le poirier.	Le fusain.
Le pommier.	

Je crois avoir essayé avec succès l'aulne, le marsault, le bouleau et l'acacia (robinia); mais je n'ai pas conservé de notes à cet égard.

3. La furcelle doit être formée de deux jeunes rameaux portés par une même tige; ainsi elle représente une petite fourche. Pour qu'elle soit commode il est bon que les deux rameaux forment entre eux un angle compris entre les limites de 25

à 5o degrés. La tige commune doit être coupée à deux ou trois pouces au-dessous de la bifurcation; chaque rameau peut avoir 15 à 20 pouces de longueur, plus ou moins. Quant à leur grosseur elle dépend de la nature du bois; il faut que la furcelle soit assez souple pour que vers le bout de ses rameaux on puisse les plier presque à angle droit, et assez ferme pour que le mouvement que les forces bacillogires tendent à imprimer à quelques-unes de ses parties agisse par communication sur toutes les autres parties, et pour que la résistance qu'il faudra y opposer devienne bien sensible. La grosseur d'une plume d'oie est pour les branches de cet instrument une dimension moyenne qui convient assez bien, en la modifiant selon la souplesse du bois.

4. Les deux rameaux doivent être à peu près égaux en grosseur et en souplesse. Ces conditions se trouvent assez facilement dans l'érable, le cornouiller et autres arbres dont les rameaux sont opposés, et ont de plus l'avantage d'être également obliques relativement à la tige principale; alors il suffit de couper cette tige à deux ou trois pouces au-dessous de la bifurcation; et si elle se prolongeait entre les rameaux il faudrait aussi la couper tout raz dans la bifurcation; mais dans ces espèces d'arbres les rameaux présentent souvent entre eux un angle trop ouvert, d'où résulte quelquefois un peu de gêne. Les arbres à rameaux alternes fournissent des furcelles moins régulières, parce que les deux rameaux qui les forment ne sont pas insérés à la même

hauteur sur la tige commune; mais néanmoins il est plus aisé d'en trouver de commodes; pour cela, et à cause de l'abondance du charme dans les jardins, c'est à cet arbre que j'ai eu recours dans la majeure partie des expériences que j'ai faites.

5. La tige commune qui porte les deux rameaux de la furcelle doit être coupée net et bien perpendiculairement à son axe. Il est bon aussi que les deux rameaux soient coupés de même à leur extrémité. Le tout doit être dépouillé de feuilles et de ramilles accessoires; mais il faudra tâcher que toutes les petites plaies qui en résulteront soient bien unies et au raz de l'écorce; néanmoins il faudra ménager cette écorce et faire en sorte que sa continuité ne soit interceptée dans aucun endroit.

6. Au reste toutes ces précautions tendent seulement à la perfection de la furcelle, mais ne sont point essentielles. J'ai vu des furcelles très-irrégulières et pour ainsi dire taillées sans aucun soin, avoir des résultats très-satisfaisans. J'insiste cependant davantage sur ce qui est relatif à l'écorce; il est assez important qu'elle ne présente aucune solution complète de continuité.

7. Lorsqu'on veut faire usage de cet instrument il faut saisir de chaque main le bout d'une de ses branches, l'empoigner et l'entourer complètement avec les quatre doigts, de manière que le petit bout de ces branches sorte d'un pouce ou deux entre la base de l'index et le pouce. Dans cette position, si l'on tient le plan de chaque main à peu près vertical, il est clair que la furcelle ne souf-

frira aucune torsion ; elle sera elle-même dans un plan vertical, et la pointe du V qu'elle forme sera tournée vers la terre. Les deux bras jusqu'aux coudes doivent tomber bien verticalement et sans aucune roideur, les deux avant-bras doivent être horizontaux et parallèles. Alors, faisant verser les deux mains en dehors comme pour les mettre en supination, il est évident que ce mouvement ne pourra se faire sans que les deux branches ne se plient quelque part, et il faudra faire ce pli à l'endroit où les branches sortent des mains du côté des petits doigts. On continuera ce mouvement jusqu'à ce que les deux mains se trouvent tout-à-fait en supination. Si on le faisait de manière que ces deux extrémités des branches restassent précisément dans le plan de la furcelle, celle-ci se maintiendrait dans la position où elle était, c'est-à-dire dans un plan à peu près vertical ; mais on forme l'inflexion du bout des branches de façon que leurs extrémités sortent un peu du plan de la furcelle, comme pour se rapprocher du corps ; alors la tige commune se relève, et avec un peu d'adresse on parvient à la conduire ainsi jusqu'à une position horizontale, que l'on maintiendra en versant un peu plus les mains en dehors ou en dedans. Dans cet état la furcelle forme comme un essieu coudé, dont les tourillons sont dans les mains. Aussi il faut avoir soin que les deux extrémités des branches qui sont entre les doigts soient bien dans l'alignement l'une de l'autre, et fassent comme les deux parties d'une même ligne droite. Pour faciliter un peu cette position il suffit de serrer un peu moins le petit doigt et l'annulaire, ou d'étendre un peu leur première phalange.

8. La figure 1re achèvera de faire comprendre cette position ; elle représente la furcelle et les deux mains situées dans un plan horizontal. Elle servira aussi à faire connaître les noms que je donne aux diverses parties de la furcelle. A est le sommet. La partie AB, qui est le bout de la tige commune portant les deux rameaux, est nommée la tête de la furcelle. BC est la branche droite ; BD la branche gauche. La partie pliée CE et saisie par la main droite est la poignée droite, et FD est la poignée gauche ; E et F sont les bouts des poignées.

9. J'indique ici seulement la manière de tenir l'instrument en repos et avant de commencer les expériences ; dans le chapitre IV on verra comment il agit, et ce qu'on doit faire alors. J'ai déjà prévenu que dans le chapitre XXV je donnerais encore quelques avis.

CHAPITRE III.

Sol ou terrain excitateur. Description des deux principaux endroits où j'ai fait mes expériences.

10. L'OPINION de ceux qui jusqu'à présent ont cru aux effets de la baguette divinatoire , ou du moins leur prétention , a toujours été qu'elle se mettait en mouvement quand le rabdomante passait sur un courant d'eau , sur une mine métallique , sur un amas ou masse de métal , ou enfin sur une mine de charbon. Je ne parle pas des autres effets merveilleux allégués seulement par quelques charlatans. Ce que je viens de citer peut être réel ; je dirai même que , pour l'eau du moins , je le crois assez généralement vrai ; mais j'ai prévenu que je ne m'occuperais pas de cela. Mes expériences sont destinées à reconnaître le mode d'action , et s'il se peut la nature des effluves bacillogires, et non leur origine. Néanmoins j'ai déjà fait entendre que si les fluides qui composent ces effluves s'exhalent de toute la surface de terre , ce n'est pas partout en égale quantité ; et dans quelques endroits seulement ils sont assez abondans pour agir sur la furcelle.

11. C'est à de tels endroits que je donne le nom de sols ou terrains excitateurs. Je ne parlerai point ici de quelques apparences extérieures qu'ils peuvent présenter dans certains cas ; non-seulement je

ne leur connais pas de caractère général, mais je puis dire même que sauf quelques accidens particuliers ils ne m'ont rien montré à l'œil qui servît à les faire distinguer des terrains environnans, que j'appelle sols neutres ; et c'est seulement l'emploi de la furcelle qui a pu me les faire reconnaître.

12. Les terrains excitateurs forment ordinairement des zones ou bandes d'une longueur très-indéterminée et souvent fort grande ; leur largeur est très-variable ; j'en ai rencontré qui n'avaient que trois ou quatre pas de large ; d'autres avaient jusqu'à quarante pas. Ces bandes sont souvent sinueuses, et quelquefois elles se ramifient.

13. Il paraît que l'action de la furcelle ne commence pas dans l'instant même où le bacillogire met le pied sur le sol excitateur ; il faut qu'il y fasse quelques pas ; et de même l'effet que produit ce terrain se prolonge un peu au-delà de sa limite. Ainsi, lorsqu'on le traverse dans un sens ou dans l'autre, on ne le trouve pas tout-à-fait à la même place. Soit, par exemple, fig. 2, un sol excitateur. Si le bacillogire le traverse dans le sens **AB**, la furcelle agira depuis la ligne **GH** jusqu'à la ligne **IK**. Mais si on le traverse dans le sens **BA** elle agira depuis la ligne **EF** jusqu'à la ligne **CD**. Le retard d'action qui cause cette différence est très-variable, non - seulement selon les localités , mais encore selon les temps, et quelquefois elle change beaucoup d'un jour à l'autre. Il est évident que si le sol excitateur est étroit et le retard un peu fort, on doit éprouver l'action dans des endroits tout-à-fait dis-

tincts quand on traverse ce sol dans un sens ou dans l'autre. Soit en effet, fig. 3, un sol excitateur dont la vraie place, le lieu d'où sortent les effluves, soit EFGH, et supposons que cette bande ait quatre pas de large ; si nous supposons aussi le retard de quatre pas seulement, il est évident qu'en traversant le sol dans le sens AB, la furcelle n'agira que depuis la ligne GH jusqu'à la ligne IK, et si on traverse dans le sens BA elle n'agira que depuis la ligne EF jusqu'à la ligne CD. Ainsi les impressions se font sentir dans des lieux tout-à-fait différens et séparés l'un de l'autre.

14. Il paraît aussi que le sol excitateur n'a pas de limites nettes et tranchées ; l'abondance ou la puissance des effluves qui le caractérisent diminue insensiblement vers ses bords. Il suit de là que ce sol doit paraître beaucoup plus large à un homme qui possède à un haut degré la faculté bacillogire, qu'à celui chez qui elle est faible.

15. Tant que je ne me suis occupé du phénomène de la furcelle que par forme d'amusement, et sans l'étudier méthodiquement, j'ai fait mes essais en une multitude d'endroits différens, dont il est inutile de parler ici, puisque je n'y ai rencontré que le phénomène simple qui sera décrit dans le chapitre suivant, et que j'ai négligé toutes les circonstances accessoires. J'ai tenu compte de celles-ci seulement depuis qu'en 1822 j'ai commencé une suite d'expériences aussi exactes qu'il m'a été possible ; et le détail que j'en dois donner m'oblige à faire connaître les deux principaux endroits où je les ai faites.

16. Le premier, que je désignerai par la suite sous le nom de sol excitateur n° 1, est situé dans le Vendômois, à cinq lieues ouest de Vendôme, à une demi-lieue de Montoire, dans la vallée du Loir et dans le parc du château de Ranai. J'y ai fait environ cinq cents expériences, depuis le 14 juin jusqu'au 14 juillet 1822. Ce sol excitateur formait une large bande de 70 à 80 pieds de large ; je le rencontrai dans une allée étroite et sinueuse d'un bosquet épais : j'adoptai ce local parce qu'il me promettait de n'y être point troublé. Je représente cette bande de terrain par DEFG, fig. 4 ; l'allée étroite que je pourcourais ACB ne la traversait pas ; mais entrant par un côté elle se recourbait en demi-cercle irrégulier et sortait par le même côté. Je faisais ainsi 55 à 60 pas sur le sol excitateur, ce qui, d'après ma marche ordinaire, revient à 110 ou 120 pieds.

17. Le sol excitateur que je désigne par le n° 2 est situé dans mon habitation ordinaire à l'Emérillon, près Cléry, à quatre lieues sud-ouest d'Orléans, à deux petites lieues au sud de la Loire, et à l'entrée des plaines de Sologne. Il forme une bande qui court à peu près du sud au nord, et qui peut avoir environ la même largeur que l'autre. Je le traverse d'un côté à l'autre, sortant de chaque côté sur le sol neutre ; mais comme cette traversée est un peu oblique, je l'évalue à 50 pas ou 100 pieds. C'est en ce lieu que j'ai fait plus de six cents expériences depuis le 28 juillet 1822 jusqu'en septembre 1823.

18. Lorsque je tiens la furcelle pour faire des expériences sur le sol excitateur, je pars du sol

neutre, je parcours la traversée oblique que je viens d'indiquer, ou la ligne courbe ACB de la fig. 4, et je ressors sur le sol neutre : j'appelle cela un passage. Ainsi sur le sol n° 1 le passage est de 55 à 6o pas; sur le sol n° 2, il n'est que de 5o pas environ. Cette longueur est bien suffisante en général pour donner le temps à la furcelle d'indiquer le genre et la force de son action. Si les passages étaient plus longs, les expériences seraient aussi plus longues et plus fatigantes; et même s'ils étaient par trop prolongés, il y a des cas où le phénomène se compliquerait. Pourtant dans certaines circonstances il devient utile de soutenir plus long-temps l'action des forces bacillogires sur la furcelle, alors on en est quitte pour ne point sortir du sol excitateur et pour retourner sur ses pas quand on est prêt de terminer un passage, et cela peut se répéter tant de fois que l'on veut. C'est ce que j'appelle multiplier un passage ou faire un passage multiple. Celui-ci se compose donc de plusieurs tours, et il sera double, triple, quadruple, ou bien il sera doublé, triplé, quadruplé, etc., selon qu'il sera composé de deux, trois, quatre tours ou traversées sur le sol excitateur, sans sortir sur le sol neutre. Il faut bien distinguer cette expression *multiplier un passage*, de celle *répéter un passage*, qui, si je l'employais, serait synonyme de *répéter l'expérience*, et suppose-rait qu'après le passage, étant sorti sur le sol neutre, j'ai commencé un nouveau passage avec des circon-stances semblables.

3

CHAPITRE IV.

Effets simples de la furcelle.

19. J'ai déjà prévenu que les circonstances du mouvement de la furcelle n'étaient pas exactement les mêmes entre les mains de tous les bacillogires. Comme c'est moi seul qui ai fait la suite des expériences dont je rends compte, je parlerai en général de ces effets tels qu'ils sont entre mes mains. Ainsi quand je dirai seulement : dans tel cas la furcelle monte, ou dans tel cas elle descend, il est entendu que c'est moi qui la tenais. Si je veux parler d'une expérience faite par une autre personne, je l'expliquerai.

20. L'effet de la furcelle, quand on fait les passages comme je l'ai indiqué, est de s'élever lentement dès qu'on a fait trois ou quatre pas, plus ou moins, sur le sol excitateur. Elle quitte sa position horizontale, et ses deux poignées restant en place tandis que son sommet s'élève, elle tend d'abord à prendre une position verticale. Quelquefois elle passe au-delà ; s'abaissant alors vers la poitrine du bacillogire, la furcelle passe entre ses bras et atteint ainsi une position horizontale, son sommet étant dirigé vers le corps. Si le mouvement continue elle atteint bientôt une position verticale, le sommet dirigé vers la terre ; enfin elle peut encore aller

plus loin , et, remontant en avant , elle revient à sa première position horizontale, et achève ainsi ce que j'appelle une révolution de la furcelle. Dans des cas où l'action bacillogire est très-forte , la furcelle recommence immédiatement une seconde révolution , et elle continue ainsi tant qu'on marche sur le sol excitateur , pourvu que cela ne se prolonge pas trop. Le plus ordinairement la furcelle est très-loin de faire une révolution complète , elle dépasse assez rarement sa première position verticale (c'est-à-dire celle où le sommet est en haut), alors elle ne décrit que 90 degrés. Souvent même elle ne va pas jusque-là, et son sommet ne parcourt qu'un petit nombre de degrés. J'indiquerai ce nombre par approximation, du moins quand cela sera nécessaire; on sent que cette estimation est facile à faire , l'horizontale et la verticale étant très-aisées à reconnaître, et la position à 45° ne permettant qu'une légère erreur. En général je ne crois pas me tromper de plus de 5°; c'est une exactitude suffisante pour ce genre d'expériences. Quand je voudrai désigner la première position horizontale, celle où je mets la furcelle avant qu'elle n'ait fait aucun mouvement, je me servirai souvent du signe 0°, ou zéro degré. Les quatre positions principales , savoir : deux horizontales et deux verticales, ne sont pas des points de repos pour la furcelle , elle n'a pas plus de tendance à s'arrêter là qu'ailleurs ; ce sont seulement des positions faciles à reconnaître, et auxquelles on rapporte les autres , pour évaluer l'arc parcouru. Il est cependant probable que le mode d'action qui la gouverne éprouve

des changemens dans certains points de sa course : c'est
ce que j'exposerai plus loin; mais il est toujours bon
de remarquer ici que même quand la furcelle fait une
suite de révolutions , son mouvement n'est pas absolument uniforme ; ordinairement elle monte assez
également vers la position *verticale supérieure;* elle
semble la dépasser sans obstacle (à moins que ce
ne soit là le terme de sa course), mais lorsqu'elle
s'est penchée vers le corps elle éprouve une sorte
de ralentissement , et semble avoir peine à dépasser
la *seconde position horizontale ,* après quoi elle
s'accélère un peu comme si elle avait reçu un petit
élancement qui quelquefois la porte au-delà de la
position *verticale inférieure ;* mais d'autres fois elle
éprouve un second retard en approchant de cette
verticale. Si elle doit faire encore d'autres révolutions , tout l'arc qu'elle décrit en remontant en
dehors , après avoir passé la verticale inférieure, se
parcourt assez uniformément , et elle n'éprouve
aucune variation sensible de mouvement lorsqu'elle
repasse à la *première position horizontale* (celle
qu'elle avait en commençant l'expérience).

21. Si la puissance bacillogire n'est pas assez forte
(et c'est l'ordinaire) pour faire faire une révolution
complète , la furcelle s'arrête à un point quelconque
de sa course , et se maintient là , quoique l'on continue à marcher sur le sol excitateur. Quelquefois ce
point fixe , ce maximum relatif, se trouve après un
mouvement d'un petit nombre de degrés. J'ai vu
la furcelle parcourir assez promptement 10 à 15
degrés et s'y maintenir obstinément , quoique je

multipliasse les passages. Il ne faut pourtant pas trop prolonger la marche sur le sol excitateur, car on finit par rencontrer plus ou moins promptement un phénomène très-compliqué, dont il n'est pas encore temps de parler; il sera exposé chapitre xiv.

22. Dès que l'on sort du sol excitateur les phénomènes changent, et il se présente trois cas : 1° si la furcelle n'a pas beaucoup dépassé la verticale supérieure, c'est-à-dire si elle n'a parcouru qu'environ 100° ou moins, non-seulement son mouvement s'arrête, mais elle rétrograde et revient prendre sa première position horizontale ou à zéro ; 2° si elle a beaucoup dépassé la verticale supérieure, elle s'arrête, mais ne rétrograde pas ; 3° lorsqu'elle est fortement élancée et qu'elle a fait plus d'une révolution, il arrive *quelquefois* qu'elle les continue et qu'elle en fait encore plusieurs hors du sol excitateur ; mais ce cas est rare.

23. Le moment où dans le premier cas la furcelle cesse son mouvement pour commencer à rétrograder, fait sur les mains une impression qu'un bacillogire exercé reconnaît avec précision, et bien plus exactement que la simple suspension du mouvement. Il en résulte que les expériences où la force bacillogire est médiocre et ne produit qu'un mouvement qui dépasse peu 90°, sont bien plus avantageuses pour indiquer la cessation de l'action et pour faire reconnaître les limites du sol excitateur. J'insiste sur cela parce que je me rappelle qu'il y a quelques années, et à une époque où je n'avais point analysé ces phénomènes, un homme très-

instruit parut curieux de les voir; j'étais alors avec
un de mes beaux-frères (le baron de Morogues), qui
possède la faculté bacillogire à un degré bien plus
énergique que moi; nous fîmes simultanément des
essais devant la personne dont je parle, elle fut
frappée de quelques discordances dans nos indica-
tions, et se retira avec au moins autant de prévention qu'auparavant; cette discordance ne tenait
cependant, si ma mémoire me sert bien, qu'à ce
que je ne transmettais à ma furcelle qu'une action
médiocre, et son mouvement ne passant pas 90°
je saisissais avec précision le commencement du
mouvement rétrograde; tandis que la furcelle de
mon beau-frère, recevant une impulsion plus forte,
tombait dans le second ou dans le troisième cas, et
ne pouvait plus rétrograder, ou même continuait
son mouvement au-delà du sol excitateur.

24. Maintenant il faut tâcher de découvrir comment s'exécute le mouvement. La furcelle élève son
sommet comme si une force constamment tangen-
tielle à la circonférence qu'il décrit le tirait vers les
diverses positions que cette furcelle prend successivement. Elle tend aussi à tourner sur ses deux poignées
comme sur les extrémités d'un même essieu. En
même temps le bacillogire serre dans ses mains les
deux poignées, et tend ainsi à les empêcher de
tourner. Il résulte de ces deux efforts opposés un effet
de torsion vers les points où les poignées joignent
les branches; et si la furcelle fait plusieurs révó-
lutions, si en même temps le bacillogire serre un
peu fortement, il arrive quelquefois que l'instru-

ment se rompt dans les points que j'ai indiqués. Mais dans les cas ordinaires cette torsion est d'autant moins apparente que le bacillogire laisse souvent les poignées obéir un peu aux efforts de la furcelle et tourner dans ses mains; il n'y a pas grand inconvénient à cela, et même le sommet décrivant alors un plus grand arc de cercle, le mouvement devient plus sensible à l'œil. Mais il faut avoir égard à cette rotation des poignées si l'on veut observer le mouvement retrograde dans son entier, car lorsque les poignées ont beaucoup tourné dans les mains, il arrive quelquefois que le mouvement rétrograde ne ramène pas tout-à-fait la furcelle à zéro.

On reconnaît donc d'abord dans les effets de la furcelle deux actions différentes : 1° un mouvement de rotation sur les poignées comme essieux : 2° un effort de torsion dans les branches. Si l'on veut expliquer le mouvement de rotation, il est fort difficile d'imaginer une force qui, appliquée au sommet de la furcelle, change continuellement sa direction, et, après l'avoir porté vers la verticale supérieure, l'abaisse ensuite vers le corps, etc. C'est pourtant là ce qui existe, et la suite des expériences prouvera qu'une force dont la direction est variable, et même que des forces du même genre, mais diversement dirigées, agissent successivement sur la furcelle, et causent ce mouvement de rotation, tandis que la torsion des poignées est produite par l'opposition que la contraction des mains apporte à ce mouvement. (Voy. chap. xii (283), chap. xv (377), et chap. xvi (409).

26. J'ai dit en indiquant la manière de tenir la furcelle, et j'ai supposé dans ce qui précède, qu'en arrivant sur le sol excitateur elle devait être dans une situation horizontale, le sommet dirigé en avant. Cette position n'est point de rigueur pour le succès de l'expérience, mais c'est la plus commode. C'est ce qu'on sentira mieux quand la suite des expériences aura fait connaître les détails des phénomènes. Je puis néanmoins déjà indiquer un inconvénient qui se présente quand on commence par mettre la furcelle dans la position verticale inférieure; on verra en effet que dans certains cas la furcelle prend un mouvement inverse de celui que nous avons décrit, et tourne dans l'autre sens; alors, si elle avait été mise d'abord dans cette position verticale inférieure, il faudrait qu'elle remontât du côté du corps, et l'on verra aussi que ce passage du côté du corps est sujet à des obstacles et exige quelques précautions qu'il est bon d'éviter. Je préfère donc beaucoup mettre la furcelle dans une position horizontale, alors elle est prête à descendre ou à monter sans obstacle, et on s'aperçoit promptement de ses premiers mouvemens. Je conviens bien que dans cette position la pesanteur agit et tend à favoriser le mouvement descendant, tandis qu'elle tend à s'opposer au mouvement ascendant qui est le plus ordinaire; mais pour peu qu'on ait d'habitude on ne confondra pas l'effet constant de la pesanteur, qu'on a dû étudier avant de s'avancer sur le sol excitateur, avec les forces qui agissent en sens contraire pour relever la furcelle, ni même

avec les forces qui dans certains cas se joignent à la pesanteur pour faire descendre l'instrument, et on les confondra d'autant moins dans ce dernier cas qu'en général (du moins dans les effets faibles), lorsque les forces qui ont fait descendre la furcelle cessent d'agir, elle prend encore un mouvement rétrograde, et remonte, malgré la pesanteur, jusqu'à sa première position, pourvu toutefois que les poignées n'aient pas trop roulé dans les mains.

27. Au reste cette action de la pesanteur nous oblige à faire encore une remarque. L'endroit où chaque branche de la furcelle devient ce que nous avons nommé la poignée, présente une courbure qui, dans la position que nous avons indiquée, tourne autour de la base du petit doigt. Alors la furcelle dans sa position horizontale se trouve soutenue contre la pesanteur non-seulement par la pression des doigts contre les poignées, mais encore parce que cette courbure s'appuie sur les muscles qui couvrent l'os métacarpien du petit doigt. Or, dès que la furcelle s'élève, cette courbure tend à quitter son appui, mais il est bon de relever alors cet os métacarpien de manière à lui faire suivre le mouvement et à continuer à s'opposer à l'action de la pesanteur. Ce n'est pas une condition essentielle, mais ce mouvement est utile, et je le conseille. Je ne dissimule pas néanmoins que ceci est un point très-délicat, et qui tend à confirmer dans leurs préventions ceux qui voient ces sortes d'expériences. En effet ce mouvement est précisément le même qu'il faut faire si l'on veut artificiellement relever

la furcelle. Seulement dans ce dernier cas le mouvement du petit doigt cause celui de la furcelle, au lieu que quand tout se passe naturellement le mouvement du petit doigt suit celui de l'instrument. La différence est très-grande pour le bacillogire, et il ne peut confondre ces deux actions; au contraire le spectateur ne peut les distinguer. Mais, nous l'avons déjà dit, un homme qui ne peut répéter par lui-même ces expériences ne peut les admettre que par confiance en la bonne foi et en la perspicacité d'un bacillogire, ou par la conviction qu'entraîne avec elle une masse de faits dont la coordonation ne peut être établie sur une illusion.

28. Il est évident que les détails dans lesquels je suis entré ne sont susceptibles ni d'une régularité ni d'une exactitude mathématiques. Il est évident aussi par ce qui précède que j'ai rapporté ce qui se passe dans les expériences que je fais moi-même. Je suis très-porté à croire que si d'autres bacillogires analysaient avec autant de soin les circonstances du phénomène à leur égard, ils les trouveraient un peu différentes; et en effet, quoique ceux que j'ai rencontrés n'aient fait pour la plupart que de légers essais, il s'est présenté dans le mouvement de la furcelle entre leurs mains de grandes différences. Le plus grand nombre des personnes en qui s'est trouvée la faculté bacillogire ont éprouvé comme moi que lorsqu'elles marchent sur le sol excitateur la furcelle tenue horizontalement s'élève par son sommet, comme je l'ai décrit, et tend à continuer une rotation dont le sens est déterminé

par ce commencement de mouvement; mais ce mouvement inverse dont j'ai parlé (26), et qui tend dans certains cas à faire d'abord descendre la furcelle que l'on tient horizontalement, se prononce chez certaines personnes dès qu'elles avancent sur le sol excitateur, et sans qu'aucune autre circonstance paraisse avoir changé. J'ai vu entre leurs mains la furcelle abaisser son sommet, tendre ainsi d'abord vers la position verticale inférieure, puis se relever vers le corps pour marcher vers la seconde position horizontale, en un mot, tendre à faire son mouvement de rotation en sens contraire.

29. Les bacillogires qui produisent cet effet m'ont paru moins nombreux que ceux qui font tourner leur furcelle comme je l'ai d'abord indiqué : néanmoins j'en ai rencontré quatre ou cinq. En général l'action bacillogire m'a paru faible chez eux, et jamais je ne les ai vus faire faire à la furcelle une révolution complète en ce sens.

30. Voilà donc deux mouvemens différens qu'il s'agira de distinguer dans les expériences qui suivront. Je nommerai celui que j'éprouve naturellement, celui que j'ai décrit le premier, *mouvement ascendant*. À la vérité la furcelle, après avoir monté jusqu'à la verticale supérieure, s'abaisse ensuite pour passer devant le corps ; mais il n'en est pas moins vrai que les premières forces agissantes produisent un mouvement ascendant, et dans la majeure partie des expériences la furcelle ne dépasse pas la verticale supérieure. Il paraît même que c'est par suite d'une combinaison subséquente de forces que le mou-

vement de rotation se détermine. Je nommerai *mouvement inverse* celui où la furcelle commence par descendre vers la verticale inférieure. Lorsque j'aurai lieu d'indiquer l'intensité des forces par le nombre de degrés parcourus, je mettrai devant ce nombre le signe $+$ (plus), si le mouvement a eu lieu dans le sens ascendant, et le signe $-$ (moins), s'il a eu lieu dans le sens inverse. Ainsi $+\,40°$ indique que la furcelle a décrit un arc de 40 degrés en montant; $+\,90°$ qu'elle a atteint la verticale supérieure; $+\,110°$ qu'après avoir atteint cette verticale elle a baissé de 20 degrés vers le corps; $+\,180°$ qu'elle a été jusqu'à la seconde position horizontale en passant par la verticale supérieure. Au contraire $-\,180°$ indiquerait qu'elle a atteint cette même seconde position horizontale, mais en passant par la verticale inférieure; $-\,50°$ indiquerait qu'elle a baissé de 50 degrés vers la verticale inférieure, etc.

31. Ainsi que je l'ai remarqué (26) il faut quelque soin pour ne pas confondre les débuts du mouvement inverse avec les effets de la pesanteur; néanmoins l'action de la furcelle est si distincte, quand on l'étudie sans préventions, que j'ai toujours vu ceux chez qui s'opérait ce mouvement inverse le reconnaître sans hésitation, et ne conserver nulle crainte de le confondre avec la pesanteur, quoique l'action fût bien loin de porter la furcelle à remonter au-delà de la verticale inférieure.

32. Le mouvement inverse serait sans doute susceptible d'être analysé comme je l'ai fait à l'égard du mouvement ascendant, mais je n'ai pas eu

occasion de l'étudier de même. L'un et l'autre sont sujets à des variations et à des inégalités ; ainsi si j'ai dit que lorsqu'on a fait quatre à cinq pas sur le sol excita eur le mouvement commence à se faire sentir, il faut entendre que c'est en général et dans les cas ordinaires. Quelquefois, mais cela arrive très-rarement à quelqu'un un peu exercé, on parcourt vainement le sol excitateur sans éprouver aucun effet. Moins rarement on remarque un peu plus ou un peu moins de retard. Nous étudierons de plus près quelques-unes de ces variations ; il en est qui m'ont paru soumises à des lois que j'ai entrevues ; il en est d'autres qui sont encore pour moi des anomalies. Par exemple j'ai vu quelqu'un donner constamment à la furcelle la mouvement inverse ; mais tout-à-coup, et sans une cause apparente , la furcelle prit un instant le mouvement ascendant, puis elle reprit comme avant le mouvement inverse. Je cite cela pour prouver que parmi des faits si sujets à varier on ne peut rien conclure que d'une longue suite d'expériences.

33. Mais les causes qui font varier la quantité ou la force du mouvement ne changent pas ordinairement d'un moment à l'autre, et permettent de faire, sous l'empire de circonstances à peu près les mêmes, un certain nombre d'expériences qui peuvent être regardées comme comparatives; cependant si le temps se prolongeait, encore plus si les expériences se faisaient à différentes époques, et que néanmoins on voulût chercher à les comparer, il faudrait tâcher préalablement de s'assurer que les

circonstances étrangères n'ont pas changé , ou chercher à évaluer l'influence de leur changement. Pour cela j'ai pris l'usage de faire ce que je nomme un essai avant les séries d'expériences un peu importantes , et quelquefois après ; c'est-à-dire que je fais sur le sol excitateur un ou deux passages sans aucun accessoire ni préparation , et comme pour étudier le phénomène simple ; j'emploie alors une furcelle que je nomme à cause de cela *furcelle d'essai*, et qui me sert dans ce but tant qu'elle est en bon état. J'ai soin aussi de ne guère l'employer à d'autres recherches, dans la crainte de changer son état naturel , ou celui qu'elle a acquis par les expériences simples.

CHAPITRE V.

Premières recherches sur la nature des effluves bacillogires.

34. D**ans** l'état actuel des connaissances physiques, il était assez naturel de tourner d'abord mes vues vers l'électricité, et de supposer que cette puissance, si répandue dans la nature, pouvait être aussi la cause du phénomène isolé que je voulais observer, savoir la simple torsion ou la rotation d'une légère baguette. Je cherchai donc à découvrir s'il y avait quelques rapports entre ce phénomène et l'électricité ; j'eus dès la première expérience un résultat satisfaisant.

35. J'avais pris deux rubans de soie, d'un tissu épais et serré ; chacun d'eux me servit à couvrir une des poignées de la furcelle. Le ruban était tourné autour en vis et de manière que chaque tour couvrait environ les deux tiers du précédent ; il y avait ainsi sur les poignées trois épaisseurs du ruban. L'action de la furcelle est devenue nulle, et j'ai eu beau répéter les passages, elle est restée sans mouvement.

36. Une fois même, supposant qu'il fallait laisser à la chaleur de mes mains le temps de pénétrer la soie, je fis 7 à 800 pas, tant sur le sol excitateur qu'aux environs, et il me fut impossible d'obtenir aucun mouvement.

37. Je cherchai alors à faire une expérience contraire, et songeant que dans les poissons électriques la peau laisse passer toute la commotion, je supposai que dans des genres voisins la peau devait être bon conducteur de l'électricité. Je pris deux peaux sèches d'anguilles, et, les ayant ramollies dans l'eau, j'en entourai les deux poignées ; c'était seulement ma huitième expérience du mois de juin 1822 ; dès le premier passage la furcelle se renversa vers moi ; jamais jusqu'alors je n'avais éprouvé un effet aussi fort. Je quadruplai le passage , et la furcelle fit une révolution complète. Je répétai plusieurs fois cette expérience, et j'eus toujours des -résultats analogues.

38. Le lendemain , sans avoir humecté de nouveau les peaux d'anguilles, et les ayant laissées autour des poignées , je recommençai de nouveau ; l'action fut d'abord faible , et le premier passage ne donna que $+ 45°$ à $50°$. Mais au second passage la furcelle vint battre contre ma poitrine , et le mouvement me parut comme la veille.

39. Je pris ensuite les rubans de soie de la première expérience , et j'en enveloppai les poignées par-dessus les peaux d'anguilles ; les forces bacillogires parurent alors annulées , et huit passages ne donnèrent aucun résultat.

40. Ces expériences marchent d'accord, et font entrevoir une première lumière ; mais voici déjà une petite anomalie que je cite ici faute de savoir où la mettre. Après l'expérience qui précède , j'enlevai les rubans de soie et je repris la furcelle seulement

garnie des peaux d'anguilles. Il semble qu'il était resté quelque chose de la neutralisation produite par la soie, car le premier passage donna encore un ré-sultat nul, le mouvement fut faible au second, mais au troisième et au quatrième il reprit toute sa force.

41. Au lieu des préparations précédentes j'enve-loppai avec un ruban de soie la tête d'une autre fur-celle ; j'avais eu soin de l'éprouver auparavant ; les effets me parurent les mêmes, ou peut-être un peu augmentés.

42. Je fis la même chose à la furcelle dont les poignées étaient restées garnies de peaux d'anguilles, et j'eus lieu de croire aussi que le mouvement était un peu plus fort que quand la tête était dégarnie.

43. Une autre fois je pris une furcelle de coudre, et m'étant assuré qu'elle agissait bien, j'enveloppai sa tête avec une peau d'anguille un peu humide ; quatre passages différens donnèrent zéro pour résultat.

44. Au lieu de cette garniture j'implantai trois épingles ordinaires sur la tête de la même furcelle, je fis encore quatre passages, et je ne vis aucun mou-vement ; je sentis seulement un léger effort sur mes mains, et comme une tendance au mouvement.

45. Je mis seulement deux épingles, il y eut un mouvement très-faible.

46. Je plaçai dans la tête de la furcelle un petit canif ; il y était engagé par son tranchant, sa pointe se portait en avant ; chaque passage donna un mou-vement très-faible, et comme lorsque deux épingles étaient fixées sur cette tête.

47. Je passai deux épingles dans l'écorce de la

4

tête de la furcelle, de manière que leurs pointes étaient en l'air ; il n'y eut point de mouvement, mais seulement une légère sensation.

48. Dans un autre moment je répétai l'expérience 44; elle me donna le même résultat, c'est-à-dire qu'il n'y eut point de mouvement apparent; la furcelle essayée d'avance avait fait un mouvement de + 90°. A ces trois épingles j'en substituai trois autres dont la tête était enveloppée de cire à cacheter. Je fis quatre passages qui donnèrent + 6o à 70°. J'ajoutai deux autres épingles pareilles, ce qui faisait cinq. Cinq passages donnèrent + 44 à 6o°.

49. J'attachai à la tête de la furcelle, par le moyen d'un ruban de soie, un petit rameau d'orme effeuillé et portant dix-sept petites ramilles toutes coupées obliquement en bec (cette fois la furcelle n'avait pas été essayée); deux passages ne donnèrent nul mouvement.

5o. Je diminuai successivement le nombre des ramilles, en essayant à chaque fois si j'obtiendrais quelque effet ; lorsqu'il n'y en eut plus que deux, il se fit un léger mouvement.

51. Quand il n'y en eut plus qu'une, qui à la vérité se trouva la tige même du rameau, la furcelle donna de 45 à 6o°.

52. Je pris un autre jour deux bandes de parchemin, larges d'un pouce et demi ; je les employai à garnir les poignées de la furcelle comme avec les rubans de l'expérience n° 1. Au premier passage la furcelle fit une demi-révoluion ; je voulus quadrupler le passage pour obtenir la révolution

entière ; elle demeura fixe dans la seconde position horizontale. Cet effet a pu être compliqué comme on le verra plus tard ; mais m'étant absenté un moment et ayant recommencé la même expérience une demi-heure après, le premier passage donna un mouvement assez fort, le second un mouvement faible, le troisième et le quatrième, zéro. Surpris de cet effet je pensai que les bandes de parchemin remontant un peu en circulant autour des branches de la furcelle entre mes mains, laissaient saillir un de leurs bords qui pouvait produire un effet analogue à celui des pointes. Alors je couvris avec des rubans de soie la partie des bandes de parchemin qui dépassait mes mains du côté des petits doigts ; le mouvement reprit à peu près toute son intensité, et se répéta pendant six passages.

53. J'ôtai ensuite toutes ces garnitures et j'entourai la tête de la furcelle avec une de ces bandes de parchemin ; le mouvement fut nul à deux passages.

54. Le 22 juin 1822, par un temps orageux, je pris deux morceaux d'une étoffe de soie ou taffetas assez mince, j'en enveloppai chacun de mes pieds, et je mis mes souliers par-dessus ; je parcourus ainsi le sol excitateur, et la furcelle ne fit aucun mouvement ; je sentis néanmoins une légère impression comme tendance au mouvement. Je n'avais point essayé cette furcelle avant l'expérience.

55. Le lendemain les forces bacillogires se trouvèrent très-énergiques, quoiqu'un peu tardives ; la furcelle d'essai fit une demi-révolution à chaque passage ; je répétai l'expérience précédente, mais

en mettant un double taffetas à chacun de mes pieds. Quatre passages ont donné un mouvement nul, et seulement une légère impression.

56. Déjà antérieurement j'avais essayé de faire deux passages, ayant ôté mes souliers et n'étant chaussé que de bas de coton. L'effet me parut le même que lorsque j'avais ma chaussure; c'étaient à la vérité des souliers minces.

57. Je dois dire que d'autres personnes ont fait de même que moi quelques expériences, étant chaussées de bas de soie ; je ne me suis pas aperçu que cela nuisît beaucoup aux effets, et je l'attribue soit au peu d'épaisseur de ce tissu, soit aux émanations ordinaires du corps, qui ont pu le pénétrer et le rendre conducteur.

58. Le 17 juillet 1822 je pris une furcelle de coudre assez grosse, et dont la roideur nuisait un peu au mouvement ; elle m'avait déjà servi, et dans aucune expérience elle n'avait dépassé bien sensiblement la demi-révolution ; ce jour-là même les forces bacillogires n'étaient pas très-énergiques. Je couvris ma tête d'un bonnet de tricot de soie noire, et je fis un passage qui donna trois quarts de révolution. Je le continuai en le quadruplant, et la furcelle fit deux révolutions et demie.

J'ai répété cette expérience à diverses époques, et je dois dire que généralement elle ne m'a pas donné un accroissement d'effets aussi sensible.

COROLLAIRE Ier.

59. Les expériences 35 et 39 prouvent évidem-

ment que la cause immédiate du mouvement de la furcelle lui parvient par les mains du bacillogire.

60. Les expériences 54 et 55 prouvent que le corps du bacillogire reçoit lui-même du sol excitateur cette cause quelle qu'elle soit ; ainsi le corps humain en est donc dans ce cas conducteur, et il la transmet soit telle qu'il l'a reçue, soit en la modifiant. Le premier fait nous était déjà révélé, puisque nous savions que les mouvemens de la furcelle (sans préparation) n'avaient lieu que sur le sol excitateur. Peut-être néanmoins aurait-on pu penser que la cause du mouvement était transmise du sol excitateur à la furcelle, au travers de l'air, et non par le moyen du bacillogire ; mais alors l'instrument aurait agi également entre les mains de tous les individus.

61. L'expérience 58 montre que la puissance bacillogire, ou la substance qui la possède, ne se porte pas uniquement aux mains et vers la furcelle ; elle paraît se disperser dans le corps et s'exhaler par quelques-unes de ses parties, puisqu'en employant des moyens qui probablement gênent ou diminuent cette exhalation, la puissance paraît plus énergique.

62. Mais déjà ceci suppose une question préalable. Y a-t-il émanation matérielle du sol excitateur et transmission d'une substance au travers du corps du bacillogire jusqu'à la furcelle ? ou bien y a-t-il seulement transmission d'une force, d'une action dont le principe reste dans le sol excitateur, mais qui produit un changement d'état dans le corps du

bacillogire et dans la furcelle ? Cette question est analogue à celles que l'on fait depuis si long-temps relativement à la lumière, et qu'on est porté à étendre au magnétisme et même à l'électricité. Il est évident que je ne puis chercher à la résoudre dans un ouvrage tel que celui-ci ; mais l'un ou l'autre système peut apporter quelque changement dans la manière de s'exprimer : je suis forcé de faire un choix, ou bien je serais obligé de donner fréquemment à mes phrases un double sens qui ne pourrait que gêner ma marche et nuire à la clarté que je cherche à atteindre. Je me tiens donc pour le moment, et sans rien préjuger pour l'avenir, dans l'analogie des idées de Newton et de la plupart des physiciens modernes avant ces dernières années ; c'est-à-dire que je suppose qu'il y a transmission d'une substance, comme cela a été long-temps admis par les physiciens à l'égard de la lumière, etc.

63. L'expérience 58 semble appuyer cette opinion, car s'il n'y avait pas d'effluence du corps du bacillogire, on ne voit guère comment un corps qui paraît s'opposer à cette effluence pourrait augmenter l'intensité du phémonène.

64. Les mêmes expériences que j'ai déjà rappelées dans ce corollaire, et les autres que j'ai jusqu'à présent exposées, ne nous laissent entrevoir dans les effluves bacillogires que des caractères qui leur sont communs avec les fluides électriques. Dans les expériences 35, 39, 54 et 55 nous voyons que la soie interposée entre la furcelle et les mains,

ou entre le sol excitateur et les pieds, a empêché le mouvement de la furcelle. Nous n'en conclurons pas que la soie empêche complètement le passage des effluves, mais qu'au moins elle le gêne et ne laisse passer qu'une quantité trop faible pour qu'elle ait des effets apparens. Des expériences subséquentes nous montreront que si l'enveloppe de soie est trop mince, le phénomène a lieu; et déjà l'expérience 57 indique ce fait. Ainsi donc on peut dire quelle est l'épaisseur de soie qui a empêché le mouvement, mais il ne s'ensuit pas que la totalité de ce que le sol excitateur transmettait ait été intercepté. Nous acquerrons par la suite quelques lumières de plus à cet égard.

65. Dans les expériences 41 et 42 la soie paraît produire un effet analogue notamment à celui que nous lui attribuons d'après l'expérience 58, et, empêchant sans doute les effluves de sortir de la tête de la furcelle, elle nous permet de reconnaître que cette circonstance est favorable à l'intensité du phénomène.

66. L'expérience 48 nous montre que la cire à cacheter se comporte à l'égard des effluves ba- cillogires à peu près comme à l'égard de l'électricité, c'est-à-dire qu'elle gêne ou empêche leur passage.

67. D'un autre côté les expériences 37, 38, 53 et 56 prouvent que des substances conductrices de l'électricité ont laissé passer les effluves bacillogires.

68. Au contraire nous voyons dans les expé- riences 43, 44, 45, 46, 47, 49, 50, 51 et 52, que certains corps placés à la tête de la furcelle ont

empêché son mouvement ; nous reconnaissons que la forme ou la nature de ces corps les rend propres à laisser écouler l'électricité et à annuler ainsi la puissance d'un conducteur électrique , auquel on les aurait fixés. Il semble donc qu'ils jouent le même rôle ici, et que, laissant sortir les effluves bacillogires, ils annulent ainsi leur influence sur la furcelle.

69. En résumé tout s'accorde jusqu'à présent pour nous prouver que les corps conducteurs et non conducteurs de l'électricité jouissent des mêmes propriétés à l'égard des effluves bacillogires.

CHAPITRE VI.

Action particulière de chaque main. Décomposition des puissances bacillogires.

70. J'ai garni de soie la poignée gauche de la furcelle, comme je l'avais fait pour les deux poignées dans l'expérience 35 , et j'ai laissé la poignée droite dégarnie. Avant cette préparation la furcelle donnait $+$ 120 à 130°; ainsi garnie elle a fait une révolution entière; j'ai fait quatre passages qui ont donné le même résultat.

71. J'ai passé la poignée garnie dans la main droite, et j'ai pris de la main gauche la poignée non garnie. J'ai fait deux passages qui n'ont donné nul mouvement. Dans un troisième passage la furcelle a pris un mouvement inverse et est descendue un peu. J'ai fait trois autres passages pendant lesquels le mouvement inverse s'est prononcé davantage, et à chaque fois la furcelle a donné $-$ 60 à 70°.

72. J'ai repris de nouveau la poignée garnie dans la main gauche; j'ai fait deux passages qui ont donné dans le sens ascendant chacun une révolution entière. J'ai repris la poignée garnie à droite, deux passages ont donné $-$ 60° environ.

73. J'ai répété les mêmes expériences en couvrant ma tête d'un bonnet de tricot de soie noire, les effets ont été les mêmes, mais tous un peu

plus forts. Il est à remarquer que la torsion de la furcelle dans l'expérience 70 (avant de changer de main ses poignées) était réellement la même que celle qu'elle éprouvait dans l'expérience 71 (après ce changement de main), ainsi si le seul effet des forces bacillogires était d'exciter la torsion, il serait naturel qu'elle continuât à se faire dans le sens où elle avait eu lieu d'abord. S'il en était ainsi le mouvement dans l'expérience 71 devrait être considéré comme le même que dans l'expérience 70. On pourrait facilement répondre que quand aucune des poignées n'est garnie et qu'on les change de mains entre plusieurs expériences qui font monter cette furcelle, elle continue à monter et se tord ainsi tantôt dans un sens tantôt dans l'autre. Les expériences suivantes fournissent un éclaircissement plus complet.

74. Le 21 juin 1822 la furcelle essayée d'abord donnait $+ 90$ à $100°$; je garnis de soie la poignée gauche, le mouvement fut augmenté, et quatre passages donnèrent chacun une demi-révolution dans le sens ascendant.

75. Je changeai de main la furcelle; la garniture de soie se trouvant alors à droite comme dans l'expérience 71 , elle donna $- 35°$.

76. Je la changeai encore de main, et je la tenais alors comme dans l'expérience 74; mais j'ôtai la garniture de soie qui alors se trouvait à gauche, et je la plaçai à la poignée droite. J'eus encore $- 45°$; la torsion se trouvait alors en sens contraire relativement à l'expérience 75.

77. J'ai indiqué à peu près l'épaisseur de l'enveloppe de soie que j'emploie dans ces expériences comme dans l'expérience 35 ; cette épaisseur n'est pas indispensable pour le succès, elle peut varier dans certaines limites; mais si elle était trop mince la garniture serait sans effet, et la furcelle prendrait le mouvement ordinaire; ce qui est une conséquence de ce que nous avons dit dans le chapitre précédent (64).

78. Si au contraire la soie était trop épaisse la furcelle resterait sans mouvement, quoiqu'il n'y eût qu'une poignée garnie. Ce fait est digne de remarque, et sera repris ailleurs (dans le chapitre VIII) (136).

79. Au reste on doit sentir que l'épaisseur de soie qui convient pour faire ces expériences n'est pas la même pour tous les individus ni pour tous les cas. Il est évident que quand les forces bacillogires sont très-faibles une mince étoffe de soie peut suffire pour les intercepter, tandis que d'autres fois j'ai été obligé, pour rendre le mouvement nul, de placer dans ma main droite un taffetas plié en seize; et pourtant chez moi la propriété bacillogire est médiocrement développée.

80. A l'avenir, pour abréger, je me servirai de l'expression *affaiblir une main*, pour indiquer que la communication entre cette main et la furcelle est gênée par de la soie roulée autour de la poignée ou simplement placée dans la main de manière à empêcher son contact avec la furcelle et à changer la marche habituelle de cet instrument. De même je dirai que j'ai affaibli un pied pour in-

diquer que je l'ai enveloppé d'un morceau de soie assez épais pour gêner le passage de la puissance bacillogire. Voici les détails d'une série d'expériences de ce genre.

81. L'essai de la furcelle donnait une demi-révolution à chaque passage ou $+$ 180°.

PRÉPARATIONS.	NOMBRE des passages.	QUALITÉ et quantité du mouvement.
Pied gauche affaibli.............	1er passage......	+40°.
	2e passage......	+90°.
	4 autres passages.	+180° chacun.
Pied droit affaibli.............	6 passages........	zéro.
Pied droit et main gauche affaiblis.	4 passages........	zéro.
Pied droit et main droite affaiblis..	4 passages........	— 180°.
Pied gauche et main droite affaiblis.	6 passages........	zéro.
Pied gauche et main gauche affaiblis.	4 passages........	+ 180°.

Ces expériences ont été répétées plusieurs fois et par plusieurs personnes, mais avec moins de détails ; les résultats ont toujours été analogues.

COROLLAIRE II.

82. Puisqu'en isolant les actions transmises par chaque main nous avons eu des effets contraires, comme le prouvent particulièrement les expériences 74, 75 et 76, il faut admettre que les causes de ces actions ne sont pas identiques, soit dans leurs principes mêmes, soit dans leur manière d'agir.

83. Dans leurs principes mêmes, si la puissance bacillogire appartient à deux fluides, à deux prin-

cipes de natures analogues, mais qui pourtant aient des propriétés différentes et souvent contraires. Cette supposition n'est pas une nouvelle hypothèse; c'est pour ainsi dire la suite naturelle de la première comparaison que nous avons établie entre le principe des mouvemens de la furcelle et l'électricité.

84. Dans leur manière d'agir, si l'on pensait que le mouvement de la furcelle fut dû à un courant qui passerait de la droite à la gauche, ou de la gauche à la droite, et qui déterminerait ainsi le mouvement ascendant ou le mouvement inverse. Les expériences électro-dynamiques autorisent cette seconde supposition; mais dans l'état actuel des choses elle n'exclut pas la première; au contraire, dans la théorie électro-dynamique la plus reçue, l'existence des courans présuppose celle des deux fluides électriques; il ne peut être question ici de rechercher si d'autres systèmes pourraient être préférés, j'ai déclaré que j'écarterais autant que possible toute idée systématique. Il convenait de faire voir que nos expériences nous amènent à des suppositions analogues à celles qui sont admises. Et sans prétendre soutenir ni attaquer la théorie des deux fluides électriques et des deux fluides magnétiques, je pense que ces expériences nous conduisent aussi assez directement à la supposition de fluide agissant sur la furcelle, l'un dirigeant son action par la main droite, l'autre par la main gauche.

85. Plusieurs expériences de ce chapitre, et notamment 77, nous démontrent encore ce que nous avions déjà appris, que l'effet d'une enveloppe de

soie autour d'une poignée de la furcelle est de gêner plus ou moins, selon son épaisseur, ou d'intercepter tout-à-fait le passage de la puissance bacillogire. Or, dans les expériences 70 et 74, nous voyons que la main gauche étant affaiblie, le mouvement ascendant a été beaucoup plus fort que quand elle jouissait de toute son énergie. De même, dans les expériences 71, 75 et 76, la main droite étant affaiblie, la tendance au mouvement inverse est devenue beaucoup plus forte, puisque d'abord le mouvement ascendant a été détruit, et qu'ensuite le mouvement inverse s'est prononcé. Nous devons donc penser que le mouvement effectif, quand les deux poignées sont dégarnies, est produit par l'excès de l'une des deux tendances sur l'autre, ou par l'excès de la puissance d'une des mains sur la puissance de l'autre.

86. Quant aux expériences 81 elles démontrent que chaque pied influe aussi sur la séparation des fluides bacillogires ; les détails et les réflexions que pourraient nous fournir ces six expériences seront laissés provisoirement de côté ; ils nous meneraient au-delà des bornes de ce chapitre, dont le but était d'indiquer l'existence de deux fluides, de confirmer ainsi l'analogie de la puissance bacillogire avec l'électricité, et d'amener méthodiquement les chapitres suivans.

87. Si l'existence des deux fluides paraissait encore un peu légèrement établie, je préviens que l'accord des expériences qui suivent la rendra plus probable ; je crois donc pouvoir l'admettre comme toutes mes autres conclusions, c'est-à-dire comme probabilité.

CHAPITRE VII.

Préparation de la furcelle inverse.

88. Pour ne pas jeter les lecteurs au milieu de l'amas confus d'expériences où j'ai eu quelque peine à me tracer une route, je suis obligé de laisser de côté pour le moment des détails qui expliqueraient peut-être plus complètement ce que j'ai à dire , mais qui, se rattachant à d'autres particularités, porteraient dans ce chapitre une confusion qu'il est bon d'éviter. Je vais donc rapporter quelques expériences simples qui suffiront pour faire connaître ce que j'appelle la *furcelle inverse* et la manière de la préparer. On verra par la suite qu'il existe plusieurs autres méthodes de préparation , et peut-être de plus énergiques.

89. On coupe une furcelle dans la forme et avec les préparations ordinaires; mais avant de s'en servir en aucune manière on garnit de soie sa poignée droite, et on laisse la poignée gauche dégarnie. Alors on fait plusieurs passages successifs mais bien séparés les uns des autres par des instants de repos sur le sol neutre. Si la puissance bacillogire se trouve un peu énergique, on obtiendra facilement les effets indiqués dans les expériences 71, 75 et 76, c'est-à-dire que la furcelle descen-

dra. Et si cet effet n'a pas été trop faible, elle a acquis dès lors une tendance à descendre plutôt qu'à monter; de manière que si on dégarnit la poignée droite, et qu'on prenne la furcelle à deux mains comme à l'ordinaire, elle descendra au lieu de monter. Quand on s'est bien assuré de cet effet, on peut s'attendre à le retrouver habituellement dans cette furcelle, que je désigne dès lors sous le nom de *furcelle inverse*. On peut faire avec elle toutes les expériences que l'on fait avec la furcelle ordinaire ou ascendante, et l'on trouvera qu'elle est soumise aux mêmes lois tant qu'on emploie ou qu'on gêne simultanément les actions qui arrivent à la poignée gauche ou à la poignée droite. Seulement elle commence son mouvement de rotation en descendant dans les cas où l'autre le commence en montant. Des garnitures de soie aux deux mains et aux deux pieds empêchent le mouvement. Des pointes métalliques placées au sommet l'empêchent aussi. Mais de même que la furcelle ascendante, soumise principalement à la puissance de la main gauche, est descendue, de même aussi la furcelle inverse, ayant sa poignée gauche garnie de soie, et soumise par conséquent à la prépondérance de la main droite, prendra le mouvement ascendant. Ainsi cette prédisposition, cette tendance à monter ou à descendre que la furcelle reçoit des premières influences auxquelles elle a obéi, peut bien déterminer son mouvement quand elle est sollicitée par deux forces qui agissent en sens contraires ; mais elle n'est pas assez puissante pour ré-

sister à une de ces forces, isolée ou rendue prépondérante.

90. Aussi si l'on veut conserver une furcelle inverse, il ne faut pas trop insister sur les expériences
qui tendent à la faire monter, car alors elle per-
drait la tendance qu'on lui a donnée d'abord, et
elle deviendrait ascendante; de même qu'une furcelle ascendante peut devenir inverse, si on la sou-
met trop long-temps à des expériences qui la fassent descendre.

COROLLAIRE III.

100. Ainsi donc, en résumant ce qui précède,
nous reconnaîtrons que la furcelle qui a déjà été
soumise à l'action des forces bacillogires en a reçu
une tendance ou une disposition à répéter le même
genre de mouvemens qu'elle a déjà exécutés, et nous
rappellerons à ce sujet une apparente anomalie que
nous avons exposée au chapitre v (40). Cette tendance peut être considérée comme une force qui
se combine avec les autres, et qui doit influer sur
la résultante.

101. D'après cela nous pouvons déjà compter
trois puissances qui agissent sur la furcelle lorsque
d'avance elle a été employée : 1° celle qui agit par
la main droite, 2° celle qui agit par la main gauche,
3° celle qui résulte de l'état antérieurement acquis
par la furcelle. Ces trois forces, qui probablement
sont toutes trois variables, peuvent se combiner
de bien des façons, et pourraient donner dans certains cas des résultats qui paraîtraient fort diffé-

rens. Pour le faire mieux comprendre, représentons chaque force par l'arc qu'elle peut faire décrire au sommet de la furcelle, et prenons pour exemple un bacillogire qui comme moi ait la main droite plus puissante que la gauche.

Représentons la force transmise par la main droite par $+ 80°$;

Celle transmise par la main gauche par $— 60°$;
La tendance de la furcelle par $40°$.

Cette dernière force sera ascendante ou inverse, selon la première impulsion que la furcelle recevra ; car je suppose encore qu'elle n'a point servi.

102. Si je commence avec les deux mains, les deux forces $+ 80°$ et $— 60°$ seront les seules employées; j'aurai pour résultante une force ascendante $+ 20°$, et après quelques passages la furcelle sera ascendante. Ainsi elle aura une tendance $+ 40°$; alors les forces ascendantes se trouveront $+ 80°$ et $+ 40°$, et la force inverse $— 60°$; il restera donc une force ascendante $+ 60°$.

103. Supposons au contraire que, garnissant de soie la poignée droite, j'affaiblisse sa puissance et que je la réduise par exemple à $+ 20°$, la furcelle soumise d'abord aux deux forces $— 60°$ et $+ 20°$ deviendra inverse et acquerra une tendance que j'estime comme dans le cas précédent, mais qui sera en sens inverse et représentée par $— 40°$. Si donc alors j'emploie les deux mains sans enveloppe de soie, les forces qui solliciteront la furcelle seront $— 60°$, $— 40°$ et $+ 80°$, ce qui donne une résultante $— 20°$; ainsi la furcelle doit rester inverse.

104. On conçoit tel autre rapport entre ces puissances où il ne serait pas possible de faire une furcelle qui se maintînt inverse lorsqu'on dégarnirait la poignée droite, et où l'on n'obtiendrait qu'une furcelle incapable de manifester la tendance inverse qu'elle aurait d'abord acquise. Soit main droite $+$ 100°, main gauche — 30°. Tendance de la furcelle 40°. Il est clair que si on réduit la main droite à une force $+$ 20°, la furcelle deviendra inverse, mais lorsqu'on emploîra toute l'énergie des deux mains, cette tendance inverse — 40°, jointe à la puissance de gauche — 30°, ne pourra résister à la puissance de droite $+$ 100°, et la furcelle ne restera point inverse.

105. Qu'on prenne garde qu'ici je ne cherche pas réellement à évaluer des forces, je veux essayer de faire concevoir des effets. Ce que j'indique comme force ou comme puissance agissante par la main droite ou par la main gauche n'est peut-être que le résultat d'une combinaison de plusieurs autres forces ; mais enfin que ce soient des forces simples ou des résultantes qui agissent, il est évident que je puis les représenter par des nombres proportionnels aux mouvemens qu'elles tendent à produire.

Suite des expériences.

106. Si l'on sort du sol excitateur lorsque la furcelle inverse a eu un mouvement de quelques degrés, ou n'a que peu ou point dépassé la verticale inférieure, elle rétrograde et imite en cela la furcelle ascendante ; comme elle, elle tend à revenir à zéro,

mais par un mouvement contraire. Cependant ce mouvement rétrograde, qui s'excute en montant, étant combattu par la pesanteur, n'est pas toujours aussi complet que celui de la furcelle ascendante, qui au contraire est favorisé par la pesanteur. Quand le mouvement de la furcelle inverse est très-fort, je crois qu'elle a peine à rétrograder; mais j'ai eu très-peu d'occasions de la voir dans cet état.

107. La disposition acquise par la furcelle, et qui la rend ascendante ou inverse, paraît se conserver très-long-temps. Il m'est arrivé de laisser une furcelle inverse en plein air dans un bois humide pendant plus de trois semaines sans y toucher. Au bout de ce temps je l'ai essayée en employant les deux mains sans garniture, et elle est descendue comme si je venais de la préparer.

Corollaire IV.

108. Cette disposition, pour ainsi dire permanente, que la première préparation donnée aux furcelles leur communique, et qui les rend propres à recevoir plus facilement l'impulsion de l'une des mains ou de l'un des fluides qu'elles paraissent transmettre, semble nous éloigner de l'électricité et nous rapprocher du magnétisme; en effet, un corps électrisé perd ordinairement assez promptement les propriétés qu'il a acquises, mais un morceau d'acier conserve celles qui lui ont été communiquées par l'aimantation; il était d'abord indifférent à la polarisation, comme la furcelle avant

la première expérience est indifférente à recevoir une tendance à descendre ou à monter : dans ce morceau d'acier le pôle nord, par exemple, pouvait être placé à l'une ou à l'autre des extrémités ; mais les deux pôles étant une fois déterminés, ils restent tels qu'ils sont, et le pôle nord ira constamment au sud, à moins qu'une nouvelle opération ne détruise ce qui a été fait et n'établisse un ordre nouveau. Mais n'anticipons pas sur des rapprochemens qu'il n'est pas encore temps de faire, et auxquels sont consacrés des chapitres particuliers. Si je place ici cette remarque isolée, c'est pour mieux faire comprendre l'effet apparent de la préparation des furcelles.

CHAPITRE VIII.

*Recherche de quelques autres manières de tenir
ou de préparer les furcelles.*

109. Pour bien juger le phénomène qui nous
occupe, il est nécessaire de connaître ce qui lui
est essentiel, ce qui est indispensable à son développement, et ce qui peut lui nuire ou le modifier. Nous allons tâcher de faire quelques pas vers
ces points importans. D'abord, et presque dès les
premiers temps où j'avais appris à reconnaître les
effets de la furcelle, j'avais essayé de la tenir autrement, et j'avais placé mes deux mains en pronation, quoique toujours les doigts pliés autour des
poignées ; il en résultait que les bouts des poignées
sortaient en dehors de mes mains du côté des petits
doigts, et que mes pouces étaient en dedans vers les
branches de la furcelle. Ces essais, que j'ai répétés
depuis, ont eu peu de succès ; j'ai bien obtenu
quelques mouvemens, mais bien moindres qu'en
mettant les mains en supination d'après la méthode
ordinaire.

110. Ce qui prouve que cette dernière position des
mains est au moins très-favorable à la production du
mouvement, c'est que si l'on prend une furcelle
ascendante en mettant la main droite en pronation,
et la gauche en supination, on obtiendra un petit

mouvement inverse comme si la main droite était affaiblie. Si on prend une furcelle inverse en mettant la main gauche en pronation et la droite en supination, on aura un petit mouvement ascendant comme si la main gauche était affaiblie.

111. J'ai aussi essayé de recourber les poignées en dedans du V que forme la furcelle, au lieu de les courber en dehors; alors les deux bouts des poignées se trouvaient près l'un de l'autre; je n'ai pas eu non plus de succès bien marqué, et certainement les effets étaient moindres que par la méthode ordinaire.

112. Quant à la position horizontale que je donne à la furcelle, j'ai dit dans le chapitre IV ce qui me la faisait préférer.

113. A une époque où je croyais que la torsion était l'effet réel que les forces bacillogires faisaient éprouver à la furcelle, j'avais imaginé que cette torsion devait être sensible dans une baguette droite; mais j'ai fait d'inutiles tentatives à cet égard, et il m'a toujours fallu en revenir à la furcelle du chapitre II, comme étant le meilleur instrument pour ce genre d'expérience.

114. Cependant le bois n'est pas la seule substance qui puisse obéir à la puissance bacillogire.

115. Le 19 septembre 1822, étant sur le sol excitateur n° 2, je pris un fil de fer ordinaire de treillageur; il était bien recuit, et par conséquent oxidé. Il avait 28 à 30 pouces de long. Je le pliai de manière à lui donner à peu près la forme d'une furcelle, sauf qu'il n'y avait point de tige commune formant la

tête de l'instrument. Je m'en servis de la même manière ; il monta fortement dès le premier passage et fit une demi-révolution. La furcelle d'essai ne donnait guère plus de $+ 90°$. J'ai répété un assez grand nombre de fois cette expérience. Pour la faire commodément il est bon que les deux poignées ne soient pas parfaitement droites, parce qu'alors elles roulent trop facilement dans les mains, et il est difficile de mettre cet instrument dans la position horizontale.

116. Cette espèce de furcelle est susceptible de presque toutes les expériences que j'ai indiquées jusqu'ici, et toutes celles que j'ai essayées ont donné les mêmes résultats qu'avec la furcelle ordinaire. Elle contracte de même une tendance à monter ou à descendre, selon les premières influences auxquelles elle a été soumise ; et on peut la préparer de manière à produire les effets de la furcelle inverse ordinaire ; mais je ne sais si elle conserve long-temps ses propriétés.

117. Une autre fois j'ai construit un semblable instrument avec un fil de laiton, à peu près de la même grosseur que le fil de fer des expériences précédentes ; mais la surface était brillante et nullement oxidée. Les essais que j'ai faits avec cet instrument ont été moins nombreux ; ils m'ont donné des résultats analogues, dont néanmoins j'ai négligé de noter l'intensité.

COROLLAIRE V.

118. Il n'est guère possible, dans les trois expé-

riences qui précédent, de supposer que le mouvement de la furcelle soit le résultat d'une torsion
causée par les fluides bacillogires ; il n'y en a ni
aucune indice ni aucune apparence. Dans les furcelles de bois, la pression des doigts contre les poignées qui ont un diamètre assez sensible, retient
évidemment un peu leur mouvement, et peut être
ainsi la cause d'une petite torsion facile à reconnaître ; mais ici le diamètre des poignées et l'uniformité de leur surface ne permet qu'à peine de
les retenir contre l'effet de la pesanteur, et lorsque l'instrument obéit aux forces bacillogires, on
sent bien que les poignées tournent dans les mains
et suivent complètement le mouvement de la tête
de la furcelle. Il faut donc admettre ici une force
qui élève ou qui abaisse par un effort direct la tête
de la furcelle. Je ne prétends pas que ce soit la
seule force agissante, mais qu'elle soit simple ou
composée, je n'en vois pas d'autre du moins dans
les débuts de cette expérience ; à la vérité on ne
peut être qu'extrêmement surpris, d'après cette supposition, de voir la furcelle prendre un mouvement rotatoire. Comment se peut-il en effet que la
force ascendante qui, agissant sur la tête de l'instrument, l'aura amené à la première position verticale, le renverse ensuite vers le corps et le fasse
baisser jusqu'à la seconde position horizontale ? C'est
ce que nous examinerons plus tard ; nous rechercherons si d'autres forces n'interviennent pas avec
une puissance variable qui doit aussi faire varier
la direction de la résultante ; nous disons seulement

que la torsion n'est point une conséquence forcée de la puissance bacillogire, ni une condition essentielle au mouvement de la furcelle.

119. Dès lors l'inertie des baguettes simples et droites ne doit plus surprendre, car si on tient la baguette par les deux extrémités, une force verticale n'a plus d'effet à produire, ou si elle tendait à causer une rotation sur l'axe, elle agirait avec un levier presque nul. Si on tient la baguette par une seule extrémité, le mouvement ne pourrait être qu'une flexion de cette baguette, effet qui paraît dépasser de beaucoup la puissance des forces qui apparaissent dans ces phénomènes.

Suite des expériences.

120. Puisque chaque main, et par conséquent chaque branche de la furcelle, a une action différente, il importe de savoir jusqu'à quel point l'union et la continuité des deux branches sont nécessaires.

121. J'ai fendu en deux la tête d'une furcelle depuis l'angle placé entre ses deux branches jusqu'au sommet; alors les deux branches se sont trouvées séparées, et chacune d'elles conservait la moitié de la tête. J'ai ensuite roulé un ruban de soie autour d'une de ces portions de tête, puis, rapprochant les deux parties, j'ai continué à rouler la soie autour. La furcelle s'est donc trouvée reformée, mais avec une espèce de cloison de soie qui partageait sa tête en deux et qui interceptait ou gênait le pas-

sage des fluides d'une branche à l'autre. Les deux poignées étaient dégarnies. Avec cet instrument ainsi préparé j'ai fait plusieurs passages qui m'ont donné les mêmes résultats que si la furcelle était restée entière. Mais d'après ce que nous avons dit (64 et 79) il est possible que le résultat eût été différent si l'épaisseur de soie interposée dans la tête de la furcelle avait été plus grande.

122. J'ai coupé deux petites branches de charme droites et simples, grosses à peu près comme chacune des branches de la furcelle; je les ai réunies par la base avec un ruban de soie, et j'en ai formé ainsi une furcelle composée de deux pièces. J'ai fait six passages qui n'ont donné nul mouvement.

123. Au lieu de réunir les bouts inférieurs de ces petites baguettes, j'ai réuni les bouts supérieurs; j'ai encore fait six passages qui n'ont produit nul mouvement.

124. J'ai réduit à moitié l'épaisseur des deux bouts inférieurs des mêmes rameaux, et je les ai réunis en mettant en contact les côtés entaillés et dénudés d'écorce. J'ai fait six passages qui ont donné chacun $+$ 70° environ. Le mouvement de la furcelle d'essai avait varié de $+$ 80° à 120°.

125. J'ai fait la même expérience en réduisant à moitié de leur épaisseur et en réunissant les extrémités supérieures de ces petites branches; j'ai eu des résultats qui m'ont paru semblables, mais plus difficiles à évaluer, parce que cette furcelle ainsi composée était incommode et se pliait inégalement.

126. J'ai très-présente à la mémoire une autre

expérience que je fis à une époque différente, et où je réunis les extrémités inférieures de deux rameaux semblables aux précédens, mais réduisant à moitié l'épaisseur de la base de l'un d'eux seulement, laissant l'autre entier et tout couvert de son écorce, d'où il résultait qu'il y avait une épaisseur d'écorce entre le bois des deux baguettes au point de contact; l'action bacillogire fut bien marquée, et, ce me semble, aussi forte qu'avec la furcelle ordinaire; mais j'oubliai de noter cette expérience sur mon journal, et je ne puis indiquer précisément l'intensité du mouvement.

127. Le 28 juin 1822, à six heures du soir, les forces bacillogires se trouvèrent si affaiblies que la furcelle d'essai ne faisait aucun mouvement. Je pris une petite branche d'érable droite, simple, très-légère et très-mince, enfin d'une grosseur aussi égale que possible d'un bout à l'autre. Je fis vers sa moitié, et dans la longueur d'un pouce, une suite de petites entailles qui me permirent de plier cette baguette en deux parties presque parallèles, les entailles se trouvant en dedans de la partie pliée, et le côté extérieur de cette même partie ne présentant pas de solution de continuité. Je repliai ensuite en dehors les deux extrémités de cette petite branche pour en faire comme les poignées d'une furcelle ordinaire, et je m'en servis de la même manière; mais au moment de commencer un passage la baguette se rompit du côté opposé aux entailles, il y eut solution de continuité dans l'écorce, et les deux parties ne tenaient plus que par des

fibres ligneuses ; néanmoins je continuai l'expérience et je fis un premier passage ; le mouvement se fit un peu attendre, mais il fut très-fort ; la baguette fit une révolution entière, et, doublant immédiatement le passage, j'obtins deux révolutions et demie. A ce moment la baguette acheva de se rompre, et ses parties se séparèrent.

128. Je fis la même préparation à une autre baguette toute semblable, et je parvins à ne pas la rompre ; le mouvement fut nul ou presque insensible ; il ne faut pas oublier l'extrême faiblesse des forces bacillogires en ce moment.

129. Je rompis cette même baguette et je la mis dans le même état que celle de l'avant-dernière expérience. Je fis deux passages qui me donnèrent chacun $+\ 220°$ à $230°$.

130. Le lendemain 29 juin et le surlendemain les forces bacillogires étaient encore extrêmement faibles. Je pris deux petits brins d'érable de 8 à 9 pouces de long ; je réduisis le gros bout de l'un et le petit bout de l'autre à moitié de leur épaisseur, et je les assemblai l'un au bout de l'autre et dans la même direction, par le moyen d'un ruban de soie. Il en résultait une petite baguette droite de deux pièces. J'en construisis une seconde toute pareille. Par cette construction chacune de ces baguettes avait son gros et son petit bout, ou une base et un sommet. J'amincis encore ces deux extrémités et je les réduisis à demi-épaisseur. J'assemblai ensuite ces deux baguettes en forme de V, et, employant cet instrument comme une furcelle ordinaire, je fis

plusieurs essais inutiles à rapporter ici ; mais c'est le lieu de noter qu'ayant réuni le sommet de la branche que je devais prendre de la main droite avec la base de celle que je devais tenir de la main gauche, je fis quatre passages qui donnèrent $+ 100°$, $+ 90°$, $+ 90°$ et $+ 100°$.

131. Je pris deux autres brins d'érable chacun à peu près de la longueur de chaque branche de deux pièces de l'expérience précédente. J'amincis le sommet de la branche que je devais tenir à droite, et la base de celle que je devais tenir à gauche, et je les assemblai en V toujours avec de la soie. Je fis quatre passages qui donnèrent $+ 80$, $+ 60$, $+ 70$, $+ 80$.

Corollaire VI.

132. Les expériences précédentes nous fourniront les conclusions qui suivent :

1° Une parfaite continuité des branches des furcelles ou leur formation des mêmes fibres ligneuses couvertes d'une écorce continue ne paraît pas favorable au mouvement bacillogire (128).

2° Lorsque les branches sont formées de fibres différentes, quoique l'écorce soit continue, les phénomènes bacillogires ont lieu ; c'est le cas des furcelles ordinaires.

3° Lorsqu'il y a solution de continuité dans l'écorce, et quoiqu'il y ait continuité au moins d'une partie des fibres, les effets semblent augmentés (127 et 129).

4° Quand les branches sont formées de fibres différentes, et que de plus il y a discontinuité dans l'écorce, les phénomènes ont lieu (124 et 125).

5° Si il y a une écorce interposée entre les fibres de chaque branche, il y a encore même résultat (126).

6° S'il y a deux écorces les effets sont nuls (122 et 123).

7° Si au lieu d'écorce on interpose de la soie, les effets ont lieu (121). Il est probable que si on augmentait jusqu'à un certain point l'épaisseur de la soie, les effets cesseraient.

8° Si on multiplie les endroits où il y a solution de continuité, il y a lieu de croire qu'on augmente l'intensité des résultats (130 et 131).

9° Si l'on compare l'expérience 121 avec celles 122 et 123, on conclura que la soie n'intercepte pas complètement l'action des deux fluides, ce qui avait déjà été prouvé (64 et 79).

10° Enfin ces deux mêmes expériences 122 et 123 démontrent qu'il ne suffit pas que les fluides puissent passer des mains à la furcelle, mais que chaque main ou chaque branche de la furcelle ne doit pas être étrangère à l'action exercée par l'autre main ou par l'autre branche.

133. Au reste on ne peut disconvenir qu'il est difficile d'accorder ces conclusions, surtout la première, avec les expériences 115, 116 et 117, dans lesquelles il n'y a aucune solution de continuité. Il faut probablement chercher la différence de ces résultats dans l'organisation particulière des furcelles végétales.

Suite des expériences.

134. Je rapporterai sommairement plusieurs autres tentatives que j'ai faites pour avoir des instrumens d'une autre construction. Et d'abord, remarquant, d'une part, que les solutions de continuité jusqu'à un certain point ne nuisaient point aux effets ou même les renforçaient; d'autre part, que les métaux laissaient passer les fluides bacillogires, je pris une petite fourche de coudrier conformée comme les furcelles ordinaires, mais ayant les branches un peu plus courtes, et comme si j'en avais retranché les parties destinées à former les poignées. Je fendis le bout de ces deux branches dans le sens de leurs axes et dans le plan de la fourche ; je plaçai dans ces fentes, et comme en prolongement des axes, deux bouts de ressorts de montre ; je pris deux autres brins de coudre de la longueur des poignées d'une furcelle ordinaire, mais un peu plus gros ; je fendis une des extrémités de chacun d'eux, et dans ces fentes j'engageai l'autre bout des ressorts, mais perpendiculairement à l'axe de ces deux morceaux de bois. Il en résultait une sorte de furcelle d'une forme analogue à celles ordinaires, mais dont les poignées étaient jointes aux branches par des ressorts. Ces jointures étaient consolidées et couvertes de soie. Lorsque je prenais les deux poignées comme celles d'une autre furcelle, et de telle manière que si la partie fourchue eût été non pesante, les ressorts l'eussent tenue par leur simple direction un peu plus loin de moi que la première

position verticale; il est naturel de penser que le poids de cette partie fourchue faisait fléchir les ressorts, et elle s'abattait vers l'horizontale (son poids était combiné de façon à la lui faire atteindre); si au contraire, par une cause quelconque, elle dépassait vers moi la verticale, son poids agissait en sens contraire sur les ressorts, et elle venait s'abattre entre mes deux bras. Il résultait de cette construction que lorsque la pesanteur avait abattu cette furcelle à la première position horizontale, elle se trouvait en équilibre entre la force des ressorts qui tendait à la relever, et la pesanteur qui tendait à la faire descendre plus bas; il fallait donc une très-petite force pour la faire monter, et une fois parvenue à la verticale, les forces habituelles qui font baisser la furcelle vers le corps devaient se combiner avec la pesanteur. Mais dès que l'on marche avec cet instrument il prend un balancement gênant, et qui, si on n'y faisait pas attention, pourrait l'élancer de façon à lui faire produire un effet trompeur. Je l'ai donc employé avec précaution, et après un passage triplé sur le sol n° 2, la partie mobile s'est tout-à-coup renversée vers moi. J'ai répété plusieurs fois cette expérience, et j'ai vu que pour la bien faire il faut que les forces bacillogires soient très-énergiques, encore malgré cela il faut marcher long-temps sur le sol excitateur comme pour charger l'instrument; il y a beaucoup d'irrégularité à cet égard, car j'ai obtenu ce mouvement une fois après quatre-vingts pas, et la fois suivante après deux cents pas. J'ai eu lieu de croire qu'il était bon de ne pas revenir immédiatement sur les mêmes traces, mais de parcourir le sol excitateur en différens endroits. Avec ces précautions, cette expérience devient assez frappante, parce que le mouvement est plus rapide et semble plus indépendant des mains; mais néanmoins cette construction ne présente ni les avantages ni les facilités de la furcelle ordinaire. Au reste j'ai varié ces préparations, et j'ai fait subir plusieurs changemens à cet instrument; mais il ne m'a rien appris de nouveau.

135. Les expériences 122 et 123 donnaient à penser que l'action réciproque des deux mains était essentielle (à cette époque l'expérience 78 n'avait pas encore été faite); cependant, indépendamment de cela il pouvait y avoir aussi une action particulière de chaque main isolée l'une de l'autre, et on pouvait croire que dans les expériences citées ces actions, s'exerçant simultanément et en sens contraires, donnaient une résultante nulle ou trop faible, et incapable de produire le mouvement. Cette question pouvait recevoir quelque lumière de l'essai suivant, destiné aussi à simplifier l'instrument. Je pris une petite baguette de charme simple et droite, et la saisissant par le bout inférieur comme j'aurais pris la poignée droite d'une furcelle ordinaire, elle se trouvait horizontalement et transversalement devant moi. Alors, prenant de la main gauche un tube de verre que je tenais dans une position verticale, je m'en servis pour faire plier la baguette dans un plan horizontal, et, écartant de moi son sommet, je le mis relativement à la base que je

tenais dans une position analogue à celle du sommet d'une furcelle relativement à sa poignée droite, et je m'avançai sur le sol excitateur n° 2. J'éprouvai une action sensible, mais lente et faible ; le sommet de la baguette monta en glissant le long du tube de verre que j'avais soin de tenir de façon que la flexion de la baguette n'augmentât ni ne diminuât pendant que son sommet le parcourait en montant. Je multipliai le passage, et le mouvement devint très-positif, quoique toujours faible. Je variai l'expérience en tenant la baguette par le petit bout ; j'eus le même résultat. Enfin je fis la même chose en prenant la baguette de la main gauche, et le tube de verre de la main droite ; le sommet de la baguette prit alors le mouvement inverse et descendit le long du tube, mais toujours lentement et faiblement.

Corollaire VII.

136. Les expériences de l'article 134 ne nous donnent aucun éclaircissement important ; cependant elles contribuent à prouver que la torsion peut être tout-à-fait étrangère aux phénomènes bacillogires. Quant aux expériences de l'art. 135 elles semblent d'abord démontrer que si l'action réciproque des deux mains peut être utile et augmenter les effets, il existe néanmoins une action particulière à chaque main et indépendante de l'autre. Cependant cette conclusion m'a paru au moins prématurée, lorsque j'ai eu fait l'expérience 78, et quand j'ai vu, ce que j'exposerai dans le chapitre II

(246 et 255), que dans certains cas du moins les fluides bacillogires paraissent pénétrer le verre ou glisser sur lui ; j'ignore complètement si dans les expériences de l'article 135 le tube de verre ne joue pas un peu le rôle de conducteur. Ainsi je préviens que jusqu'au moment où j'achève de rédiger cet ouvrage, je n'ai connaissance d'aucune expérience qui démontre positivement qu'une main seule puisse produire un mouvement bacillogire dans l'indépendance absolue de l'autre main, et sans son intervention.

137. Je n'entends pas par là que les mains ne puissent être remplacées par d'autres parties du corps. J'ai obtenu quelquefois de légers effets en plaçant les poignées des furcelles sous les aisselles ; mais j'ai fait peu de tentatives de ce genre.

CHAPITRE IX.

Définition et effet des appendices.

138. J'appelle appendice de la furcelle des corps quelconques que j'y ajoute et que j'y fixe pour étudier leur influence sur les phénomènes bacillogires. C'est là du moins le seul but que je dois me proposer en ce moment ; mais on verra que réciproquement les phénomènes bacillogires peuvent donner des lumières sur les propriétés, et même peut-être sur l'organisation des corps employés comme appendices. C'est ce que nous examinerons dans les chapitres XXIII et XXIV.

139. Pour éviter les répétitions je préviens qu'en général j'attache l'appendice à la tête de la furcelle, et comme prolongeant son sommet ; je l'y fixe avec un ruban de soie, qui ne doit pas passer entre cette tête et l'appendice, et qui doit au contraire les maintenir en contact. Mais ce même ruban couvre toute la tête de la furcelle et toute la base de l'appendice, afin de forcer les fluides qui pourraient tendre à s'échapper, à se porter sur l'appendice, et particulièrement sur sa partie découverte, qui se trouve posée en avant au-delà de la furcelle.

140. Les épingles, les lames de canif, les pointes

de bois que j'ai employées dans les expériences du chapitre v, doivent être rangées au nombre des appendices, et avaient commencé à m'indiquer l'usage que j'en pouvais faire.

141. Le 16 juin 1822, la furcelle d'essai donnait des résultats très-forts, mais variables de $+$ 100° à $+$ 180°. J'attachai à sa tête une petite branche d'érable garnie de trente-neuf feuilles que je supposai présenter une surface de 90 pouces carrés. Cette branche avant d'être coupée s'étendait horizontalement ainsi que ses feuilles, et étant fixée à la tête de la furcelle que je tenais à zéro, elle se trouvait dans cette même position horizontale, la surface supérieure des feuilles en-dessus. J'obtins à chaque passage un mouvement de $+$ 60° à $+$ 80°.

142. Je retournai la branche d'érable sur son axe, de manière que la surface inférieure des feuilles était en-dessus. La furcelle ne produisit aucun effet.

143. Je remis la branche dans la position de l'expérience 141, et j'y ajoutai une seconde branche placée dans une position analogue ; elle avait vingt-sept feuilles, évaluées 67 pouces carrés. La furcelle ne put prendre aucun mouvement.

144. Cependant ce n'était pas la pesanteur qui annulait le mouvement, car sans déplacer ces branches je réunis leurs feuilles en un faisceau que je couvris entièrement d'un ruban de soie, et la furcelle agit comme si elle n'avait rien eu à enlever.

145. Au lieu de ces branches d'érable j'attachai à la même furcelle une branche de coudrier. Le

tableau qui suit donne le détail des expériences.

Furcelle ascendante. Essai + 100° à + 180°.

POSITION des feuilles.	NOMBRE des feuilles.	ÉVALUATION de leur surface.	EFFETS.
Surface supérieure en-dessus.	33 feuilles.	130 pouces carrés.	Zéro.
	23 id.	92 id.	Légère tendance à monter.
	15 id.	60 id.	Mouvement ascendant très-faible.
	12 id.	48 id.	+ 70° environ.
Surface inférieure en-dessus.	12 id.	48 id.	Zéro.
	6 id.	24 id.	Zéro, très-légère tendance à monter.

Ainsi, en mettant la surface supérieure en-dessus, il fallut vingt à vingt-trois feuilles pour empêcher le mouvement ; mais il n'en fallut que six quand ce fut la surface inférieure que je plaçai en-dessus.

146. A l'époque où je fis ces expériences je ne connaissais pas la furcelle inverse, elle me fournit bientôt un moyen de les vérifier par une sorte de contre-épreuve. Pour les rendre un peu comparatives

entre elles, il ne faut pas oublier que l'intensité du mouvement doit toujours être évaluée relativement aux résultats de l'essai fait sans appendice.

147. Le 5 juillet je préparai une furcelle inverse qui donnait — 30°. J'attachai à sa tête une petite branche d'érable garnie de ses feuilles, comme dans l'expérience 141.

Furcelle inverse. Essai — 3o°.

POSITION des feuilles.	NOMBRE des feuilles.	ÉVALUATION de leur surface.	NOMBRE des passages.	EFFETS.
Surface supérieure en-dessus.	10 feuilles.	40 pouces carrés.	4	Zéro.
	7 id.	28 id.	2	Zéro.
	5 id.	20 id.	2	Légère tendance à descendre.
	3 id.	12 id.	2	— 60°.
Surface inférieure en-dessus.	16 id.	64 id.	2	Zéro.
	14 id.	56 id.	2	Légère tendance à descendre
	12 id.	48 id.	2	— 45°.
	10 id.	40 id.	1	— 45°.
	7 id.	28 id.	2	— 60°.

Ainsi en mettant la surface supérieure en-dessus il fallut cinq feuilles pour empêcher le mouvement inverse, mais il en fallut quatorze quand la surface inférieure fut en dessus.

148. Le 18 juin 1823 je pris deux feuilles d'érable sycomore, jeunes, assez grandes, et les plus pareilles qu'il me fut possible, condition qui se rencontre assez facilement en choisissant deux feuilles qui partent du même nœud, ou qui sont opposées l'une à l'autre; je les cousis légèrement l'une contre l'autre avec un fil de soie, en mettant les deux surfaces supérieures en contact, ainsi les deux surfaces inférieures se trouvaient libres. Je fis la même chose avec deux autres feuilles de même grandeur, mais en mettant les deux surfaces inférieures l'une contre l'autre. J'employai successivement chaque couple en les attachant par leur pétiole et en forme d'appendice, soit à la furcelle ascendante, soit à la furcelle inverse.

Le tableau ci-contre indique les résultats de ces expériences.

QUALITÉ ET FORCE de la furcelle.	DISPOSITION des feuilles.	NOMBRE de passages.	EFFETS.
Furcelle ascendante. Essai + 80° à 85°.	(A) Le dessous des feuilles libres.	1 passage simple.	+ 40° en commençant le passage, puis la furcelle revient et reste à zéro.
		1 passage simple.	+ 10° suivi des mêmes circonstances.
	(B) Le dessus libre.	1 passage quadruple.	Zéro.
		2 passages simples.	+ 80° chaque.
		1 passage double.	+ 180°
	(C) Le dessous libre.	1 passage simple.	— 80°.
		1 passage simple.	— 95°.
		1 passage double.	— 140°.
Furcelle inverse. Essai — 80° à 90°.	(D) Le dessus libre.	1 passage simple.	— 10°.
		1 passage simple.	Zéro.
		1 passage triple.	Zéro.

149. Ces expériences concordent avec celles qui précèdent. Je dois prévenir qu'au mois d'octobre 1822 j'avais fait une série d'expériences semblables et qui m'avaient donné des résultats analogues, excepté celle qui répond au numéro (D) ci-dessus ; à plusieurs passages il paraît qu'elle avait

produit un mouvement inverse assez fort. Mais cette anomalie est tellement isolée que je l'ai attribuée ou à une erreur de ma note ou à une cause accidentelle qui m'a échappé, et je ne la cite ainsi que pour satisfaire à la sévère exactitude que je me suis imposée.

150. Le 21 juin 1822 j'attachai à la tête d'une furcelle ascendante de charme trois faisceaux de feuilles ou quinze feuilles de *pinus strobus*, leurs bases couvertes par le ruban et leurs sommets en avant. La furcelle d'essai donnait environ $+ 90°$ ou $+ 100°$. Je fis plusieurs passages qui ne produisirent aucun mouvement.

151. Je réduisis successivement le nombre des feuilles à 10, à 7, à 5, à 3, à 2, et enfin à une. A chaque réduction je fis deux passages qui toujours donnèrent zéro.

152. Mais appliquant ici les corollaires III et IV, que dès lors j'avais entrevus, je pensai que l'annulation de la furcelle produite par l'expérience 150 pouvait avoir subsisté et avoir influé sur les expériences qui avaient suivi. J'essayai donc immédiatement cette furcelle sans aucun appendice; elle donna $+ 100°$ à $110°$. Ainsi les forces bacillogires étaient énergiques, et le défaut de mouvement de l'expérience 151 ne pouvait être attribué qu'à la présence des feuilles.

153. Je repris immédiatement une seule feuille de *strobus*, et au lieu de l'attacher à la tête de la furcelle avec un ruban de soie, je l'implantai au sommet dans une incision entre l'écorce et le bois,

mais toujours par la base et la pointe de cette feuille en avant. Je fis deux passages qui donnèrent zéro.

154. Le 8 juillet, à huit heures du matin, une furcelle inverse me donna à l'essai — 50°. J'y attachai des feuilles de *strobus*, toujours le sommet en avant et libre, et communiquant par la base avec la tête de l'instrument.

Furcelle inverse.

——

Essai — 50°.

Nombre des feuilles placées le sommet en avant.	NOMBRE des passages.	EFFETS.
3 faisceaux ou 15 feuilles.	4 passages.	— 60°. — 60°. — 90°. — 100°.
Un rameau portant 40 faisceaux ou 200 feuilles.	4 passages.	— 60°. — 70°. — 90°. — 130°.

155. Je continuai des expériences du même genre, mais en employant aussi une furcelle ascendante. Je soumis à ces essais non-seulement les feuilles du pinus strobus, mais encore celles du pinus sylvestris.

Qualité et force de la furcelle essayée sans appendice, avant et après les expériences.	Espèce et nombre des feuilles employées comme appendice.	DISPOSITION des feuilles.	NOMBRE de passages.	EFFETS.
Furcelle ascendante. Essai + 45°.	Pinus strobus, 1 feuille.	La pointe en avant.	2 passages.	zéro.
	2 feuilles.	de même.	{ 1 passage sextuple. 1 autre *idem.*	+ 40°. zéro.
	15 feuilles sans leurs gaînes.	La base en avant.	4 passages.	{ + 70°. + 90°. + 150°. + 180°.
	30 feuilles sans leurs gaînes.	de même.	3 passages.	{ + 180°. + 360°. + 360°.
	Pinus sylvestris, 1 feuille.	La pointe en avant.	1 passage sextuple.	zéro.
	30 feuilles.	La base en avant.	3 passages.	{ + 350°. + 360°. + 360°.
Furcelle inverse. Essai — 70°.	1 rameau avec 214 feuilles.	La pointe en avant.	Plusieurs.	{ — 200°? — 250°?
	Une feuille.	La base en avant.	1 passage quadrup'e.	zéro.

156. J'ai pris une tige d'avoine en végétation, j'en ai coupé un tronçon formé de l'espace compris entre deux nœuds ; les sections étaient au milieu du nœud supérieur et du nœud infé-rieur. J'ai enlevé la feuille et toute la gaîne, et

j'ai placé ce tronçon comme appendice, tantôt le sommet et tantôt la base en avant. Il est à remarquer qu'aucune de ses extrémités ne formait pointe, quoique l'inférieure, dépouillée de sa gaîne, se trouvât un peu amincie.

Qualité et force de la furcelle.	POSITION du tronçon d'avoine.	NOMBRE des passages.	EFFETS.
Furcelle ascendante. —— Essai + 45°.	Le sommet en avant.	1 passage sextuple.	zéro.
	La base en avant.	2 passages.	+ 40°. + 45°.
Furcelle inverse. —— Essai — 70° à — 80°.	Le sommet en avant.	2 passages.	— 70°. — 90°.
	La base en avant.	1 passage sextuple.	zéro.

157. J'ai fait de semblables expériences avec d'autres graminées, telles que *bromus giganteus*, *arundo phragmites*, *poa sylvestris*, *holcus sorgho*, etc., et j'ai eu des résultats analogues.

158. Ces expériences me firent douter de l'exactitude de celles 49, 50 et 51, ou du moins je pensai que le pouvoir des pointes de bois pour annuler les effets de la furcelle n'était peut-être pas aussi constant que je l'avais imaginé. Je pris des petits brins d'érable d'environ 4 pouces de long sur une demi-ligne de diamètre ; je taillai en pointe leur sommet et leur base, et je les employai comme appendice avec la furcelle ascendante.

159. Lorsque j'en mis deux la base en avant,

la furcelle resta sans mouvement, même par un passage sextuple.

Lorsque j'en mis trois le sommet en avant, deux passages donnèrent chacun $+ 15°$.

Lorsque j'en mis quatre, aussi le sommet en avant, un passage quadruple donna zéro.

160. Cet appendice a donc eu plus de puissance pour annuler le mouvement de la furcelle ascendante en mettant sa base en avant, qu'en plaçant son sommet en avant, ce qui est le contraire de ce que nous avons vu arriver avec les tiges de graminées. Mais une des différences les plus apparentes entre ces tiges de monocotylédones et celles des dicotylédones est la présence ou l'absence de l'écorce. J'ai donc été induit à chercher en cela la cause de la différence que j'observais; et par suite j'ai été amené à étudier séparément l'action des quatre parties d'une tige ligneuse, savoir : bois, moelle, liber et parenchyme.

Il serait donc beaucoup trop long de donner le détail de toutes ces expériences ; en voici l'analyse : elles ont été faites pour la plupart en juin 1822.

161. Pour le bois j'ai essayé des tronçons de jeunes branches de bois, de un à trois ans, longs de quatre à cinq pouces, dépouillés de leur écorce, ordinairement appointis du côté qui devait être en avant, et placés à la tête des furcelles ascendantes ou inverses, comme je l'ai dit pour les appendices. J'ai soumis à ces expériences le coudrier, l'érable et le chêne.

162. 1° Lorsque j'ai employé la furcelle ascen-

dante, et que j'y ai fixé le tronçon de bois, sa partie ;supérieure étant en avant, le mouvement a été annulé même en faisant des passages sextuples, excepté une fois où un passage sextuple a donné $+$ 10° (l'essai de la furcelle donnait $+$ 45°). Mais cette fois la pointe de l'appendice était faite sans précaution et probablement composée des fibres contiguës à la moelle ou de la moelle elle-même ; toutes les autres fois la pointe était composée des fibres de la masse du bois ou de sa surface extérieure, ou s'ils se rapprochaient de la moelle, j'avais eu soin de refouler celle-ci sur elle-même dans le tube médullaire ; ou enfin le bois était coupé net sans pointe.

163. 2° Lorsqu'avec la même furcelle j'ai fixé le tronçon de bois la base en avant, le mouvement a été fort augmenté (il a été porté par exemple de $+$ 45° à $+$ 80°), excepté une fois où un passage sextuple n'a donné que $+$ 15°, et cette fois s'est trouvée la seule où la pointe de bois était formée par les fibres ligneuses adhérentes à la moelle qui n'était point refoulée dans le tube médullaire.

164. 3° Avec la furcelle inverse les expériences ont été moins nombreuses et moins détaillées ; néanmoins le tronçon de bois y ayant été placé le sommet en avant, ce sommet coupé net perpendiculairement à l'axe, le mouvement a eu lieu une fois comme sans appendice, les autres fois avec plus d'intensité.

165. 4° Avec la même furcelle, le tronçon de bois ayant été placé la base en avant et coupée net per-

pendiculairement à l'axe, le mouvement a été zéro.

166. Pour la moelle, j'ai pris un fort jet de sureau de l'année, et en enlevant le bois comme par copeaux j'en ai tiré un cylindre de moelle long de quatre pouces, et de quatre lignes de diamètre. J'ai un peu appointi ses extrémités.

167. 1° Il a été placé, sa partie supérieure en avant, au sommet de la furcelle ascendante (qui, à l'essai, donnait $+ 30°$). J'ai fait quatre passages qui ont donné $+ 80°$, $+ 45°$, $+ 90°$, $+ 60°$.

168. 2° Placé de même, mais la partie inférieure en avant, un passage quadruple a donné zéro.

169. Pour le liber j'ai employé des lambeaux d'écorce de coudrier, d'orme, de chêne et de tilleul ; je taillais ordinairement leurs extrémités en pointe, et je les attachais à la tête de la furcelle, en mettant le liber en contact avec elle. J'ai toujours eu alors des résultats analogues à ceux que le bois m'a donnés. Mais si je plaçais l'écorce de manière que son parenchyme fût en contact, alors j'avais des résultats variables ; il paraissait pourtant que quand le parenchyme était très-mince, comme dans le tilleul, ou fendillé et tombé en partie, comme cela m'est arrivé pour le chêne, les phénomènes restaient semblables à ceux produits par le contact immédiat du liber. Il m'a donc paru certain que les anomalies apparentes que je rencontrais étaient dues à l'interposition d'une couche de parenchyme, et que la marche des fluides dans le liber était constamment la même que dans le bois. Je dois dire cependant que pour le liber je n'ai point

fait de contre-épreuve avec la furcelle inverse.

170. Pour le parenchyme, les expériences précédentes faisaient au moins soupçonner les résultats, et il était difficile de se procurer un morceau de parenchyme sans liber assez grand pour pouvoir être soumis aux mêmes épreuves. Cependant je désirais des expériences directes. Je me ressouvins heureusement de l'organisation des tiges et des aiguillons du *rosa canina* et des espèces voisines. J'avais eu occasion de l'examiner, et j'avais vu que ces aiguillons, au lieu d'être, comme on le dit ordinairement, des expansions ou des productions de l'écorce (expression qui comprend le liber et le parenchyme), sont uniquement des appendices du parenchyme, et qu'aucune fibre du liber n'y pénètre. J'ai donc pris un tronçon d'environ 10 pouces de long d'un jeune jet de rosier sauvage (*rosa canina*); les aiguillons, quoique très-piquans, étaient encore un peu tendres et herbacés. Il se peut que cette condition soit essentielle ; parce que plus tard les aiguillons semblent abandonnés par l'action vitale, et il se forme un épiderme entre eux et la tige. J'ai enlevé quelques aiguillons vers les deux extrémités de ce tronçon, afin de pouvoir l'attacher aisément à la tête de la furcelle, et néanmoins j'ai eu soin de ménager le parenchyme de manière à ne pas diminuer son épaisseur en aucun endroit. Il restait vingt-deux aiguillons. D'un côté de la partie inférieure j'ai fait une coupe qui mettait le bois à nu, et même qui l'entaillait un peu ; l'extrémité supérieure a été taillée en pointe de telle ma-

nière que cette pointe était formée dans la moyenne épaisseur du bois ; enfin la moelle était un peu excavée dans l'orifice supérieur de l'étui médullaire.

171. A la tête d'une furcelle ascendante qui donnait + 45° j'ai attaché ce morceau de rosier par sa partie inférieure, et en mettant le bois dénudé en contact avec la furcelle. J'ai fait un passage quadruple qui a donné zéro. Cette expérience concordait avec 162, le fluide pouvant parcourir de bas en haut le bois de l'appendice.

172. J'ai ensuite tourné cet appendice sur son axe de manière que son parenchyme seulement (1) se trouvait en contact avec la furcelle. De plus la partie supérieure du même appendice a été enveloppée de soie. J'ai fait quatre passages qui ont donné + 70°, + 80°, + 70°, + 90°. Ainsi l'effet a été analogue à ce qui arrive quand on prend pour appendice un tronçon de moelle de sureau, et qu'on le pose la partie supérieure en avant.

173. Enfin j'ai placé ce même morceau de rosier la base enveloppée de soie en avant. Le sommet, tronqué net, était en contact par son parenchyme avec la tête de la furcelle. Dans cette position il me paraissait que les fluides qui pourraient entrer dans le parenchyme n'en pourraient sortir que par les aiguillons, et que pour cela il leur faudrait couler depuis le sommet du tronçon jus-

____

(1) Je ne parle pas de l'épiderme, qui, pour moi comme pour d'autres botanistes, n'est que la surface un peu desséchée du parenchyme.

qu'aux aiguillons. J'ai fait un passage quadruple qui a donné zéro, résultat conforme à ce qui arrive quand l'appendice de moelle de sureau est placé la partie inférieure en avant.

Corollaire VIII.

174. Dans le détail des expériences qui précèdent, j'ai déjà indiqué les conclusions que j'en dois tirer, et qui d'ailleurs en découlent très-naturellement. Je vais les reprendre et les développer davantage.

175. En rappelant le corollaire iii, et sans chercher à deviner la manière d'agir des fluides bacillogires, sans nous inquiéter si celui qui par exemple passe par la main droite cause médiatement ou immédiatement le mouvement ascendant de la furcelle, il me paraît évident que ce mouvement, aussi bien que le mouvement inverse, est déterminé par l'influence de l'état relatif des deux fluides sur la furcelle, et qu'il est par conséquent la résultante de leurs actions particulières. Si donc le mouvement cesse on ne peut guère l'expliquer qu'en supposant l'évacuation du fluide prédominant dans l'action, ou en admettant l'arrivée d'une nouvelle dose de l'autre fluide, assez forte pour neutraliser celui qui agissait. Or il est difficile de concevoir comment cette seconde supposition pourrait avoir lieu par le moyen des appendices, au contraire l'exemple de l'électricité nous montre comment des pointes ou parties saillantes facilitent l'épanchement

des fluides qui tendent à sé répandre dans l'atmosphère. Nous adopterons donc la première hypothèse comme la plus probable, et nous conclurons que,

176. Selon toute apparence, les appendices qui
annulent le mouvement de la furcelle agissent en
fournissant au moins à l'un des fluides un moyen
facile d'écoulement.

Comme cette conclusion indique le mode d'action générale des appendices, je la laisserai seule
dans ce corollaire.

Corollaire IX.

177. Les expériences qui précèdent démontrent
en général que les deux fluides ne sortent pas également par toutes les parties et dans toutes les
positions d'un même appendice, et que précisément
les circonstances les plus favorables à l'émission d'un
des fluides sont les moins favorables à l'émission
de l'autre fluide.

178. Cette loi n'est pourtant pas générale, je pourrais citer qu'un morceau de petite corde de chanvre
ou fil de caret, employé comme appendice, annule
les effets de la furcelle ascendante comme ceux de
la furcelle inverse, et de quelque sens qu'on le
mette; mais cela ne prouverait rien, car il est évident que les fibres du liber du chanvre qui composent cette corde y sont placées dans un sens et
dans l'autre. Je dirai plutôt que les corps métalliques (non magnétiques) et quelques autres corps
me paraissent doués de la propriété de laisser passer

également les deux fluides. J'avouerai cependant que je n'ai rien de bien précis à cet égard.

Les expériences de ce chapitre nous fourniront encore les remarques suivantes :

179. Le fluide dont l'action est prédominante dans le mouvement ascendant de la furcelle, paraît s'échapper plus facilement par la surface inférieure des feuilles.

180. Le même fluide parcourt facilement les feuilles des arbres conifères de bas en haut, et s'échappe par leur pointe; au contraire il les parcourt peu ou point de haut en bas, tandis que le fluide prédominant dans le mouvement inverse de la furcelle parcourt facilement les feuilles de conifères de haut en bas, et peu ou point de bas en haut.

181. Le fluide, prédominant dans l'action ascendante, parcourt facilement de bas en haut les tiges graminées (du moins d'un nœud à l'autre), et il les parcourt peu ou point du haut en bas, *et vice versâ* pour l'autre fluide (1).

182. Ce même fluide moteur de la furcelle ascendante parcourt facilement de bas en haut les fibres du bois et du liber des tiges ligneuses des dicotylédones. Il parcourt de même facilement mais de haut en bas la moelle et le parenchyme des mêmes tiges.

---

(1) Les tiges de la plupart des plantes monocotylédones paraissent présenter les mêmes particularités.

183. Il passe peu ou point du haut en bas dans les fibres du bois et du liber, et de bas en haut dans la moelle et le parenchyme.

184. Réciproquement le fluide moteur de la furcelle inverse passe facilement de haut en bas dans le bois et le liber, et de bas en haut dans la moelle et le parenchyme.

185. Il passe peu ou point de bas en haut dans le bois et le liber, et de haut en bas dans la moelle et le parenchyme.

186. Je dois prévenir ici que les conclusions qui forment ces quatre derniers articles sont susceptibles de modifications qui paraissent tenir aux phénomènes de la végétation plutôt qu'aux propriétés particulières des fluides; je ne les exposerai que dans le chapitre XXIII.

187. On a pu remarquer dans le détail des expériences que presque toujours, quand l'appendice n'annule pas l'action de la furcelle, le mouvement se trouve au contraire plus fort que dans l'essai sans appendice. Je ne sais si cela doit être attribué à une influence de l'appendice, ou si c'est un effet de la garniture de soie qui, en fixant l'appendice, couvre la tête de la furcelle; effet semblable à celui des expériences 41 et 42.

188. J'emploîrai quelquefois l'expression *appendice efficace*; j'entends par là que l'appendice empêche le mouvement de la furcelle; en effet, alors il remplit la fonction qu'on peut lui attribuer, et que je suppose être l'évacuation du fluide. Au contraire je dis qu'il est nul s'il est sans influence et

qu'il ne nuise point au mouvement de la furcelle. On voit par ce qui précède qu'un appendice nul dans une circonstance ou à l'égard de la furcelle ascendante peut être efficace dans telle autre circonstance, ou à l'égard de la furcelle inverse, *aut vice versâ*.

. 189. D'après les phénomènes que j'ai rapportés dans le chapitre VI, on peut croire que le fluide qui détermine le mouvement ascendant est le même que celui qui arrive par la main droite, puisque si on affaiblit cette main le mouvement ascendant n'a plus lieu, et qu'il est ordinairement remplacé par le mouvement inverse. Or, comme nous avons vu que certaines parties végétales placées comme appendice annulent le mouvement ascendant, on est aussi conduit à penser que le fluide qui s'échappe alors par l'appendice est le même qui est fourni par la main droite. On pourrait conclure de même que le fluide qui est fourni par la main gauche s'échappe par les appendices qui ont la propriété d'annuler le mouvement inverse. Pour comprendre cet effet il faut supposer que les deux fluides se combinent sur la furcelle, et que la portion en excès de l'un des deux reste libre, et est la seule agissante. Je suis fort porté à adopter cette opinion, mais néanmoins je dois prévenir que beaucoup d'autres faits compliquent les premières données, que quelques-uns même semblent se plier difficilement à ce système. Aussi si j'en parle ici c'est uniquement pour prémunir contre des conclusions prématurées, qui pourtant découlent si naturellement des premiers faits, et pour maintenir le lecteur dans le doute nécessaire à la recherche de la vérité. Il ne s'agit donc pas non plus de rejeter ce système, mais d'attendre que tous les faits soient exposés.

190. Pour éviter des périphrases, comme j'aurai souvent à parler de ces deux fluides, je nommerai fluide A le moteur immédiat de la furcelle ascendante, fluide I le moteur immédiat de la furcelle inverse. C'est le fluide A qui passe de bas en haut dans le bois et dans le liber ; c'est le fluide I qui passe de haut en bas dans les mêmes parties ; mais rien n'indique encore si c'est le fluide A ou le fluide I qui passe par la main droite, car il est possible de supposer que si la furcelle reçoit une sorte de polarisation, le fluide qui s'accumule vers sa tête et qui s'écoule par les appendices est de nature différente de celui qu'apporte la main prédominante.

191. Je dois encore conclure des expériences rapportées dans ce chapitre, que si la forme pointue des appendices facilite l'écoulement des fluides, elle n'est cependant pas toujours nécessaire. En effet, toutes les fois que j'ai employé comme appendices des tronçons de tige de graminées, ils ont été coupés net et transversalement au milieu d'un nœud. Leur extrémité présentait donc une surface circulaire d'un diamètre égal à celui du nœud. Or, j'ai souvent employé des tiges de sorgho et de maïs dont les nœuds avaient plus de six lignes de diamètre. Je dirai même que ce sont là les appen-

dices dont les effets m'ont paru les plus grands.

192. Enfin les dernières expériences sur les diverses parties des tiges ligneuses dicotylédones prouvent aussi que si les fluides bacillogires pénètrent facilement chacune de ces parties dans un sens en longueur, ils passent difficilement d'une partie à l'autre ; car si cette transmission était facile, la pointe formée avec la moelle ou près de la moelle de l'appendice évacuerait librement le fluide reçu par le bois ou le liber, ce qui n'est pas. Au reste on verra de plus amples développemens de cela, chapitre XXIII.

193. On doit déjà pressentir l'usage que l'on peut faire de la furcelle pour éclaircir quelques points de physiologie végétale; et peut-être trouvera-t-on que ces expériences sur les diverses parties des tiges auraient dû être rejetées dans les chapitres où nous ferons quelques applications, et où nous tenterons quelques recherches par le moyen des phénomènes bacillogires; mais on doit songer que l'instrument employé est une baguette ligneuse, il nous était donc nécessaire d'analiser l'action de toutes ses parties pour pénétrer autant que possible dans les secrets de son mouvement.

CHAPITRE X.

Des soustracteurs.

194. J'appelle soustracteur un corps quelconque qui ne tient point à la furcelle, et qui peut être regardé comme étranger au phénomène bacillogire au moment où on le produit, mais qui, mis en contact avec quelque partie des corps qui contribuent à ce phénomène, annule ou tend à annuler le mouvement de la furcelle.

195. L'effet des appendices comparé à celui des pointes fixées sur les conducteurs électriques, et qui servent comme d'émonctoires pour laisser écouler les fluides, devait faire présumer que nous trouverions parmi les phénomènes bacillogires l'analogue de l'effet des corps qui, présentés aux conducteurs électriques, en enlèvent l'électricité; cette conjecture s'est bientôt vérifiée.

196. Les expériences relatives aux soustracteurs, comme celles que l'on peut faire avec les appendices, sont de deux sortes; les unes ont pour but de rechercher la manière d'être du soustracteur, relativement aux fluides bacillogires; les autres consistent à employer les soustracteurs pour étudier les détails du phénomène bacillogire. Dans le premier cas ce corps est sujet de l'expérience, dans le second il est moyen. C'est vers ce dernier genre

de recherches que nous tendons d'abord ; mais il nous faut préalablement connaître un peu les soustracteurs et leur mode d'action.

197. Le soustracteur le plus remarquable est le corps humain lui-même, soit celui du bacillogire, soit celui d'un autre individu.

198. Si lorsque, marchant sur le sol excitateur, le bacillogire tient une furcelle ascendante, qui s'est mise en mouvement, et qui est parvenue vers la première position verticale ; si, dis-je, alors il touche avec le sommet de la furcelle une partie quelconque de son visage, et qu'il maintienne un instant ce contact, comme une seconde, la furcelle cesse aussitôt son mouvement, et rétrogradant elle revient à zéro.

199. Si dans cet état on continue à marcher sur le sol excitateur, soit qu'on multiplie le même passage ou qu'on le répète, la furcelle, reste quelque temps inactive, mais bientôt elle recommence à monter comme à l'ordinaire, et la même expérience peut se renouveler.

200. Il y a tout lieu de croire que ce contact au visage serait sans effet s'il se faisait avec le sommet de la furcelle inverse ; mais la position de cet instrument, lorsqu'il est en action, rend cet essai difficile.

201. Il est encore un autre effet du corps comme soustracteur, qu'il est nécessaire de noter, car il peut troubler les expériences ; c'est que la poitrine, même au travers des vêtemens, jouit de la même propriété que le visage, et que le contact de la tête de la furcelle ascendante contre la région pectorale annule son mouvement ; à la vérité il est rare

qu'on la voie rétrograder; mais je crois que cela tient seulement à ce qu'elle est trop avancée dans sa course; quoi qu'il en soit, si on la remet artificiellement à zéro, elle demeure pour quelque temps incapable de monter. Il est donc nécessaire, quand on fait des expériences, d'éviter ce contact, et même il est bon de se tenir en garde contre une trop forte influence du corps, qui dans sa partie supérieure paraît exercer une action à distance sur la tête des furcelles, influence qui peut être utile à l'accomplissement du mouvement de rotation, mais qui dans certains cas pourrait troubler les expériences si on ne se méfiait pas d'elle; mais cela sort des limites de ce chapitre (1). Au reste on peut facilement s'opposer à l'effet du contact, et probablement diminuer l'influence à distance, en garnissant d'une étoffe de soie le devant de la poitrine.

202. Le bacillogire peut faire sur lui-même diverses autres expériences, mais elles se font avec plus de facilité et avec les mêmes résultats, par le moyen du contact d'un autre individu.

203. Si le bacillogire, tenant une furcelle ascendante en mouvement, touche avec son sommet le visage d'une autre personne, la furcelle s'arrête et rétrograde quand elle n'est pas trop élancée.

204. Si en pareille circonstance cet autre individu, au lieu de toucher la furcelle avec son visage, saisit son sommet *avec la main droite*, à pleine

---

(1) On peut voir chapitre xv, art. 377.

main , quoique légèrement, ou seulement avec tous les doigts réunis , et qu'il maintienne ce contact à peine une seconde ; dès qu'il lâchera la furcelle les mêmes effets auront lieu que par le contact au visage.

205. Mais si c'est *avec la main gauche* que cet autre individu saisisse le sommet de la furcelle, le mouvement primitif se continue ou même s'accélère.

206. Si au contraire le bacillogire tient une furcelle inverse en mouvement, et que l'autre personne saisisse un instant son sommet avec la main droite, le même mouvement continue. Mais si c'est avec la main gauche le mouvement s'arrête, et le plus souvent rétrograde.

207. Cette propriété de la main droite et de la main gauche me semble plus répandue que la faculté bacillogire , et je n'ai rencontré que bien rarement des exceptions; j'ai dû les regarder comme étrangères à la marche ordinaire du phénomène, et comme dépendantes de l'état particulier de l'individu , et j'ai pensé que les détails en seraient mieux placés dans le chapitre xxiv.

208. Ces essais ont été naturellement suivis d'autres recherches sur les effets que peut produire le contact de diverses parties du corps avec la furcelle. Mais en nous éclairant sur l'état du corps humain, relativement aux fluides bacillogires, elles nous donnent peu de nouvelles lumières sur l'action des soustracteurs. Nous les reporterons donc aussi au chapitre xxiv. Il nous suffira de dire ici que comme soustracteur le pied droit paraît jouir des mêmes propriétés que

la main droite, et le pied gauche des mêmes propriétés que la main gauche.

209. Je ne rapporterai pas non plus divers essais
que j'ai faits avec des corps de différente nature,
et que j'employais comme soustracteurs. Je parlerai
immédiatement de celui qui m'a paru ou le plus
puissant ou le plus commode. C'est un tronçon
de tige de sorgho, coupé net au milieu de deux
nœuds consécutifs, et comme je l'ai indiqué pour
les tiges de graminées dont je veux faire des appendices. Nul doute pour moi que toutes les tiges de
graminées et de plusieurs autres plantes ne jouissent de la même propriété que celles de sorgho.
Mais la grande dimension de celles-ci les rend très-
puissantes. Je suis convaincu cependant que celles du
maïs seraient aussi bonnes, celles de l'*arundo phragmites* presque aussi bonnes, et celles de l'*arundo
donax* peut-être meilleures. Je pense aussi qu'on
peut suppléer à la faiblesse des tiges des petites
graminées, en en réunissant plusieurs en faisceau,
seulement il faut que dans chaque faisceau les tronçons de chacune aient tous leurs parties inférieures
du même côté. Au reste, je n'ai pas fait l'essai de
ces soustracteurs composés.

210. Quant à ce tronçon de sorgho, lorsque je
veux l'employer comme soustracteur, je l'attache
par son milieu et dans une position horizontale
vers le haut d'un léger piquet que je plante sur
le sol excitateur, vers le milieu de l'endroit que
je parcours à chaque passage. Alors je marche sur
le sol excitateur sans en sortir, et partant du lieu

où est fixé le soustracteur, j'avance jusqu'au bord du sol excitateur, et sans le dépasser je reviens sur mes pas ; ainsi lorsque j'arrive de nouveau au soustracteur j'ai fait environ la valeur d'un passage. Au reste j'abrége souvent cette course, car pour juger de l'influence du soustracteur il suffit que le mouvement de la furcelle soit bien déterminé.

211. Lors donc que tout est ainsi préparé, si je prends une furcelle ascendante, et lorsqu'elle est bien en mouvement, si, me présentant *dans le sens de la longueur* du tronçon de sorgho, je touche son demi-nœud inférieur avec le sommet de ma furcelle, son mouvement cesse aussitôt, et elle rétrograde vers zéro.

212. Si c'est le demi-nœud supérieur que je touche, le mouvement continue comme s'il n'y avait pas eu de contact.

213. Si c'est une furcelle inverse qui est entre mes mains, et qu'avec son sommet je touche le demi-nœud inférieur du sorgho, le mouvement inverse continue comme sans contact.

214. Mais si avec cette même furcelle je touche le demi-nœud supérieur, le mouvement cesse, et l'instrument rétrograde vers zéro.

215. Dans ces expériences j'ai indiqué avec soin que le contact doit se faire en présentant la furcelle dans le sens de la longueur du soustracteur, et de manière que l'axe de la tête soit à peu près comme dans la prolongation de l'axe du soustracteur. En effet, si on touche les extrémités de ce corps soit avec d'autres parties de la furcelle, soit même avec les parties latérales de sa tête, les résultats ne

sont pas toujours les mêmes ; mais cela tient à la constitution de la furcelle elle-même, et n'apprend rien sur le mode d'action des soustracteurs ; j'ai donc dû reporter ces détails à un autre chapitre (chapitre xii) qui leur est spécialement consacré. Cependant il en est résulté pour moi le désir de perfectionner le soustracteur dont j'ai parlé ; par la petite construction suivante je l'ai rendu propre à toucher isolément et facilement tous les points de la furcelle, ce qui n'était pas aussi aisé avec sa large base de 6 à 8 lignes de diamètre.

216. J'ai pris quatre morceaux de fil de fer à treillage (il était recuit, mais je crois que cette condition n'est pas nécessaire ; je crois aussi que du fil de laiton produirait le même effet). Chaque morceau pouvait avoir 3 pouces et demi à 4 pouces de long. Ayant disposé un tronçon de sorgho comme dans les expériences précédentes, j'ai enfoncé dans chacune de ses extrémités deux de ces morceaux de fil de fer, tous dans la direction de l'axe ; l'un des deux A, figure 5, placés dans l'extrémité inférieure I, était droit ; l'autre, B, était courbé en hameçon ; de même l'un des deux autres, C, placés dans l'extrémité supérieure, était droit ; et celui D était courbé en hameçon. Mais ces deux hameçons n'étaient pas du même sens ; de sorte que, le sous-tracteur étant couché horizontalement, le hameçon B, de l'extrémité inférieure, était courbé vers la terre, et le hameçon D, de l'extrémité supérieure, était relevé vers le ciel. Par le moyen de ces deux pointes, fixées à chaque extrémité, je pouvais faci-

lement faire toucher au soustracteur tous les points de la furcelle, soit d'un côté, soit de l'autre de sa tête et de ses branches, soit même entre ses branches. Le crochet B, de l'extrémité inférieure, était courbé vers la terre, parce que, destiné à enlever le fluide A, moteur de la furcelle ascendante, je ne voulais pas présenter à ce fluide une route descendante qu'il aurait peut-être eu peine à suivre, et de même le crochet D, de l'extrémité supérieure, se recourbait en montant pour ne pas offrir une route ascendante au fluide I, qui devait être soutiré de la furcelle inverse; mais peut-être que ces précautions sont inutiles.

217. Avec cet instrument, disposé d'ailleurs comme celui des expériences précédentes, j'ai eu un entier succès; j'ai été à même d'analiser pour ainsi dire la furcelle et de reconnaître l'état de tous les points de sa surface. Ces détails feront l'objet d'un chapitre particulier. Il suffira de dire ici qu'en thèse générale, et sans que j'aie rencontré d'exception, si l'attouchement d'une des pointes AB de l'extrémité inférieure du soustracteur, contre un point quelconque de la furcelle ascendante ou inverse, cause l'annulation de son mouvement, l'attouchement d'une des pointes CD de l'extrémité supérieure contre le même point est sans influence, *et vice versâ.*

Corollaire X.

218. L'effet des soustracteurs devait naturellement se prévoir dès qu'on connaissait celui des appen-

dices; aussi ce que nous en avons dit nous fournit peu d'idées nouvelles relativement à la théorie, mais s'accorde avec les corollaires précédens, et particulièrement avec le 8ᵉ et le 9ᵉ. Cependant les expériences relatives aux soustracteurs nous amènent à des résultats étrangers à cette série, et qui néanmoins méritent d'être recueillis.

219. Ainsi j'ai dit que toutes les personnes qui avaient touché le sommet de la furcelle avec leur main droite avaient, à très-peu d'exceptions près, annulé le mouvement ascendant. Cependant quelques-unes de ces personnes n'étaient pas bacillogires, d'autres produisaient naturellement le mouvement inverse. Ne doit-on pas en conclure que la faculté bacillogire existe en principe chez tous les individus, mais qu'elle varie soit dans son intensité absolue, soit dans la puissance relative de chaque main.

Suite des expériences.

220. Nous venons de voir le résultat du contact de la furcelle et de certains corps que nous avons appelés soustracteurs; mais outre les cas d'influence nulle qu'ils présentent et que nous avons aussi indiqués, nous allons les voir produire un effet tout opposé, accroître dans certaines circonstances l'action de la furcelle, et jouer à son égard un rôle peut-être analogue à celui des condensateurs dans les expériences électriques. Pour cela il faut combiner l'action des soustracteurs avec celle des appendices.

221. J'ai attaché quinze feuilles de pinus strobus à la tête d'une furcelle qui à l'essai donnait $+$ 45°. Ces feuilles étaient fixées par la pointe, ainsi leur base était libre en avant; le mouvement a été augmenté et porté jusqu'à $+$ 180° au quatrième passage. J'ai rapporté cette expérience (155); mais après ce passage j'en fis un cinquième, et lorsque la furcelle fut à moitié montée je me touchai deux fois le visage avec la partie avancée ou la base des feuilles de strobus. Le mouvement continua et dépassa peut-être même les 180°.

222. Trente feuilles de strobus ayant été attachées de même, j'ai fait trois passages, dont le dernier a donné un tour entier. A un quatrième passage, m'étant touché le visage avec la base de ces feuilles, le mouvement s'est prolongé beaucoup au-delà du sol excitateur, et j'ai obtenu deux révolutions.

223. J'ai fait plusieurs autres expériences du même genre, et toutes les fois qu'en employant un appendice nul j'ai touché mon visage avec le sommet de cet appendice, le mouvement a paru s'accroître.

Corollaire XI.

224. Ces expériences peu variées nous paraissent néanmoins très-importantes, et probablement elles seront une des bases de la théorie lorsqu'on cherchera à l'établir; mais pour le moment nous n'en tirerons aucune autre conclusion que celle de l'énoncé compris dans l'article 220.

CHAPITRE XI.

———

Des conducteurs directs.

225. Si l'on prend une baguette simple droite, d'une grosseur et d'une longueur analogues à l'une des branches de la furcelle dont on se sert, et si, tenant celle-ci à l'ordinaire, on tient simultanément la baguette droite par ses deux extrémités, une dans chaque main, et ces deux extrémités étant en contact dans les mains avec les bouts des branches de la furcelle, celle-ci (ascendante ou inverse) demeurera sans mouvement, quoique l'on marche sur le sol excitateur.

226. Cette baguette droite, ou tout autre corps qui va directement d'une main à l'autre, quand en même temps on tient une furcelle, est ce que je nomme un conducteur direct. Selon sa nature, et quelquefois selon son état, il peut détruire ou non les effets de la furcelle. Je noterai d'abord ici qu'un gros fil de fer, d'une couple de lignes de diamètre, a la même influence que la baguette droite ; mais tout-à-l'heure nous entrerons dans de plus grands détails.

Corollaire XII.

227. Il paraît résulter de là que dans les phénomènes bacillogires il y a une action qui s'exerce

d'une main sur l'autre, un courant qui va de l'une à l'autre. En effet, comment cette baguette droite peut-elle annuler le mouvement de la furcelle, si ce n'est parce que l'action qui passait par celle-ci, et qui sans doute était une condition essentielle de son mouvement, passe maintenant par la baguette droite.

Suite des expériences.

228. Le 27 juin 1822, la furcelle donnait $+$ 45 à 5o degrés ; je fis l'expérience ci-dessus (225), en prenant pour conducteur direct une petite baguette droite de charme. Je fis six passages qui donnèrent zéro.

229. Je quittai et repris à diverses fois le conducteur direct, et tantôt je mis son bout inférieur ou sa base dans ma main droite, tantôt je le mis dans ma main gauche ; j'eus les résultats suivans.

DÉTAIL DES EXPÉRIENCES.	NOMBRE de passages.	QUANTITÉ du mouvement.
(A) Essai.	2	$+$ 45 à 5o.
(B) Avec le conduct[r] direct, la base à droite.	6	zéro.
(C) Sans conducteur direct.	4	$+$ 45°.
(D) Avec le conduct[r] dir., la base à gauche.	4	zéro,
(E) Sans conducteur direct.	4	zéro.
(F) Avec le conduct[r] direct, la base à droite.	4	zéro.
(G) Sans conducteur direct.	1.........	mouvement faible.
	3.........	$+$ 45°.

230. Si cette série avait été isolée, elle aurait pu me paraître irrégulière ou influencée par quelque cause étrangère et variable ; mais elle a été continuée et

répétée ; et constamment 1° si je tenais le conducteur direct, les effets étaient nuls, soit que son extrémité inférieure fût dans ma main droite ou dans ma main gauche ; 2° les passages faits sans conducteur direct après ceux où j'avais tenu son extrémité inférieure à droite, reproduisaient le mouvement ; 3° les passages faits sans conducteur direct, mais après ceux où j'avais tenu sa base à gauche, restaient sans effets. Cette annulation de la furcelle a en général persisté jusqu'à ce que j'eusse refait quelques passages en reprenant le conducteur direct, mais avec sa base à droite ; ces passages que je faisais ainsi étaient encore de nul effet, et même quelquefois jusqu'à trois ou quatre de ceux qui suivaient sans conducteur direct ; mais ensuite le mouvement se rétablissait. Ainsi l'emploi du conducteur direct, sa base étant à droite, annulait la furcelle seulement pendant la présence de cet instrument ; mais son emploi, en changeant de main ses extrémités, produisait une annulation permanente qui ne pouvait être détruite que par un certain nombre de passages faits en employant le même instrument dans sa première position, et suivis de quelques autres passages faits sans conducteur direct.

231. Le même jour je pris une bande de parchemin d'environ un pouce ou un peu plus de largeur, et d'une longueur suffisante pour me servir de conducteur direct. J'appelle M une de ses extrémités, celle que je mis d'abord dans ma main droite ; elles étaient néanmoins semblables.

DÉTAIL DES EXPÉRIENCES.	NOMBRE de passages	QUANTITÉ du mouvement.
(A) Essai.		+ 40 envir.
(B) Avec le conduct^r direct M à droite.	6	zéro.
(C) Sans conducteur direct.	4	+ 70 à 80.
(D) Avec le conduct^r direct M à gauche.	4	zéro.
(E) Sans conducteur direct.	4	zéro.
(F) Avec le conduct^r direct M à droite.	4	zéro.
(G) Sans conducteur direct.	1........	mouvement presq. nul.
	3 ou 4....	mouv. crois. jusqu'à + 60 ou 70.

COROLLAIRE XIII.

232. Je me garderai bien d'essayer d'expliquer ces singulières expériences, mais je chercherai seulement à recueillir les conséquences qui en découlent le plus immédiatement. D'après le corollaire XII on n'est plus surpris des expériences 229 B et 231 B : on ne sait pas trop comment agit le conducteur direct, mais enfin on conçoit qu'il peut agir par un genre d'action tout aussi simple que celui des appendices, des soustracteurs, ou tout aussi simple que le phénomène bacillogire en lui-même. De même on conçoit les expériences 229 C et 231 C : on les aurait devinés d'avance, et il est bien naturel de penser que l'objet qui annule le mouvement de la furcelle n'y étant plus, le mouvement ne doit plus être annulé. Mais les expé-

riences 229 E et 231 E font naître d'autres réflexions ; on ne peut qu'être extrêmement étonné
de voir l'annulation du mouvement persister en
l'absence du corps qui l'a produite. Faisons dans
tout cela et pour un moment abstraction du sol
excitateur, qui probablement dans la part qu'il
prend au phénomène ne peut être influencé par la
présence ou par l'absence du conducteur direct.
Nous verrons d'abord que dans le phénomène simple, ou dans l'essai, le corps du bacillogire et la
furcelle sont dans un certain état absolu et relatif,
d'où résulte le mouvement. Quand on introduit le
conducteur direct, un nouveau corps prend part
à l'action ; il s'établit de nouvelles relations entre
ce corps et les autres, et il est probable que l'état
des deux autres corps (la furcelle et le corps du
bacillogire), ou au moins l'état de l'un des deux, est
changé momentanément ; si on ôte le conducteur
direct, les relations doivent se rétablir comme elles
étaient d'abord, et le mouvement doit renaître ; tout
cela se conçoit assez. Mais si l'on vient à introduire
de nouveau le conducteur direct et qu'on le prenne
en sens contraire de sa première position, il paraît
qu'il établit un état nouveau et persistant, qui se
maintient même en son absence. Donc 1° le conducteur direct est lui-même dans un état tel que
sa position, dans un sens ou dans l'autre, produit
des relations différentes ; 2° après qu'on a eu quitté
pour la seconde fois le conducteur direct, le corps
du bacillogire et la furcelle se sont trouvés dans
un état relatif différent de celui dans lequel ils étaient

d'abord, ce qui suppose que l'état absolu d'au moins l'un des deux a changé.

233. Or on concevra encore assez facilement comment une baguette composée de moelle, de bois, de liber et de parenchyme, corps dans lesquels les fluides bacillogires ne passent pas également ment dans tous les sens, comment, dis-je, une telle baguette employée comme conducteur direct, peut causer des relations différentes selon le sens où on la prend, puisque la main droite et la main gauche, la branche droite et la branche gauche de la furcelle ne sont pas dans le même état. Mais comment concevoir qu'une bande de parchemin, dont les deux extrémités étaient très-probablement homogènes, produise des effets différens quand on la change debout ; comment, en un mot, ce qui a suivi l'expérience 231 D est-il différent de ce qui a suivi l'expérience 231 B ? On est ce me semble forcé de reconnaître que dans l'expérience 231 B la bande de parchemin a éprouvé une action particulière, qui a détruit l'homogénéité de ses deux extrémités, que chacune a acquis une manière d'être particulière, relativement aux fluides bacillogires ; nouvel état qu'on ne peut comparer qu'à une sorte de polarisation, et à ce qu'éprouve une barre d'acier qu'on aimante.

234. De leur côté le corps du bacillogire et la furcelle ou au moins l'un d'eux éprouvent aussi quelque chose d'analogue. Le conducteur direct, polarisé par eux dans l'expérience 231 B, se met en harmonie avec eux, et dans l'expérience 231 C il les

laisse comme il les a trouvés ; mais revenant en sens inverse dans l'expérience 231 D, il trouble leur état et établit entre eux des relations nouvelles qui persistent dans l'expérience 231 E. Au reste, nous avons déjà vu des corps acquérir des états divers relativement aux phénomènes bacillogires ; la préparation de la furcelle ascendante et celle de la furcelle inverse en sont la preuve.

Suite des expériences.

235. Le 22 septembre 1822 je pris une tige de maïs, coupée au-dessus de l'épi femelle. Elle était tronquée par ses extrémités au milieu de deux nœuds, et composée de trois autres nœuds. Je l'employai comme conducteur direct, après avoir essayé la furcelle ascendante, et mettant dans ma main droite l'extrémité inférieure, le mouvement se trouva nul.

236. Je fis le même essai en employant pour furcelle un fil de fer comme dans l'expérience 115. Le mouvement fut encore nul.

237. Je pris le même conducteur direct en mettant dans ma main gauche son extrémité inférieure, alors la furcelle monta, mais faiblement.

238. Au lieu de cette tige de maïs, je pris une tige de *polygonum orientale*, elle était composée de plusieurs entre-nœuds, et avait environ cinq lignes de diamètre sur les plus gros nœuds. Les effets furent les mêmes, c'est-à-dire qu'en mettant le bout inférieur à droite, le mouvement de la furcelle n'eut pas lieu. Mais en mettant le bout in-

férieur à gauche, le mouvement eut lieu, il était néanmoins affaibli.

239. Il faut pourtant remarquer qu'à cette époque de l'année (22 septembre) ces tiges avaient fini leur végétation; et quoique je n'aie en ce moment aucune expérience qui me porte à penser que celles que je viens d'exposer ne donnassent pas le même résultat dans tous les temps, je dois prévenir que les différentes phases de la végétation entrent comme fonctions variables dans les phénomènes bacillogires, et influent sur les résultats quand on emploie des corps végétans.

240. Le 27 septembre, je pris un jet de sureau de deux ans tout au plus, et assez vigoureux. Je le fendis en quatre, je pris seulement une de ces quatre parties, j'en ôtai la moelle avec soin et même les fibres ligneuses qui touchaient la moelle; j'en ôtai aussi l'écorce (parenchyme et liber); ainsi il ne resta dans ce morceau de bois que des fibres ligneuses (jusqu'à présent nous avons négligé les prolongemens médullaires). Je pris une furcelle de charme qui, à l'essai, donnait $+ 50°$ à $60°$, et en même temps le morceau de sureau fut employé comme conducteur direct, son bout inférieur étant dans ma main droite. Je fis un passage quintuple, et je n'obtins aucun mouvement.

241. Je repris ce conducteur direct en mettant son bout inférieur dans ma main gauche; la furcelle donna dès le premier tour un commencement d'élévation, alors je quadruplai le passage et j'obtins $+ 60°$ ou $+ 70°$.

242. J'ai répété quatre à cinq fois cette expérience, elle a toujours donné un résultat analogue ; de plus j'ai cru remarquer que le mouvement était plus fort quand le conducteur direct se trouvait en contact dans mes mains avec les poignées de la furcelle, que quand je l'en séparais avec l'un ou l'autre doigt.

243. Le même jour je pris une feuille de maïs qui était coupée depuis plusieurs jours, et qui, ayant été exposée à de fortes pluies, était flétrie, noircie, et dans le moment même elle était un peu mouillée. Je l'employai comme conducteur direct, en mettant sa base dans ma main droite, et avec la même furcelle de charme qui m'avait servi dans les précédentes expériences. Il n'y eut aucune espèce de mouvement.

244. Je fis la même expérience en mettant dans ma main gauche le bout inférieur de la même feuille de maïs, et le mouvement eut lieu à peu près comme si je n'avais pas eu de conducteur direct.

245. Mais ne sachant pas si la nullité d'influence du conducteur direct dans l'expérience précédente devait être attribuée immédiatement à sa constitution, ou si elle ne serait pas la suite d'une sorte de polarisation communiquée par l'expérience d'avant, et analogue à celle qui est indiquée dans le corollaire XIII, j'ai répété l'expérience précédente avec une autre feuille de maïs dans le même état, mais qui n'avait servi à nul autre essai ; le résultat a été le même.

246. Une autre fois la furcelle d'essai donnant + 90°, j'ai pris pour conducteur direct un tube de verre d'environ trois lignes de diamètre; le mouvement s'est trouvé annulé.

247. Le même conducteur direct, employé avec un fil de fer au lieu de furcelle, a aussi empêché son mouvement, quoique j'eusse fait un moment avant, avec ce même fil de fer, des expériences où il avait eu un mouvement très-fort, et jusqu'à une révolution entière en un passage double.

248. J'ai fait plusieurs autres expériences du même genre, mais compliquées de divers phénomènes électriques ou magnétiques, et qui par conséquent ne peuvent trouver place dans ce chapitre; néanmoins il en résulte assez évidemment 1° qu'un conducteur direct, formé de cire à cacheter ou cire d'Espagne, empêche le mouvement; 2° que le tube de verre employé dans les expériences précédentes, mais ayant ses extrémités fermées avec de la cire à cacheter, annule de même la furcelle, ce qui répond à une objection que je m'étais faite, en supposant que ce tube ayant servi à un baromètre, il avait pu rester dans sa cavité un peu d'oxide de mercure qui aurait pu jouer le rôle de conducteur; 3° je crois me rappeler qu'un ruban de soie employé comme conducteur direct n'a pas annulé la furcelle, pourvu qu'il n'empêchât pas le contact des mains avec les poignées (je n'ai pas retrouvé la note à cet égard); 4° mais le tube de verre enveloppé dans un ruban de soie, du moins dans sa partie moyenne, a empêché le mouvement.

Corollaire XIV.

249. Ces expériences ne sont pas suffisantes pour faire bien connaître la manière d'agir des conducteurs directs ; mais néanmoins elles prouvent ou confirment que lorsque les courans bacillogires prennent cette voie plus courte, la furcelle reste sans mouvement, et il en faut conclure que si dans les cas ordinaires ils se portent sur la furcelle, c'est comme passage pour aller d'une main à l'autre.

250. Il aurait été bon de répéter ces expériences avec la furcelle inverse, mais je n'en ai pas eu le temps. Quoi qu'il en soit on voit qu'en employant comme conducteur direct un de ces corps qui admettent les fluides bacillogires dans un sens et non dans l'autre, la furcelle ascendante ne monte pas, quand le conducteur direct se présente relativement à la main droite, avec des conditions analogues à celles que le même corps présentait relativement à la tête de la furcelle quand il a été employé comme appendice efficace. Ainsi un tronçon de grande graminée, terminé par des demi-nœuds, ou un groupe de fibres ligneuses dépouillé d'écorce et de moelle, empêchent le mouvement de la furcelle ascendante, soit qu'on les emploie comme appendice ou comme conducteur direct, pourvu que leur extrémité inférieure soit en contact avec la tête de la furcelle si c'est un appendice, ou avec la main droite si c'est un conducteur direct.

251. Ces mêmes expériences confirment les idées

que nous nous étions faites sur les propriétés du bois et des tiges graminées relativement aux fluides bacillogires ; et les trois dernières nous montrent les mêmes propriétés dans les feuilles graminées et peut-être avec des caractères encore plus marqués.

252. Je suis aussi très-convaincu que les appendices qui annulent le mouvement de la furcelle inverse, étant employés comme conducteurs directs et mis avec la main gauche dans la même relation où ils étaient avec la tête de cette furcelle, annuleraient aussi son mouvement.

253. Mais il n'est pas prouvé que les propositions contraires aient lieu, c'est-à-dire que si le mouvement de la furcelle s'exécute malgré la présence d'un corps employé comme appendice, il se peut néanmoins que le même corps employé comme conducteur direct (quoique d'une manière analogue) empêche ou diminue le mouvement.

254. En effet les expériences de l'article 156, chapitre IX, nous montrent que des tronçons de graminées n'empêchent pas le mouvement de la furcelle ascendante, en les employant comme appendices, leur partie supérieure étant en contact avec la tête de la baguette. Au contraire, dans l'expérience 237 une tige de sorgho employée comme conducteur direct, et son bout supérieur étant dans la main droite, a fort affaibli le mouvement.

255. Le verre comme appendice est sans influence et n'empêche pas le mouvement, tandis que d'après les articles 246 et 247, si on l'emploie comme conducteur direct, il annule le mouvement.

256. Enfin, d'après les expériences de l'art. 48, chapitre v, nous avons conclu (corollaire Ier, 66), que la cire à cacheter empêchait l'effet des appendices, d'où il suit qu'elle-même, comme appendice, ne peut empêcher le mouvement de la furcelle, et néanmoins, d'après l'article 248, la cire à cacheter, employée comme conducteur direct, annule ce mouvement.

CHAPITRE XII.

ANALYSE PLUS APPROFONDIE DU PHÉNOMÈNE BACIL- LOGIRE.

1° Route et disposition des fluides sur la furcelle.

257. A présent que nous avons plusieurs moyens d'investigation, et que nous savons nous aider de divers instrumens accessoires, tels qu'appendices, soustracteurs, conducteurs directs, nous allons essayer de pénétrer plus avant dans les secrets du phénomène qui nous occupe.

258. Mais les expériences que je vais rapporter ne sont réellement qu'une légère indication de celles qu'on doit faire dans le même genre, si on veut un peu éclaircir les choses. On sentira bien qu'il faut les répéter et les varier, et si je ne l'ai point fait, c'est que le temps m'a manqué, car ce sont à peu près celles qui, pour le moment, ont terminé mes recherches. J'ajouterai que la longueur de la plus-part d'entre elles les rend un peu fatigantes, et qu'elles exigent beaucoup d'attention. Tous ces motifs sont suffisans pour m'obliger à être encore plus circonspect dans ce chapitre que dans les au-tres, et m'imposent plus de réserve sur les conclu-sions que j'en pourrais tirer.

259. Le 2 novembre 1822 j'ai placé au milieu

du sol excitateur n° 2 un soustracteur tel que celui que j'ai décrit articles 209 et 210, chapitre x, c'est-à-dire un tronçon de sorgho coupé net au milieu des nœuds qui le terminent, et attaché au bout d'un piquet. C'est avec cette même préparation que j'ai fait les expériences 211 à 214; mais en les exposant j'ai précisé la condition de présenter au contact la tête de la furcelle dans le sens de la longueur du soustracteur; en effet, on peut toucher les extrémités du soustracteur, soit avec le côté droit, soit avec le côté gauche de la tête de la furcelle; alors on obtient des résultats différens, que je vais indiquer; mais dans cette série d'expériences je mets encore une condition, c'est que la furcelle ascendante ait tout au plus atteint $+ 60°$ au moment du contact. Nous verrons ensuite ce qui arrive quand cette condition n'a pas lieu. Il est donc entendu que c'est quand la furcelle avait parcouru 40 à 60 degrés que je la faisais toucher à l'une ou à l'autre extrémité du soustracteur, et il en résultait, comme dans les expériences 211 à 214, que tantôt elle continuait son mouvement, et tantôt elle rétrogradait vers zéro.

Côté de la tête de la furcelle mis en contact avec le soustracteur.	Extrémité du sous-tracteur qui reçoit le contact.	EFFETS que la furcelle éprouve.
Furcelle ascendante.		
Côté droit.	Inférieure.	Le mouvement rétrograde.
	Supérieure.	Le mouvement continue.
Côté gauche.	Inférieure.	Le mouvement continue.
	Supérieure.	Le mouvement rétrograde.
Cette série d'expériences a été répétée un autre jour et a donné les mêmes résultats.		
Furcelle inverse.		
Côté droit.	Inférieure.	Le mouvement rétrograde.
	Supérieure.	Le mouvement continue.
Côté gauche.	Inférieure.	Le mouvement continue.
	Supérieure.	Le mouvement rétrograde.

260. Un autre jour où les forces bacillogires étaient médiocres, la furcelle donnant à l'essai + 80° à 90°, mais avec lenteur, je préparai le soustracteur comme tout-à-l'heure. De plus j'enveloppai de soie la poignée gauche de la furcelle ascendante, et je fis ainsi quatre expériences ana-

logues aux précédentes. Puis j'ôtai la garniture de la poignée gauche, et je la mis à la poignée droite ; je fis quatre autres expériences. Voici le résultat des huit.

Préparation de la furcelle ascendante.	Côté de la tête de la furcelle mis en contact.	Extrémité du soustracteur qui reçoit le contact.	INFLUENCE du contact sur le mouvement.
Poignée gauche garnie de soie.	Côté droit.	Inférieure.	Le mouvement rétrograde.
		Supérieure.	Le mouvement continue.
	Côté gauche.	Inférieure.	Le mouvement rétrograde.
		Supérieure.	Le mouvement continue.
Poignée droite garnie de soie. (le mouvement inverse avant le contact a été faible).	Côté droit.	Inférieure	Le mouvement continue.
		Supérieure.	Le mouvement rétrograde.
	Côté gauche.	Inférieure.	Le mouvement continue.
		Supérieure.	Le mouvement rétrograde.

COROLLAIRE XV.

261. Il résulte des huit expériences de l'art. 259 que le côté droit de la furcelle ascendante est garni du fluide qui s'écoule de bas en haut par les tiges

graminées. C'est celui que -j'ai nommé fluide A (chapitre ix , art. 190), et c'est lui qui paraît prédominant dans le mouvement ascendant. Au contraire le côté gauche de la tête de la furcelle est garni du fluide qui s'écoule de haut en bas par les tiges graminées ; c'est le fluide I , et c'est lui qui semble prédominer dans le mouvement inverse.

262. Peut-être est-on surpris de voir que dans la quatrième expérience de l'art. 259 la soustraction du fluide I cause l'abaissement de la furcelle ascendante , de même que dans la première expérience on obtient cet effet par la soustraction du fluide A. Cette impression d'étonnement serait naturelle , car ce fluide I a été représenté comme moteur de la furcelle inverse; mais il n'en faut pas conclure qu'il soit sans influence dans le mouvement ascendant. En effet , dans les corollaires vi et vii nous avons vu que l'action réciproque des deux mains était au moins utile, ce qui nous porte à penser que la présence des deux fluides est à peu près nécessaire. Si donc on soustrait l'un des deux, il n'est pas étonnant que le phénomène cesse. La même objection, *vice versâ* , peut être faite relativement à la cinquième expérience de cet article 259; le même raisonnement y répond. D'ailleurs je raconte mes expériences , et je donne leurs résultats tels qu'ils sont.

263. Dans les huit expériences de l'article 260 la tête de la furcelle paraît garnie des deux côtés par le même fluide (celui qui est le prédominant dans le mouvement qui a lieu) , il semble donc

que la garniture de soie empêche l'autre fluide de se porter si avant, sans doute parce qu'elle gêne son arrivée. De là on conclurait que c'est bien le fluide A qui est fourni par la main droite, et le fluide I par la main gauche; ce que nous avions laissé en suspens dans le chapitre ix, art. 190.

Suite des expériences.

264. Ayant ainsi réussi à avoir des données sur l'état de la tête de la furcelle, je cherchai à en obtenir sur celui de ses branches, et je les explorai par le même moyen. Déjà j'avais découvert que le long du côté extérieur de la branche droite on trouve une suite d'espaces alternatifs, tels que le contact donné dans l'étendue des uns contre l'extrémité inférieure du soustracteur n'empêche pas la furcelle de continuer son mouvement, et le contact donné dans l'étendue des autres la fait retomber à zéro. La figure 6 indique la disposition et l'étendue de ces espaces. Ceux dont le contact contre le bout inférieur du soustracteur laisse continuer le mouvement sont marqués d'un I, et ceux dont le même contact fait rétrograder la furcelle sont marqués d'un A. On voit que sur le dehors de la branche droite il y a deux espaces I et deux espaces A, et l'action A, qui appartient aussi au côté droit de la tête de la furcelle, y forme comme un cinquième espace qui s'étend peu ou point sur la base de la branche. Du côté extérieur de la branche gauche je n'ai trouvé qu'un espace A et un espace I; mais l'action I, qui

appartient aussi au côté gauche de la tête de la furcelle, forme comme un troisième espace qui s'étend beaucoup sur la base de la branche.

265. Les côtés intérieurs des branches m'avaient montré des espaces analogues ; mais ce qui est très-remarquable, c'est que sur la même branche les espaces A d'un côté se trouvaient en opposition avec les espaces I de l'autre côté. Cependant j'ai cru m'apercevoir que les limites des espaces sur les côtés intérieurs et extérieurs de la même branche ne correspondaient pas tout-à-fait.

266. Quoique je sois parvenu, comme on va voir, à connaître d'une manière plus précise les limites des espaces, j'ai cru devoir exposer ces premiers essais, parce qu'ils tendent à confirmer les expériences suivantes, que je n'ai pas eu le temps de répéter.

267. C'est après celles que je viens de rapporter que j'ai eu l'idée d'ajouter des pointes de fer aux extrémités du tronçon de sorgho, et de construire le soustracteur tel qu'il est décrit article 216 (chapitre x), et représenté figure 5 ; avec cet instrument placé au milieu du sol excitateur comme celui qui m'a servi dans les expériences précédentes, j'ai pu donner les contacts dans des points déterminés, et j'ai reconnu précisément l'étendue et la disposition des espaces A et I. J'ai vu alors que tous les espaces d'une même nature étaient réunis et formaient une bande tournant en vis autour de la furcelle.

268. La figure 7 représente la furcelle ascendante

entourée de deux lignes qui tournent ainsi en vis autour d'elle, et qui indiquent les circuits et la position de ces bandes. La ligne pleine montre la route de la bande dont le contact contre la partie inférieure du soustracteur annule le mouvement ou fait rétrograder. La ligne ponctuée montre la route de la bande qui doit être touchée par l'extrémité supérieure du soustracteur pour que le mouvement rétrograde ou s'annule. On sent que ces lignes devraient être tracées sur la surface même de la furcelle.

269. La figure 8 indique avec plus de détail la position des mêmes bandes près la tête de la furcelle, que j'ai représentée de grandeur naturelle, ou même d'une épaisseur un peu forcée, pour éviter la confusion des traits ; les espaces ombrés indiquent la bande dont le contact contre les pointes du bout inférieur du soustracteur amène le mouvement rétrograde ou le retour à zéro. Les espaces non ombrés indiquent la bande dont le contact contre la même extrémité inférieure du soustracteur n'empêche pas le mouvement de se continuer. Il paraît probable que la bande ombrée est couverte du fluide A, puisqu'elle se décharge en touchant la partie inférieure d'un tronçon de sorgho. Par une raison analogue, la bande non ombrée doit être couverte du fluide I ; ainsi donc, dans l'hypothèse où le fluide A serait fourni par la main droite, cette bande ombrée représenterait un courant partant de la main droite et s'avançant vers la tête de la furcelle en tournoyant dans le

sens des petites flèches B B B; arrivé derrière ou dans la bifurcation D, le courant formerait la bande E F G D, qui semble s'étendre sur la tête de la furcelle, et qui sans doute court dans le sens de la flèche H. De plus il y a une branche du même fluide, qui s'enroule autour de la branche gauche, mais il resterait encore à savoir si son courant irait vers la main gauche, ou si ce serait une partie du même fluide fourni en moindre quantité par la main gauche. Je penche pour la première de ces deux opinions.

270. J'ai fait des recherches tout-à-fait analogues sur la furcelle inverse. La figure 9 représente l'état de sa tête. Les deux veines fluides s'y trouvent, mais elles paraissent tordues en sens contraire, et c'est sur la branche gauche qu'elles font le plus de tours, c'est-à-dire chacune environ deux tours, tandis qu'elles n'en font qu'un sur la branche droite. De plus le rameau du courant non ombré qui s'étend sur la branche droite est très-faible, et j'ai eu peine à le suivre; mais s'il est fourni par la main gauche, comme nous avons supposé que le rameau du courant ombré sur la branche gauche de la figure 8 est fourni par la main droite, on ne s'étonnera pas que ce courant blanc de la branche droite de la figure 9 soit faible, puisque j'ai toujours cru remarquer que ma main gauche avait moins d'énergie que la droite. Au reste, il résulte bien de ce que j'ai observé que le courant ombré occupe plus de place que le courant blanc sur la branche droite de la figure 9; mais il ne s'ensuit

pas qu'il soit plus fort, car il peut être moins condensé.

COROLLAIRE XVI.

271. Il résulte de là 1° que les courans des fluides tournent en vis autour de la furcelle et paraissent jeter un rameau qui s'échappe par la tête de l'instrument;

2° Que les deux courans sont présens dans le mouvement ascendant et dans le mouvement inverse;

3° Que leur torsion dans l'un de ces mouvemens est en sens contraire de ce qu'elle est dans l'autre;

4° Que probablement le fluide prépondérant détermine l'une ou l'autre de ces torsions;

5° Que les tours ou révolutions des courans autour des branches de la furcelle sont plus nombreux et plus rapprochés du côté de la main qui fournit le fluide prépondérant;

6° Qu'on ne peut plus supposer, comme l'art. 190 nous en laissait la liberté, que le fluide prédominant sur la tête de la furcelle, et déterminant le mouvement, soit refoulé là par le fluide contraire, fourni par la main prédominante; mais que le fluide fourni par cette main prédominante est précisément celui qui détermine le mouvement; conclusion déjà entrevue dans l'art. 263, mais confirmée par les détails ci-dessus.

272. Néanmoins ces expériences ramènent nos idées vers une force de torsion, et permettent peut-être de concevoir l'existence et la manière d'agir d'une telle force. En effet, si nous supposons seu-

lement que l'un des fluides est froid ou doué d'une propriété condensante quelconque, le fluide **A**, par exemple, il semble qne parcourant le parenchyme en tournoyant comme dans la figure 8 (furcelle ascendante), il doit le contracter dans la route qu'il suit, et il en résultera une torsion qui, s'exerçant dès le coude que les poignées font avec les branches, doit élever la tête de la furcelle et lui faire ensuite continuer ce mouvement de rotation, qui jusqu'ici nous avait paru difficile à expliquer. Dans la figure 9 les courans circulant en sens contraire tendront à produire le mouvement rotatoire dans un sens inverse. Mais si, pour ne rien négliger de ce qui tend à éclaicir un tel sujet, je ramasse les idées qui peuvent se présenter naturellement, je dois aussi dire d'avance, et j'en ai déjà prévenu, chapitre IV, art. 25, que la torsion des furcelles ne paraît être que le résultat du mouvement et de la résistance qu'on y oppose, et que cet instrument tend à une position fixe qu'il prendrait et qu'il conserverait, si dans sa route les forces qui l'influencent ne changeaient pas de direction, et s'il n'en survenait pas de nouvelles. C'est ce qui sera plus positivement indiqué tout à l'heure (282), et développé dans les chapitres XV et XVI.

Suite des expériences.

273. Ayant pris le même soustracteur que dáns l'art. 267, et l'ayant disposé de même, j'entourai la tête de la furcelle avec un ruban de soie; mais

je laissai passer le sommet sans garniture dans une longueur de six à huit lignes, afin de pouvoir lui faire toucher le soustracteur.

274. Lorsque ma furcelle commença à monter, je donnai le contact avec le côté droit de son sommet contre une des pointes de l'extrémité inférieure du soustracteur. La furcelle tomba à zéro; je répétai plusieurs fois cet essai.

275. Je recommençai ensuite, mais en donnant le contact avec le côté gauche du sommet, toujours contre les pointes de l'extrémité inférieure du soustracteur. Après le premier contact, la furcelle ne descendit pas; je le réitérai, elle ne descendit pas encore, mais, ayant marché quelques pas, elle s'abaissa tout à coup.

276. Je recommençai de nouveau à donner des contacts, tant avec le côté droit qu'avec le côté gauche du sommet de la furcelle, et toujours alors elle descendit sans retard.

277. Pour faire une contre-épreuve, je donnai les contacts avec l'un et l'autre des côtés du sommet, contre les pointes de l'extrémité supérieure du soustracteur, et la furcelle ne rétrograda dans aucun cas.

278. En décrivant les expériences art. 259 j'ai indiqué comme condition essentielle que la furcelle fût peu montée, et qu'elle ne dépassât pas 60° environ. J'ai promis de rapporter ce qui arrivait lorsqu'elle est plus montée et qu'on fait les mêmes essais. Pour en faire la recherche j'ai employé un simple soustracteur de sorgho, le même que dans les expériences 259, et par conséquent dépourvu de pointes

de fer. (Cette recherche était antérieure à l'époque ou j'ai fait ce petit perfectionnement au soustracteur.) La furcelle étant montée vers $+$ 90°, et paraissant disposée à continuer son mouvement, j'ai donné des contacts avec la droite, puis avec la gauche de sa tête, d'abord contre l'extrémité inférieure, puis contre l'extrémité supérieure du soustracteur. Dans aucun cas il n'y a eu d'effet bien sensible, et je n'ai pu apercevoir aucun résultat de ces contacts réitérés.

279. J'ai fait une autre fois avec un semblable soustracteur des expériences analogues pour connaître l'état de la furcelle, quand elle se rabat vers le corps. Choisissant donc un jour où les forces bacillogires étaient énergiques, j'attendis que la furcelle eût dépassé la verticale d'environ 20°, ou qu'elle eût parcouru en tout environ 100°, et c'est alors que je donnai les contacts. J'obtins les résultats suivans.

Côté de la fur-celle mis en contact.	Extrémité du soustracteur qui reçoit le contact.	INFLUENCE du contact sur le mouvement.
Furcelle ascendante. Côté droit.	Inférieure.	Le mouvement continue avec augmentation.
	Supérieure.	Le mouvement continue avec ralentissement.
Côté gauche.	Inférieure.	Le mouvement continue avec augmentation.
	Supérieure.	Le mouvement continue avec ralentissement.

280. Ainsi dans cette position il semble que le côté droit et le côté gauche de la tête de la fur-celle sont dans le même état.

Corollaire XVII.

281. Nous avions déjà vu l'état de la furcelle changer par la garniture de soie d'une des poignées (260). Nous voyons qu'il change aussi en roulant un morceau de soie autour de sa tête (273), et enfin nous voyons qu'il change encore suivant la position de cette furcelle (279), et sans aucune préparation ni adjonction d'un autre corps.

282. Si donc la résultante de toutes les actions qui s'exercent sur la tête de la furcelle dans le commencement du mouvement est une force ascensionnelle, il est évident que quand l'état de cette partie de l'instrument change, la direction de la résultante peut changer aussi. Donc, quand la furcelle est verticale, il se peut que cette résultante n'agisse plus dans un sens ascensionnel; et de même quand la furcelle se penche vers le corps, la direction de la résultante peut encore changer. Je ne cherche pas encore quelles sont ces nouvelles directions et la cause de ces changemens; je note le fait. L'état de la tête de la furcelle change suivant les différentes époques de son mouvement; j'en conclus que ses rapports avec tout ce qui peut agir sur elle doit changer, et que par conséquent la résultante des actions réciproques peut changer. Dès lors le mouvement circulaire ne nous paraît plus si étrange, et nous commençons à entrevoir les variations de force que j'ai annoncées (25), et qui se développeront davantage chap. xv (376), et chap. xvi (409, etc.).

283. Je ne sais si en lisant rapidement les expériences de ce chapitre, et notamment les articles 269 et 270, on n'éprouve pas quelque gêne relativement au chapitre IX, et à l'effet présumé des appendices. Par exemple, de la présence des deux fluides sur la tête de la furcelle, il semble qu'il doit résulter de l'incertitude. On ne sait plus quel est celui qui sort par l'appendice. Mais d'abord je dirai que la présence des deux fluides n'empêche pas qu'il n'y en ait un de prépondérant ; dans la furcelle ascendante, c'est celui-là que j'ai appelé fluide A, et c'est celui qui sort par l'appendice qui annule cette furcelle. En second lieu, si l'on veut s'enfoncer dans les recherches théoriques, il faudra ne pas perdre de vue les articles 273 à 277, desquels il paraît résulter que le lien de soie avec lequel j'ai toujours attaché l'appendice ne laisse paraître qu'un fluide sur la tête de la furcelle, soit que ce lien empêche l'arrivée du fluide non prépondérant, soit qu'il facilite la combinaison de ce même fluide avec une portion du fluide prépondérant, ne laissant libre par conséquent que le surplus de ce dernier fluide.

CHAPITRE XIII.

SUITE DE L'ANALYSE DU PHÉNOMÈNE.

2° *Influence de l'écorce des furcelles. —*
Furcelles graminées.

284. Les appendices nous ont appris que les diverses parties qui composent une tige ligneuse avaient des propriétés différentes relativement aux fluides bacillogires ; il en résultait naturellement l'idée de rechercher l'importance et le rôle de chacune de ces parties, dans la furcelle elle-même. Je n'ai qu'effleuré ce genre de recherches non plus que les autres ; mais enfin voici quelques essais que j'ai faits sur ce sujet, qui même est un des premiers sur lesquels mon attention s'est portée.

285. Le 17 juin 1822 les forces bacillogires se trouvaient en général médiocrement énergiques. Je pris une furcelle d'orme de la forme ordinaire ; mais un peu grosse. J'enlevai l'écorce de ses deux poignées (liber et parenchyme), et je la tins comme pour le phénomène simple ; elle se trouva très-roide, très-incommode, et elle fatiguait les mains à cause de l'effort qu'il fallait faire pour plier les

poignées. Néanmoins à un premier passage je crus m'apercevoir qu'elle montait comme si elle n'avait pas été écorcée. Je voulus renouveler les passages, mais elle se rompit accidentellement.

286. Je rapporte cette expérience quoiqu'elle soit en contradiction avec toutes celles que j'ai faites depuis. Je ne sais à quoi attribuer le mouvement que j'ai cru reconnaître et que je n'ai plus retrouvé en pareille circonstance. Peut-être l'écorce que j'avais laissée sur les branches de cette furcelle arrivait-elle jusqu'à mes mains ou trop près d'elles. Comme avec cette préparation c'était le premier essai que je faisais, le résultat ne m'a point surpris, et j'ai peu examiné les détails.

287. Immédiatement après j'ai pris une furcelle de charme, souple et commode; je lui ai donné la même préparation, et j'ai fait deux passages qui n'ont produit aucun mouvement.

288. Le lendemain, avec le même instrument, j'ai fait six passages. Il n'y a point eu de mouvement; mais la furcelle faisait sur mes mains une impression bien positive, et comme une espèce d'effort pour monter.

289. Un peu plus tard j'ai pris une autre furcelle qui était de coudre, et qui à l'essai donnait environ $+ 90°$. Lorsque j'eus écorcé les poignées, je fis six passages; il n'y eut nul mouvement, et la tendance à monter resta même douteuse.

290. Le 20 juin, je pris une furcelle de coudre qui à l'essai donnait $+ 120°$ ou $+ 130°$. J'écorçai seulement une de ses poignées, je tins ensuite

l'instrument à l'ordinaire, ayant la poignée écorcée dans ma main gauche; le mouvement ascendant eut lieu, et bien plus fortement qu'avant.

291. Je pris dans ma main droite la poignée écorcée; la furcelle descendit certainement; mais il paraîtrait, d'après ma note, qui est un peu obscure, que ce n'est guère que vers le troisième passage que ce mouvement inverse se prononça bien clairement, et il atteignit environ — 60° ou — 70°.

292. Le 29 juin, une furcelle d'érable donnait de + 60° à + 80°. J'enlevai l'écorce de sa tête en totalité, et celle de la base des branches dans une longueur de trois pouces à partir de la bifurcation. Les branches avaient en tout un pied de long, ainsi il restait une longueur de neuf pouces couverte d'écorce vers chaque poignée. Je fis six passages qui donnèrent + 45° à 60° quand je marchais dans un sens, et + 30° à 45° quand je marchais dans l'autre. Cette différence de résultat, en marchant dans un sens ou dans l'autre, doit être négligée ici, comme étant étrangère au retranchement de l'écorce, et tenant à un phénomène particulier qui sera exposé dans le chap. XVI.

293. Je diminuai ensuite la quantité d'écorce de manière qu'il n'en restait plus qu'environ six pouces vers chaque poignée, et que chaque branche avait six pouces de dépouillés à partir de la bifurcation. Je fis quatre passages qui donnèrent + 40° en marchant dans un sens, et + 20° en marchant dans l'autre.

Corollaire XVIII.

294. L'expérience 285 ayant donné isolément un résultat tout-à-fait contraire aux autres, je crois être suffisamment autorisé à la négliger comme ayant été influencée par quelque cause inaperçue.

295. Les expériences que j'ai rapportées ensuite prouvent d'une part que l'écorce sur les poignées est à peu près indispensable pour que le mouvement ait lieu. D'autre part, qu'elle est peu ou point nécessaire sur le reste des branches et sur la tête de la furcelle. De là nous conclurons qu'elle n'agit pas comme conducteur essentiel pour conduire les fluides sur les branches et jusqu'au sommet, et si elle agit comme conducteur, cette fonction peut aussi être remplie par d'autres parties des tiges ligneuses. Cependant, en considérant la branche droite dépourvue d'écorce, nous remarquerons que le bois qui la compose principalement n'est guère propre à conduire le fluide A depuis la main droite jusqu'à la tête de la furcelle (183 , 190), et qu'il n'est pas plus favorable au passage du fluide I de la tête de la furcelle à la main droite (185); à la vérité la moelle offrirait cette double route aux fluides (182 , 184); mais pour cela il faudrait qu'ils pénétrassent jusqu'à elle au travers du bois. D'un autre côté, dans la furcelle ordinaire, couverte de son écorce et particulièrement de son parenchyme, la branche gauche présente une voie peu favorable au fluide I, s'il doit descendre de la main

gauche à la tête de la furcelle par ce parenchyme même (185), et le fluide A n'y trouverait pas un moyen propre à le conduire de la tête de la fur-celle à la main gauche (183). Autre motif de penser que les fluides pénètrent les diverses parties des tiges ligneuses qui forment les furcelles; et nous trouverons en cela un premier sujet de recherches.

296. De plus, puisque l'écorce paraît nécessaire sur les poignées, il serait important de connaître le rôle qu'elle y joue, second sujet de recherches.

297. Nous irons très-peu avant sur ces deux routes; mais c'est quelque chose que de faire en-trevoir leurs directions.

Suite des expériences.

298. J'ai pris cinq petits morceaux de fil de fer à treillage; quatre d'entre eux avaient deux pouces et demi de long, le cinquième avait cinq pouces. Je les ai attachés ensemble avec un ruban de soie, et de manière que tous cinq avaient une de leurs ex-trémités au même niveau, et par conséquent par l'autre extrémité l'un d'eux dépassait les autres de deux pouces et demi. J'ai fait un peu diverger entre elles les cinq pointes égales, afin de disperser plus aisément le fluide; le lien de soie couvrait les quatre pointes les plus courtes du côté où la cinquième dépassait, afin que ce bouquet de fer ne pût admettre que ce qui lui viendrait par la plus longue pointe, et l'évacuer par les cinq de l'autre extrémité. J'ai pris aussi une furcelle de sureau de

la forme ordinaire; à l'essai elle donnait $+$ 60°.

299. J'ai enfoncé alors la longue pointe ou espèce de queue du bouquet de fer dans la moelle
de la tête de la furcelle, celle-ci a été à peu près
annulée, et n'a plus monté ou presque insensiblement.

300. J'ai couvert de soie le sommet, et seulement une longueur de trois ou quatre lignes de la
tête de la furcelle, et, couchant le long de cette
tête la queue du bouquet de fer, je l'y ai tenue
fixée par un autre ruban de soie; il se trouvait ainsi
en contact seulement avec l'épiderme, sans pouvoir
rien recevoir immédiatement de l'intérieur de la
furcelle. Elle n'a pas pu monter.

301. J'ai fait la même préparation, mais après
avoir enlevé le parenchyme de la tête de la furcelle; ainsi le bouquet de fer était en contact avec
le liber. Nul mouvement.

302. La furcelle s'est d'abord trouvée aussi incapable de monter quand, ayant enlevé le liber,
la queue du bouquet a été mise en contact avec
le bois; mais ayant fait un passage quadruple, la
furcelle a commencé à monter lentement à la fin
du quatrième tour. Elle est parvenue ainsi à $+$ 20°,
et n'a pu dépasser cette faible élévation.

Corollaire XIX.

303. Les trois dernières expériences prouvent bien
que dans les phénomènes bacillogires, le bois, le
liber et le parenchyme transmettent les fluides;
mais il se pourrait qu'ils ne fissent que glisser sur

ces parties végétales. L'expérience 299 semble prouver qu'ils pénètrent dans l'intérieur de la furcelle.

Suite des expériences.

304. Immédiatement après l'expérience 288, et conservant la même furcelle de charme dont les poignées étaient écorcées, j'ai pris des lambeaux d'écorce que j'avais enlevés à de jeunes bourgeons d'orme. J'en ai couvert la partie dénudée des poignées en les tournant en vis autour d'elles, et ayant soin de mettre le dedans de l'écorce contre le bois des poignées. La furcelle qui dans l'expérience 288 avait seulement manifesté une tendance à monter, a eu dans celle-ci un mouvement bien marqué. J'ai fait quatre passages, chacun desquels a donné $+ 60^\circ$ à $+ 80^\circ$.

305. Dans l'expérience qui précède, l'écorce roulée autour des poignées s'avançait jusqu'à l'écorce naturelle laissée sur les branches de la furcelle. J'ai raccourci l'écorce ajoutée, de manière à laisser un pouce de bois nu entre elle et l'écorce naturelle. J'ai fait six passages, et le mouvement a eu lieu comme tout-à-l'heure.

306. Au lieu des dispositions précédentes, j'ai roulé les lambeaux d'écorce de la même manière autour des poignées, mais en mettant la surface extérieure de cette écorce contre le bois, alors le liber était en dehors. J'ai fait huit passages, il n'en est résulté aucun mouvement.

307. Le lendemain j'ai répété les mêmes expé-

riences avec une furcelle de coudre, et pour garnir ses poignées écorcées j'ai employé de l'écorce du même arbre. J'ai eu des résultats semblables. Cependant, lorsque l'écorce a été roulée à l'envers il y a eu, non pas du mouvement, mais une sensation qui indiquait tendance à monter.

Corollaire XX.

308. Ainsi les parties des tiges ligneuses paraissent jouir dans leur épaisseur comme dans leur longueur de la propriété de laisser passer les fluides bacillogires dans un sens et non dans l'autre. Ceci suffit pour le moment, et sera confirmé par d'autres expériences que nous rapporterons seulement dans le chapitre XXIII, parce que, sans prouver plus que celles-ci, elles se rattachent plus directement à des recherches sur la physiologie végétale.

Suite des expériences.

309. J'ai disposé un soustracteur de sorgho, comme dans les articles 209 et 210; de plus j'ai pris une furcelle de sureau, j'ai enlevé l'écorce qui couvrait sa tête, en en conservant néanmoins un lambeau qui restait adhérent au bois, et qui, partant de la base de la branche droite, un peu en dessous, s'étendait jusqu'au sommet de la furcelle. Par cette préparation je pouvais toucher le soustracteur, soit avec le bois, soit avec l'écorce du côté droit de la tête de la furcelle; mais du côté gauche je ne pouvais toucher qu'avec le bois.

Côté de la furcelle mis en contact.	Partie intégrante de la furcelle mise en contact.	Extrémité du soustracteur qui a reçu le contact.	EFFET que la furcelle a éprouvé.
Droit.	Bois.	Inférieure.	Le mouvement a continué.
	Ecorce.	Inférieure.	Le mouvement a rétrogradé rapidement.
Gauche.	Bois.	Inférieure.	Le mouvement a continué.
Droit.	Bois.	Supérieure.	Le mouvement a rétrogradé.
	Ecorce.	Supérieure.	Le mouvement a continué.
Gauche.	Bois.	Supérieure.	Le mouvement a rétrogradé.

COROLLAIRE XXI.

310. Ces six expériences né sont absolument que l'indication d'une suite de recherches qu'il faudrait

faire, et elles sont maintenant trop isolées pour qu'il soit possible d'en tirer aucune conclusion.

Suite des expériences.

311. Dès que j'ai eu quelques données sur les propriétés des diverses parties des tiges ligneuses dans les expériences bacillogires, j'ai pensé à rechercher ce qui arriverait en formant la furcelle avec des tiges d'une autre constitution, et particulièrement avec les tiges des monocotylédones, dont le caractère le plus saillant est le manque d'écorce. J'avais néanmoins déjà quelques antécédens, et long-temps avant l'époque où j'avais commencé à étudier méthodiquement ces phénomènes, j'avais reconnu qu'un simple brin de gramen plié convenablement pouvait remplacer les furcelles ordinaires, et fournir ainsi un instrument qui même était ordinairement fort sensible.

312. Le 28 juin 1822 je pris donc une tige du *bromus sylvaticus*; j'ôtai son épi; elle avait alors près de deux pieds et demi de long. J'arrachai ses feuilles, mais en les rompant au sommet de la gaîne, de manière que ces gaînes restaient sur la tige. Je la pliai à angle aigu dans son milieu, et cet angle devait représenter le sommet d'une furcelle. Je pliai encore les deux extrémités de cette tige, en faisant une sorte de rupture à environ six pouces de sa base, et une autre à même distance de son sommet. J'imitai ainsi les deux poignées d'une furcelle. Au total, cette tige se trouvait dis-

posée absolument comme les fils de fer ou de laiton dont j'ai fait usage en certains cas au lieu de furcelle; je la pris aussi de la même manière, et je m'avançai, comme à l'ordinaire, sur le sol excitateur. J'avais alors la base de la tige dans la main droite, et la plus grande partie de ce qui me servait de poignée était couvert par la gaîne de la feuille. Le mouvement se manifesta bientôt. Je fis deux passages, chacun desquels donna + 180°.

313. Je pris dans ma main gauche la base de cette tige, je fis deux autres passages qui donnèrent un mouvement inverse que j'évaluai — 130°.

314. Je pris ensuite une autre tige de la même plante et je la préparai de la même manière. Mais dans la première expérience à laquelle je l'employai je tenais le bout inférieur dans ma main gauche. Je fis deux passages qui ne donnèrent nul mouvement.

315. Puis, prenant la base de la tige dans ma main droite, je fis deux autres passages qui donnèrent un mouvement inverse évalué — 90°.

316. Enfin je repris la base de la même tige dans ma main gauche, et deux passages donnèrent chacun + 20° à + 30°.

Corollaire XXII.

317. Quoique j'aye encore à exposer quelques expériences du même genre, je suis obligé, pour éviter la confusion, de résumer les idées que font naître les essais qui précèdent. En effet j'en tirerai deux conclusions différentes qu'il faut toujours noter, quoiqu'un peu étrangères à ce chapitre.

318. 1° Les deux expériences 312 et 313, comparées isolément, prouvent que les fluides ne passent pas également de haut en bas, ou de bas en haut dans les tiges graminées. Cette propriété nous avait été révélée par les appendices; nous la retrouvons dans les mêmes tiges employées comme furcelles, ce qui n'était pas une conséquence, car nous avons vu que la marche des fluides sur les furcelles n'est pas tout-à-fait soumise aux mêmes lois que sur les appendices. Le même résultat serait donné par la comparaison des expériences 314 et 315.

319. 2° Si l'on compare les expériences 315 et 312, dans lesquelles la disposition est la même, on est surpris de trouver des résultats différens. On est obligé de supposer que dans 315 la furcelle ou la tige de gramen a été influencée par 314 qui a précédé; et on est porté à voir là une sorte de polarisation, et un effet analogue à ce qui se passe dans la préparation de la furcelle inverse. L'expérience 316 confirme cette idée, qui serait aussi donnée par la comparaison de 314 avec 313; celle-ci paraissant alors influencée par 312 qui l'a précédée.

Suite des expériences.

320. Je pris encore une autre tige du même *bromus sylvaticus*, j'en ôtai les feuilles en laissant leurs gaînes; et répétant dans tous ses détails l'expérience 312, je mis l'extrémité inférieure dans ma main droite. Deux passages donnèrent chacun + 90°.

321. J'enlevai alors les gaînes des feuilles, et je laissai le chaume entièrement à nu ; et continuant à tenir de la main droite la base de la tige je fis quatre passages, qui ne donnèrent aucun mouvement.

322. Je pris une tige d'orge cultivé (*hordeum vulgare*) dont l'épi sortait à peine des gaînes supérieures, qui enveloppaient complètement tout le haut de la tige ; sa base au contraire était très-incomplètement couverte par les gaînes inférieures, qui étaient en partie desséchées. J'ôtai l'épi et les feuilles, mais en laissant leurs gaînes, et pliant cette tige en forme de furcelle, je pris sa partie inférieure dans ma main droite. Je fis deux passages qui donnèrent un mouvement inverse, évalué — 60°.

323. J'ôtai les gaînes de la moitié supérieure de cette tige, je fis deux passages qui donnèrent + 90°.

324. Enfin j'ôtai toutes les gaînes ; deux passages donnèrent un mouvement ascendant, douteux ou nul.

Corollaire XXIII.

325. En comparant l'une à l'autre les expériences 320 et 321, puis les trois autres 322, 323 et 324, on sera obligé de convenir que les gaînes des feuilles sont nécessaires à la production du mouvement, lorsqu'on emploie comme furcelles les tiges graminées. Il faut du moins qu'il y en ait entre la tige et la main qui agit, c'est-à-dire qu'il en faut

sur la poignée droite pour produire le mouvement ascendant; et il en faut sur la poignée gauche pour produire le mouvement inverse. Cette dernière assertion est directement prouvée par l'expérience 322, dans laquelle la main gauche a été prédominante, sans doute parce que la poignée gauche était bien couverte de gaînes, tandis que la poignée droite était incomplètement garnie.

326. Il suit de tout cela que dans les phénomènes bacillogires les gaînes des feuilles, à l'égard des tiges graminées, paraissent produire le même effet que l'écorce à l'égard des tiges dicotylédones.

CHAPITRE XIV.

3° *Furcelle intermittente.*

327. J'AI dit dans le chapitre IV (20), que lorsque la furcelle faisait plusieurs révolutions elle continuait ordinairement à tourner tant qu'on marchait sur le sol excitateur. Je ne connais pas de terme à ce mouvement, que j'ai vu, entre les mains de quelques personnes, finir par rompre la furcelle par suite de la torsion qu'elle éprouvait entre ses branches et ses poignées.

328. J'ai dit aussi (21) que quand la furcelle ne décrivait pas une révolution, elle restait fixe après avoir parcouru un certain nombre de degrés, et demeurait en ce point sans passer outre, quoique l'on continuât à marcher sur le sol excitateur; j'ai pourtant prévenu que si l'on soutenait trop long-temps cette espèce de tension, on rencontrait alors un phénomène très-compliqué dont j'ai différé de parler; c'est lui qui va nous occuper maintenant.

329. J'ai d'abord aperçu ce phénomène en faisant des recherches avec des furcelles de genêt

d'Espagne. On le rencontre alors beaucoup plus tôt et plus facilement qu'avec les furcelles ordinaires; mais il est influencé par l'organisation particulière de cette plante, et c'est pour cela d'abord que, dans le chapitre II, je l'ai exclue de la liste des plantes ligneuses avec lesquelles on pouvait faire les furcelles pour l'étude du phénomène simple. De plus, puisque l'organisation de cet arbuste complique les effets qui dans ce moment sont l'objet de nos recherches, nous devons encore le bannir, afin de voir ces effets dans leur plus grande simplicité; et c'est quand nous étudierons plus directement les rapports et l'application des phénomènes bacillogires à la physiologie végétale, que nous rechercherons quelle influence l'organisation du genêt d'Espagne peut exercer sur ces phénomènes; nous verrons alors que ce n'est pas la seule plante qui présente des anomalies apparentes plus ou moins difficiles à ramener aux effets généraux.

330. Si, armé d'une furcelle ascendante ordinaire, tirée de l'une des espèces d'arbres que j'ai indiquées dans le chapitre II, on parcourt le sol excitateur sans en sortir et en multipliant les passages; si la furcelle s'élève et s'arrête après avoir parcouru un peu plus ou un peu moins de $+ 90°$, ou même sans avoir approché de ce terme; si néanmoins on continue à marcher sur le sol excitateur, cette suspension du mouvement de la furcelle persiste plus ou moins long-temps; mais tantôt après un court intervalle, d'autres fois après quelque temps de marche, on voit tout-à-coup la furcelle prendre

rapidement une marche rétrograde, et non-seulement revenir à zéro, mais passer outre, et, imitant une furcelle inverse, décrire un arc plus ou moins grand au-dessous de zéro ; ensuite elle remonte vers le point où elle était d'abord, puis elle redescend et fait ainsi un certain nombre d'oscillations; après quoi elle s'arrête et semble annulée, quoique la course du bacillogire se continue toujours; puis vient une nouvelle période de mouvemens alternatifs; elle est suivie d'une autre période de repos. Enfin je ne sais précisément jusqu'où peuvent s'étendre ces intermittences, car si quelquefois je suis arrivé à ce qui me paraissait un repos complet, d'autres fois rien n'annonçait un semblable résultat. Pour décrire plus précisément les circonstances de ce phénomène, nous distinguerons donc des périodes de repos et des périodes de mouvement, et dans ces dernières nous reconnaîtrons des accès ascendans et des accès inverses : ces expressions n'ont pas besoin d'explication.

331. Mais il faut encore remarquer qu'entre l'instant où une espèce de mouvement cesse et le moment où l'autre espèce de mouvement recommence, il y a souvent un intervalle assez marqué; et c'est cette cessation de mouvement que j'ai annoncée dans l'article 21, et encore tout-à-l'heure (328 et 330). Je donne à cet état le nom de station; il faut distinguer les stations des périodes de repos; dans celles-ci la furcelle n'éprouve pour ainsi dire aucune influence bacillogire, ou du moins elle échappe à cette influence; dans les stations au contraire la

furcelle continue à être soumise à la force qui l'a fait monter ou descendre, et cette force qui s'éteint, qui est prête à céder à la force contraire, est néanmoins assez puissante encore pour maintenir la furcelle au point où elle est parvenue, et pour l'empêcher de revenir à zéro. Au reste les stations n'ont ordinairement lieu que dans les premiers accès de la première période de mouvement; dans la suite de l'expérience les deux espèces de mouvement se succèdent à peu près sans intervalle, excepté, bien entendu, les périodes de repos.

332. Tout ceci se comprendra mieux par l'exposé d'une de mes expériences les plus complètes à cet égard. Elle est du 11 janvier 1825, et a été faite sur un des nombreux sols excitateurs qui avoisinent les sources du Loiret. J'avais une furcelle de troëne, et quelqu'un notait le nombre de tours que je faisais sur le sol excitateur. Chaque tour était d'environ vingt-quatre pas de deux pieds, ou par conséquent de huit toises.

	ACCÈS.	NOMBRE de tours de chaque accès.	TERME de chaque accès.
Période de mouvement	Ascendant.	Mouvement.... 3 / Station.... 3 } 6	+ 90.
	Inverse.	Mouvement.... 5 / Station.... 5 } 8	− 105.
	Ascendant.	Mouvement.... 6 1/2 / Station.... 2 } 8 1/2	+ 130.
	Inverse.	Mouvement.... 3 1/2 / Station.... 2 } 5 1/2	− 110.
	Ascendant.	Mouvement.... 4 / Station.... 0 } 4	+ 60.
	Inverse.	Mouvement......... 3	− 80.
	Ascendant.	.... 2 1/2	+ 45.
	Inverse.	.... 1 1/2	− 45.
	Ascendant.	.... 1 1/2	0.
		Total de cette période... 40 1/2	
Période de repos.......		.... 10 1/2	
Période de mouvement	Ascendant.	Mouvement.... 4 / Station.... 0 } 4	+ 90.
	Inverse.	Mouvement......... 4 1/2	− 100.
	Ascendant.	 4	+ 80.
	Inverse.	.... 3 1/2	− 75.
	Ascendant.	 3	+ 45.
	Inverse.	 2	− 40.
	Ascendant.	 1	0.
		Total de cette période... 22	
Période de repos......		 8	
Pér. de m.	Ascendant.	Mouvement......... 3	+ 45.
	Inverse.	 3	− 40.
	Ascendant.	 1	0.
		Total de cette période.... 7	
Période de repos......		.... 20, etc	

333. Ce que j'ai indiqué comme dernière période de repos est indéfini. J'ai inscrit vingt tours parce qu'en effet j'en ai fait ce nombre ; mais certainement j'en pouvais faire encore un assez grand nombre sans que le mouvement se reproduisît ; ce qui le prouve, c'est qu'ayant terminé là l'expérience, à laquelle il fallait bien mettre un terme, je me suis arrêté sur le sol excitateur ; j'en suis même sorti un moment ne tenant plus la furcelle que par une de ses branches, puis j'ai renouvelé mes tentatives pour la mettre de nouveau en mouvement, mais toujours sans succès ; la propriété bacillogire semblait m'avoir abandonné. Néanmoins, après un nouvel intervalle et une friction qui pouvait avoir eu quelque influence sur l'état électrique de ma main droite, le mouvement ascendant s'est renouvelé ; je ne sais quel caractère il aurait pris si j'avais encore prolongé cette expérience.

334. On doit comprendre que les nombres de degrés marqués dans la colonne de droite du tableau qui précède n'indiquent point l'étendue totale de l'arc que la furcelle a parcouru pendant l'accès correspondant, mais seulement, relativement à zéro, la position à laquelle elle est parvenue. Ainsi, dans le second accès de la première période, la furcelle est parvenue à 105 degrés au-dessous de zéro ; mais déjà elle avait parcouru 90 degrés pour venir du point $+$ 90° qu'elle avait atteint dans le premier accès. Il résulte de là que dans le second accès elle a réellement parcouru 195 degrés. Dans le troisième elle en a parcouru 235 ; ainsi de suite. Enfin le dernier accès de cette même période est marqué zéro ; néanmoins pendant sa durée la furcelle a parcouru 45 degrés, puisqu'elle était à — 45° à la fin de l'accès d'avant, et qu'elle est revenue à zéro.

335. Il serait trop long de rapporter les autres expériences du même genre que j'ai faites, j'en donnerai seulement tout-à-l'heure une qui a été suivie de circonstances particulières ; mais je vais noter ce que les autres avaient de commun avec celle qui précède, et ce qui leur était particulier.

336. D'abord on voit que les stations, ainsi que je l'ai déjà annoncé, n'ont lieu que dans les premiers accès de la première période. Il en a toujours été de même.

337. Ici toutes les périodes de repos ont eu lieu à zéro, et même la dernière, qui s'est prolongée indéfiniment. Et il semble qu'il en devrait toujours être ainsi, puisque j'ai supposé qu'alors la furcelle n'est sollicitée par aucune force. Néanmoins, dans plusieurs autres expériences, ce repos final qui paraissait les terminer n'a pas eu lieu à zéro, il en était même très-éloigné. Quelquefois la furcelle se fixait presqu'au maximum d'un de ses plus forts accès ; à la vérité, lorsque cela est arrivé, le mouvement avait été très-fort, la furcelle avait de beaucoup dépassé la position verticale, sa tête était très-rapprochée de mon corps, et j'ai déjà eu occasion de noter (22) que dans cette situation il lui était souvent impossible de rétrograder. Au reste cette position particulière du repos final n'empêche pas de le distinguer facilement d'une simple station ;

d'abord à cause de sa longueur et de sa fixité, puis parce que, quand il arrive, les stations n'ont plus lieu depuis long-temps, et les accès se succèdent sans interruption.

338. J'ai vu une fois les accès ascendans et inverses avoir tous lieu au-dessus de zéro; mais comme cette particularité s'est présentée à la suite de l'expérience que je rapporterai tout-à-l'heure, j'en ferai ensuite l'examen.

339. Dans l'expérience qui précède, c'est la première période qui a fourni les plus grands mouvemens; ils ont graduellement diminué dans les périodes suivantes. J'ai vu le contraire dans d'autres expériences faites en juillet 1822, et c'est précisément dans une de celles-là que le mouvement étant devenu très-étendu, la furcelle est restée fixe, loin de zéro.

340. Dans chaque période de mouvement nous voyons ici les accès d'abord augmenter d'étendue, puis diminuer. Quelquefois j'ai trouvé que les premiers accès étaient les plus forts; mais constamment les derniers accès de chaque période m'ont paru les plus faibles.

341. Une autre loi qui m'a paru constante, c'est que dans chaque période la durée des accès va en diminuant, surtout si l'on considère le temps de la station comme faisant partie de la durée de l'accès qu'elle suit.

342. Le nombre des accès des différentes périodes d'une même expérience va en diminuant, ce qui m'a paru général.

343. En comparant les périodes correspondantes de diverses expériences, comme par exemple les premières périodes entre elles, on voit qu'elles n'ont pas toutes le même nombre d'accès. Ici la première période a neuf accès, dont cinq ascendans; dans une autre expérience la première période a dix accès, par conséquent cinq ascendans et cinq inverses. Dans une expérience plus ancienne, la première période n'avait que six accès.

344. Au reste, les expériences que j'ai faites à cet égard sont peu nombreuses, et presque toutes sont incomplètes. En effet, outre que souvent quelque incident me forçait à m'interrompre plus tôt que je n'aurais voulu, il est à remarquer que pour bien se rendre compte de tous les détails de ce phénomène compliqué il faut avoir avec soi une personne qui note le nombre de tours de chaque accès et la position de la furcelle; c'est ce que j'ai eu dans l'expérience rapportée ci-dessus; mais ce secours m'a manqué lorsque j'ai découvert cet état singulier de la furcelle. Je n'osais m'arrêter ni abandonner la furcelle, de peur de changer les circonstances, et j'étais réduit à tâcher de retenir seulement les principales.

345. C'est le cas où je me suis trouvé relativement à l'expérience que je vais rapporter, et c'est, je crois, celle que j'ai le plus incomplètement notée, aussi je ne la donnerais pas ici si elle n'avait été suivie de circonstances fort remarquables.

346. C'était, je crois, le 5 juillet 1822; j'étais sur le sol excitateur n° 1, sur lequel chaque tour

que je faisais avait cinquante pas. Je pris une petite furcelle d'épine blanche dont j'avais eu soin d'ôter les épines ; et comme alors je commençais à supposer que la masse du corps pouvait avoir quelque influence sur la furcelle, j'enveloppai de soie la tête de cet instrument. Voici les détails que j'ai retenus ; on voit que le nombre d'accès de chaque période n'est pas indiqué. J'ai seulement marqué la position de la furcelle à la fin du plus fort accès ascendant, et à la fin du plus fort accès inverse.

PÉRIODES.	Nombre de tours de chacun cinquante pas sur le sol excitateur.	Terme des deux plus forts accès de chaque période de mouvement.
Période de mouvement......	....	+ 130°. — 80 etc.
Période de repos..........	3	
Période de mouvement......		+ 170°. — 120°. etc.
Période de repos..........	....	
Période de mouvement.....	....	+ 190° Fixe.

347. La furcelle resta fixe en ce point. Je la remis artificiellement à zéro, et je continuai sans interruption à marcher sur le sol excitateur. Après quelques tours la furcelle recommença à reprendre un mouvement d'abord ascendant, et elle fit de nouvelles oscillations, mais bien plus rapides que les précédentes ; il y en avait jusqu'à trois et même quatre dans un même tour de cinquante pas ; mais

les arcs parcourus étaient peu étendus. Un orage survenu subitement m'obligea de me retirer à la hâte ; et n'ayant pu noter immédiatement toutes les circonstances que j'avais tâché de retenir, j'ai préféré laisser toutes les lacunes qui sont dans l'exposé de cette expérience, plutôt que de risquer d'y insérer des notes inexactes.

348. Quelques heures après, la pluie ayant cessé, je revins sur le sol excitateur, et ayant fait quelques essais qui ne me présentèrent rien de particulier, je repris la même furcelle d'épine blanche que j'avais laissée de côté. Elle avait conservé sa disposition intermittente, et me fournit immédiatement des accès ascendans ou inverses. La durée et l'étendue de chaque accès étaient courtes, mais variables ; ils diminuèrent encore, et le mouvement changeait tous les douze ou quinze pas. Alors il ne passait pas au-dessous de zéro, et même il n'atteignait pas ce point ; la furcelle parcourait, soit en montant, soit en descendant, un arc compris entre + 20° et + 80°. Peu après les accès reprirent plus d'étendue et de durée jusqu'à ce que la lassitude me fit cesser.

349. Ce qui est fort à remarquer ici, ce sont ces accès inverses qui n'atteignaient pas zéro ; je ne sais s'il était possible qu'il intervînt alors une période de repos ; si dans ce cas elle eût eu lieu entre les deux maximum des accès, elle n'aurait plus différé des stations que par sa longueur, et parce qu'elle serait arrivée à la suite d'une période qui n'admettait plus de stations.

35o. Mais ce n'est pas encore tout ce que cette expérience m'a fourni de notable. Dès qu'elle fut terminée, je pris une furcelle de charme qui avait peu servi et qui n'avait jamais donné de signes d'intermittence. Je fus très-étonné de voir que dès les premiers pas que je fis sur le sol excitateur, elle se mit à monter et à descendre par accès courts, rapides et peu étendus. Il m'a paru certain que cette propriété lui était communiquée par mon corps, et résultait de la disposition où j'étais moi-même.

351. Il était important de savoir si la furcelle inverse donnerait des effets analogues à ceux qui viennent d'être exposés. C'est ce que j'ai reconnu en janvier 1825, sur le même sol excitateur que pour l'expérience 332. Je fis une première tentative qui me fournit une réponse certaine, mais incomplète. Le 18 du même mois je fis une seconde épreuve, dont les résultats furent notés à mesure. En voici l'exposé.

ACCÈS.	NOMBRE de tours chaque accès.		TERME de chaque accès.
Période de mouvement			
Inverse.	Mouvement..... 4 1/2 Station..... 5 1/2	} 10	— 100.
Ascendant.	Mouvement..... 4 Station..... 4	} 8	+ 100.
Inverse.	Mouvement..... 3 Station..... 1	} 4	— 45.
Ascendant.	Mouvement..... 3 Station..... 0	} 3	+ 40.
Inverse.	....	2 1/2	— 25.
Ascendant.	....	2	+ 20.
Inverse.	....	1	+ 15.
Ascendant.	....	0 3/4	0.
	Total de cette période...	31 1/4	
Période de repos.......	....	10 3/4	0.
Période de mouvement			
Inverse.	Mouvement..... 3 Station..... 0	} 3	— 160.
Ascendant.	....	3 1/2	+ 120.
Inverse.	....	3	— 70.
Ascendant.	....	2 1/2	+ 45.
Inverse.	....	2	— 55.
Ascendant.	....	1 1/2	0.
	Total de cette période...	15 1/2	
Période de repos.......	....	14	0.
Période de mouvement			
Inverse.	Mouvement..... 4 1/2 Station..... 0	} 4 1/2	— 450.
Ascendant.	....	7	+ 400.
Inverse.	....	5	— 225.
Ascendant.	....	4	+ 50.
Inverse.	....	2	— 50.
Ascendant.	....	1	0.
	Total de cette période...	22 1/2	
Période de repos........	Indéterminée.		

351 *bis*. Les premiers accès de la troisième période de mouvement ont été très-considérables. Je pense qu'on comprend que le nombre de degrés — 450 indique que la furcelle a décrit une révolution entière ; plus, un arc de 90°. Mais je dois faire remarquer que selon ce que j'ai dit (20 et 334) les degrés ne se comptent que depuis zéro, c'est-à-dire depuis le point où la furcelle est revenue après avoir parcouru en sens contraire l'arc que lui a fait décrire l'accès d'avant. De même, avant de commencer à compter les degrés qui sont ici attribués à chaque accès, il m'a fallu laisser la furcelle parcourir en sens contraire tout ce qui lui était attribué pour l'accès précédent. Ainsi, au commencement de la troisième période de mouvement, la furcelle était à zéro ; elle a fait en sens inverse , ou pour ainsi dire en arrière de zéro, une révolution et quart. Pour que je pusse ensuite compter au-delà de zéro dans l'autre sens , il a fallu la laisser revenir au point d'où elle était partie ; elle a donc dû faire en sens contraire cette révolution et quart, et, continuant ce même mouvement, elle a encore parcouru $+ 400°$. Le total du mouvement du second accès est donc $+ 850°$ ou deux révolutions , plus, un arc de 13o degrés. De même le total du mouvement du troisième accès se compose des 400° du second, parcourus en sens contraire , et des 225° propres au troisième ; il y a donc eu 625° parcourus ; ainsi de suite. On trouverait peut-être plus convenable que j'indiquasse l'emplitude totale de l'arc parcouru dans chaque accès ; mais j'observe que ces grands mou-

vemens sont rares, et que dans les mouvemens ordinaires on représente bien plus clairement la marche de la furcelle en indiquant le point auquel elle parvient, qu'en comptant les degrés qu'elle a parcourus, ce qui d'ailleurs s'exprime de même toutes les fois qu'il est question de mouvemens isolés.

352. Maintenant que ce dernier tableau doit être bien conçu, nous ferons remarquer que les périodes de mouvement ont toujours été en augmentant d'intensité. Ce résultat avait aussi été donné par la première expérience que j'ai faite avec la furcelle inverse peu de jours avant celle-ci.

Corollaire XXIV.

353. Les causes de l'intermittence de la furcelle sont couvertes pour moi d'un voile encore plus épais que la plupart des autres phénomènes bacillogires ; je ne puis que relater les circonstances qui l'accompagnent.

354. 1° La furcelle paraît devenir intermittente quand, prolongeant la course sur le sol excitateur, on la maintient trop long-temps comme tendue ou surchargée de fluides bacillogires.

355. 2° Le corps du bacillogire est lui-même alors dans un état particulier, puisqu'il communique immédiatement la propriété intermittente à des furcelles qui ne l'avaient pas.

356. 3° Néanmoins la furcelle elle-même est dans un état qui subsiste pendant quelque temps. En effet, l'expérience 348 ne peut pas être attribuée à la

disposition de mon corps, car elle fut immédiatement précédée d'autres expériences où je n'aperçus aucune intermittence ; ainsi les deux ou trois heures qui s'étaient écoulées entre l'expérience 347 et l'expérience 348 avaient rétabli mon corps dans un état trop peu différent de l'état naturel pour qu'il pût immédiatement rendre une furcelle intermittente. Dans l'expérience 348 la furcelle avait donc conservé sa propriété.

357. 4° L'organisation naturelle des furcelles, leur constitution végétale, doit influer sur leur intermittence comme sur leurs autres propriétés bacillogires. Nous en verrons des preuves positives dans le chapitre XXIII.

358. Je n'ose comprendre parmi ces conclusions une particularité qui pourtant mérite d'être notée. J'ai fait, en juillet 1822, sur le sol excitateur n° 1, des expériences sur l'intermittence des furcelles, et j'ai employé alors une furcelle ascendante ; les périodes de mouvement ont toujours été croissantes, relativement à l'intensité. J'ai fait en janvier 1825, dans un autre endroit, de semblables expériences, aussi avec une furcelle ascendante ; les périodes ont été décroissantes. Mais ayant employé une furcelle inverse, j'ai retrouvé des périodes croissantes. Celles-ci seraient-elles toujours croissantes quand les autres sont décroissantes ? *et vice versâ ?* Il est fâcheux que je n'aie pas employé la furcelle inverse en 1822 et dans les mêmes circonstances ; mais je me propose de suivre cette idée et d'éclaircir ce point, qui me paraît important.

CHAPITRE XV.

4° *Rôle du corps du bacillogire.*

359. Déja les recherches que nous avons fait connaître ont fourni plusieurs données et plusieurs détails sur la part que prend le corps du bacillogire dans ces phénomènes. Nous savons qu'il sert d'abord de conducteur, et que les courans qui le traversent peuvent être interceptés en tout ou en partie par des étoffes de soie placées entre les mains et la furcelle, ou entre le sol excitateur et les pieds. Nous savons que l'un des fluides paraît passer par la main droite, et l'autre par la main gauche ; qu'il ne faut point établir de conducteur direct d'une main à l'autre, mais que la communication doit se faire par la furcelle même ; que la tête du bacillogire et probablement d'autres parties du corps se chargent au moins de l'un des fluides.

360. Nous avons été obligé de répandre ces détails dans ce qui précède, parce qu'ils étaient nécessaires pour donner de premiers aperçus, et parce qu'ils étaient combinés avec d'autres circonstances qu'il fallait exposer. Maintenant, quoique

nous ne fassions que préluder à des recherches plus approfondies, nous avons encore bien des choses à dire relativement au corps humain, et naturellement nos notes se trouvent partagées en deux séries analogues à celles qui se sont présentées quand nous avons commencé à étudier les appendices et les soustracteurs : 1° influence et action du corps sur les phénomènes bacillogires; 2° influence des phénomènes et des fluides bacillogires sur le corps. Dans la première série ce sont les phénomènes bacillogires qui sont le point de vue; dans la seconde c'est le corps humain. Nous allons nous occuper immédiatement de la première série; la seconde sera renvoyée aux applications de nos recherches à la physiologie.

361. D'abord il était essentiel de chercher si le corps pouvait être remplacé par tout autre conducteur, et si les fluides bacillogires transmis plus directement à la furcelle produiraient le même mouvement; à cet effet je me procurai deux branches de charme d'environ cinq pieds de long, bien garnies de feuilles et de rameaux. Je saisis la furcelle à l'ordinaire, et je pris en même temps de chaque main une de ces branches de charme, les laissant traîner derrière moi et tenant leur base entre le pouce et l'os métacarpien du premier doigt, de telle manière qu'elle fût en contact avec la poignée de la furcelle, contact qui était encore favorisé par un lambeau d'écorce qui terminait la base de chaque branche, et qui était étendu dans ma main.

12

362. Je fis d'abord deux passages sans apercevoir aucune tendance au mouvement. J'en fis un troisième dans lequel je sentis une légère sensation comme si la furcelle voulait monter ; mais je m'aperçus qu'une des branches avait glissé, et que je ne la tenais plus que par le lambeau d'écorce. Je les pris alors toutes deux de cette manière, pour un quatrième passage. Je reconnus encore la tendance au mouvement ; puis, rétablissant comme en commençant un contact plus intime entre les branches et la furcelle, je fis un cinquième et un sixième passage sans apparence de mouvement.

Corollaire XXV.

363. Ainsi donc, pour produire les phénomènes bacillogires, il ne suffit pas que les fluides se rendent de la terre à la furcelle, il faut encore qu'ils passent par le corps qui doit servir de conducteur intermédiaire, soit que le corps change la nature de ces fluides, soit, plus probablement, qu'il les sépare l'un de l'autre en décomposant leur combinaison. Ce fait du passage des fluides bacillogires par le corps avait déjà été indiqué (60), mais la nécessité de ce passage pour le succès du phénomène est ici démontrée.

364. Je réunis ici le résumé de quelques expériences relatives à la production du phénomène simple, et dans lesquelles j'ai fait varier seulement quelques circonstances particulières au corps.

365. Il paraît assez indifférent de marcher en avant ou en reculant.

366. Le mouvement alternatif des pieds semble essentiel pour produire le phénomène, et il paraît qu'on augmente son intensité si on lève beaucoup les pieds en marchant. Il faut pourtant éviter de frapper avec force, parce que la secousse pourrait jeter de l'obscurité sur les résultats. Au contraire, si on traîne les pieds sur la surface de la terre, le mouvement est nul, ou à peu près.

367. C'est peut-être une des causes qui m'ont fait rencontrer proportionnellement moins de bacillogires parmi les femmes que parmi les hommes. Leurs vêtemens longs et traînans peuvent y nuire aussi, car il se peut qu'alors les fluides gagnent plus immédiatement le corps sans passer par les jambes, et l'on va voir que de simples modifications dans la route des fluides peuvent annuler le phénomène. Mais avant de rapporter l'expérience qui le prouve, je noterai encore qu'ayant établi un conducteur direct d'une de mes jambes à l'autre, en attachant par ses deux extrémités une petite baguette droite au-dessus des malléoles, et marchant ainsi sur le sol excitateur, le phénomène n'a pas eu lieu; mais la difficulté de la marche dans cet état rend cet essai peu important.

Suite des expériences.

368. J'ai pris une branche de charme dont le feuillage était étendu horizontalement, et pouvait avoir 3 pieds de long sur 18 pouces de large. Je l'ai attachée par la base à ma jambe droite au-dessus

de la malléole externe et y touchant par son écorc e
Elle traînait ainsi derrière moi. J'étais chaussé de
bas de fil. J'ai fait ainsi plusieurs passages, en
laissant traîner sur la terre tantôt la surface supérieure, tantôt la surface inférieure du feuillage, et
tenant dans mes mains une furcelle ordinaire.

POSITION du feuillage relativement à la terre.	NOMBRE de passages.	Mouvement de la furcelle.
Essais de la furcelle.	2 passages.	+ 3o°.
(A) Dessous des feuilles tourné contre la terre.	2 passages.	+ 9o°.
(B) Dessus contre terre.	1 passage.	zéro.
(A) Dessous contre terre.	1 passage.	+ 8o°.
(B) Dessus contre terre.	1 passage triple.	zéro.
(A) Dessous contre terre.	1 passage.	+ 9o°.

369. J'ai attaché la même branche à ma jambe
gauche et de la même manière; j'ai eu les résultats
suivans.

POSITION du feuillage relativement à la terre.	NOMBRE de passages.	Mouvement de la furcelle.
Essais de la furcelle.	2 passages.	+ 45°.
(C) Dessus des feuilles tourné contre terre.	2 passages.	— 45°.
(D) Dessous contre terre.	1 passage double.	zéro.
(C) Dessus contre terre.	1 passage.	— 5o°.
(D) Dessous contre terre.	1 passage.	zéro.
(C) Dessus contre terre.	1 passage.	— 5o°.
(D) Dessous contre terre.	1 passage.	zéro.

370. J'ai pris trois tiges de roseau (*arundo phragmites*), je les ai dépouillées de leurs feuilles, mais en laissant les gaînes ; je les ai attachées à ma jambe droite par leur sommet, et leur extrémité inférieure était traînante ; j'ai fait deux passages qui ont donné zéro.

371. J'ai attaché ces mêmes tiges de la même manière, mais par leur base ; et j'ai laissé traîner les sommets. Deux passages ont donné + 3o° chacun. J'ai fait ces deux dernières expériences avec une furcelle dont je n'ai pas noté l'essai.

Corollaire XXVI.

372. Un premier coup-d'œil jeté sur ces tableaux fait concevoir assez facilement les expériences A de l'art. 368. On peut penser que si le mouvement de

la furcelle est augmenté, c'est que le feuillage, traînant sur une assez grande surface de terrain, y recueille le fluide plus abondamment que le pied ne peut le faire. Mais cette première idée n'explique pas le résultat nul des expériences B, qui, si elles ne fournissent pas une plus grande abondance du fluide favorable au mouvement de la furcelle ascendante, devraient du moins ne pas empêcher l'effet de celui qui peut être recueilli par le pied droit. Une autre réflexion se présente bientôt, c'est que d'après les expériences 141, 142, 145 et 148, il paraît que c'est la surface inférieure des feuilles qui laisse échapper le plus facilement le fluide qui cause le mouvement ascendant de la furcelle. Cette surface inférieure ne doit donc pas être propre à l'absorber, ou du moins cela est très-probable, car nous avons vu assez ordinairement (ce qui pourtant n'est pas général) qu'un corps qui laisse passer dans un sens un des fluides ne le laisse pas passer dans un autre sens, et que c'est l'autre fluide qui peut passer dans ce dernier sens. Ainsi dans les expériences A la surface inférieure traînant sur la terre ne devait pas être propre à recueillir une plus grande abondance du fluide moteur de la furcelle ascendante ; c'est dans les expériences B que cela aurait dû arriver. Et de même dans l'art. 369 ce sont les expériences D qui auraient dû produire le plus grand mouvement inverse. Les deux expériences 370 et 371 présentent une même inversion de résultats, puisqu'il paraît assez prouvé que le fluide moteur de la furcelle ascendante passe de bas en haut dans les tignes graminées, mais non de haut en bas.

373. D'après ces réflexions on serait tenté de croire que ces singuliers résultats sont dus non à une plus grande affluence, vers la furcelle, du fluide recueilli plus abondamment par le feuillage, mais à une sorte de polarisation qui s'opère dans le corps, par suite de laquelle le feuillage, recueillant une plus grande abondance de l'un des fluides, et celui-ci se polarisant dans une partie du corps, c'est l'autre fluide qui s'accumule avec plus de force vers un autre pôle qui régit ensuite ou détermine la marche des courans sur la furcelle.

Suite des expériences.

374. J'ai pris trois tiges de roseau (*arundo phragmites*), et j'y ai laissé toutes les feuilles. Je les ai attachées par la base à ma jambe droite, au-dessus de la malléole externe, et je les ai laissé traîner derrière moi. Mais craignant que les fluides qu'elles pouvaient recueillir ne s'échappassent par leurs bases, j'ai envelopé cette extrémité inférieure avec un mouchoir de toile de coton (conducteur) qui servait lui-même à former le lien autour de ma jambe. J'ai fait les deux premiers passages suivans avec une furcelle qui à l'essai avait donné $+ 3o^o$, et les autres avec la furcelle qui un moment avant m'avait servi pour l'expérience 371 ; tous les passages ont été simples ou d'un seul tour.

1er passage. La furcelle a fait une révolution sur le sol excitateur, et une autre après en être sortie.

2e ——— Deux révolutions pendant le passage et une après.

3e ——— Même résultat.

4e ——— Deux révolutions.

5e ——— Une révolution et demie.

6e ——— Zéro.

7e ——— — 90°.

8e ——— Deux révolutions en sens inverse.

J'ai fait encore deux ou trois expériences analogues qui ont montré ce même changement d'effets ; mais comme elles m'ont paru bien loin d'être suffisantes pour éclaircir un sujet aussi obscur, je ne les rapporte pas pour le moment.

COROLLAIRE XXVII.

375. Dans l'expérience qui précède on reconnaîtra d'abord un effet très-puissant résultant de la présence des tiges de roseau ; mais on s'apercevra aussi que la furcelle est probablement devenue intermittente, modification remarquable de ce phéuomène, puisqu'ici les passages étaient distincts les uns des autres. Néanmoins, comme ceci exigerait d'autres recherches, et s'éloigne du sujet de ce chapitre, je me contenterai de faire remarquer que je n'y vois rien de contraire à l'idée de polarisation

que j'ai mise en avant dans le précédent corollaire, seulement cette polarisation peut être modifiée par l'effluence du fluide moteur de la furcelle ascendante et par l'affluence de l'autre fluide. Ce dernier est probablement celui qui est recueilli et absorbé par les feuilles de roseau, et qui, les parcourant du sommet à la base, est transmis à la jambe (du moins si nous en jugeons par toutes les expériences faites avec les graminées). Si donc il a causé une polarisation, c'est en concentrant l'autre fluide dans une autre partie du corps ; mais en continuant l'expérience celui-ci finit par s'échapper, tandis que l'autre qui continue à arriver devient prédominant partout et force la furcelle à descendre ou à prendre un mouvement inverse. Je ne pense pas que cela suppose une répulsion réciproque des deux fluides ; je n'y vois que la polarisation ordinaire (quelle qu'elle soit), l'écoulement d'un fluide, et l'affluence de l'autre.

Suite des expériences.

376. Mais si le corps du bacillogire a une action directe et importante comme étant placé dans le courant des fluides, il paraît pouvoir exercer aussi quelque influence sur la furcelle par son voisinage, et comme corps chargé d'une dose de fluide. Nous avons déjà fait entrevoir cette particularité chapitre 10 (201).

377. Si en effet, étant sur le sol excitateur, on marche jusqu'à ce que la furcelle ascendante soit

montée vers $+ 90°$; qu'alors, se tenant à peu près en repos, on éloigne et rapproche alternativement la furcelle de la masse de la poitrine, en tenant néanmoins toujours les avant-bras dans une position parallèle et horizontale, on croira sentir dans les momens de rapprochement une force qui tire la tête de la furcelle vers la poitrine, et cette force semble cesser dans les momens d'éloignement. Je dis *qu'on croira sentir*, car cette expérience, qui ne réussit pas toujours, me laisse quelques doutes; mais sa concordande avec une multitude d'autres effets me la fait admettre comme infiniment probable, et nous découvre une de ces forces qui interviennent dans de nouvelles directions pendant la marche du phénomème, et produisent le mouvement de rotation, ainsi que je l'ai annoncé (25). Au reste je ne sais si c'est à cette influence de la poitrine qu'il faut attribuer le changement d'état de la tête de la furcelle lorsqu'elle a atteint la première position verticale, ainsi que nous le font connaître les expériences 278 et 279.

Corollaire XXVIII.

378. Même en rappelant ici ce que j'ai dit chapitre x des effets du contact du visage, des mains et des pieds contre la furcelle, en admettant l'idée que nous venons d'énoncer sur l'influence de la poitrine, les expériences que j'ai rapportées dans ce chapitre sont, comme je l'ai déjà fait remarquer, à peine suffisantes pour faire entrevoir le

mode d'action du corps du bacillogire. Elles prouvent néanmoins qu'il joue un rôle important dans le phénomène ; et par cette raison même le peu de données que j'ai pu fournir n'en sont que plus incomplètes, car la très-grande majorité des résultats a dû être influencée par ma constitution particulière. Or, tout porte à croire qu'il y a de grandes différences à cet égard entre un individu et un autre ; il se peut donc que les mêmes préparations d'expériences produisent en d'autres mains des effets différens. D'où il suit que quand même j'aurais poussé mes travaux assez loin pour pouvoir en déduire une théorie, elle ne pourrait acquérir un certain degré de probabilité que lorsqu'on aurait pu l'appliquer d'une manière satisfaisante aux phénomènes bacillogires produits par d'autres hommes.

CHAPITRE XVI.

SUITE DE L'ANALYSE DU PHÉNOMÈNE.

5° *Rôle du sol excitateur.*

379. Nous avons jusqu'à présent considéré le sol excitateur sinon comme la cause première du phénomène, du moins comme exerçant une influence directe sur le corps du bacillogire, et par son moyen exerçant aussi une influence sur la furcelle ou sur tout autre instrument qui puisse la remplacer. Le désir d'écarter de nous tout ce qui pourrait nous éloigner de l'étude du phénomène en lui-même nous a fait proscrire dans la plupart de nos expériences toute recherche relative à la constitution intérieure du sol ; nous voulions aussi par là signaler la différence qui existe entre la route que nous avons suivie dans l'étude de ce fait physique et celles qui ont été adoptées avant nous.

380. Il résulte de là que je ne donnerai point à ce chapitre toute l'extension qu'il pourrait recevoir ; je rappellerai ou je citerai seulement quelques notes sur la manière dont le sol excitateur influe sur les expériences.

381. On se souviendra d'abord de ce que j'ai dit

dans le chapitre III, et j'y renvoie si on ne l'a pas présent à la mémoire.

382. J'ai dit aussi que je faisais les passages indifféremment dans un sens ou dans l'autre ; ainsi, sur le sol excitateur n° 1, si je faisais un premier passage dans le sens ACB, figure 4, je faisais le second dans le sens BCA. Or, il est à remarquer que s'il était vrai, comme le disent les hydroscopes, que le sol excitateur fût l'indice d'un courant souterrain, j'aurais marché, dans un sens, un peu contre le courant, et dans l'autre sens je l'aurais un peu descendu. De même je traversais obliquement le sol excitateur n° 2. Ainsi, quoique je passasse d'un bord à l'autre, il est évident que dans un sens je suivais plus le courant que dans l'autre. Les hydroscopes prétendent souvent pouvoir reconnaître la direction du courant à la différence d'impression qu'ils éprouvent en le suivant dans un sens ou dans l'autre, ou au sens dans lequel tourne la baguette. Pour moi presque généralement je n'ai pu observer aucune différence dans mes expériences, soit que le passage se fît dans un sens ou dans l'autre ; mais un petit nombre de fois ont fait exception et m'ont donné des inégalités très-sensibles. Je ne puis savoir à quelle cause je devais cette complication du phénomène, car on va voir que les expériences elles-mêmes étaient très-compliquées.

383. Le 4 juillet 1822, arrivant sur le sol excitateur n° 1, je pris une fourcelle qui m'avait déjà beaucoup servi ; elle était de charme. Je fis six

passages consécutifs, qui me donnèrent $+20°$, $+40°$, $+20°$, $+45°$, $+20°$, $+45°$. Dans les trois qui ne me donnèrent que $20°$ j'avais marché dans le sens où l'on peut supposer que le courant coule s'il existe.

384. Le 11 juillet j'avais perdu de vue cette expérience, qui s'est retrouvée sur mes notes, et je venais de faire sur le même sol excitateur n° 1 quelques expériences avec une furcelle inverse. J'y attachai comme appendice un brin de coudre écorcé, tiré d'un vigoureux bourgeon de l'année ; je le posai le sommet en avant ; ainsi (164) il ne devait pas empêcher le mouvement de ma furcelle inverse, qui à l'essai avait donné — $90°$. En effet, je fis quatre passages alternativement dans un sens et dans l'autre ; les résultats furent — $50°$, — $90°$, — $80°$, — $110°$. Je fis d'abord peu d'attention à cette série, et je passai à des expériences qui avaient un but différent, et que sous ce rapport je reprendrai plus loin (chapitre XXIII) ; mais elles me donnèrent un résultat qui me force à les rapporter ici.

385. J'avais pris deux jeunes baguettes droites de tilleul ; j'avais aminci et réduit à demi-épaisseur le sommet de l'une et la base de l'autre ; je les réunis en forme de V en mettant en contact les parties entaillées comme dans les expériences 124, 125, etc., avec cette différence que c'était ici une base et un sommet qui étaient joints ; il en résulta une furcelle composée. Je pris dans la main droite la base libre de l'une des branches, et par conséquent dans la main gauche le sommet libre de l'autre branche ; je fis six passages alter-

nativement dans un sens et dans l'autre ; les résultats furent :

$$1^{er} \text{ ———— zéro.}$$
$$2^e \text{ ———— } + 80^o.$$
$$3^e \text{ ———— zéro.}$$
$$4^e \text{ ———— } + 110^o.$$
$$5^e \text{ ———— zéro.}$$
$$6^e \text{ ———— } + 160^o.$$

Les passages dont le numéro est pair et dont par conséquent le résultat est positif, ont été faits dans le sens ACB de la figure 4. Or, d'après la disposition des coteaux et des vallées de ce canton, il y a lieu de croire que s'il y a réellement un courant sous ce sol excitateur, il coule de B en A ; ainsi, quand j'ai eu un résultat positif je marchais contre le courant, tandis que j'ai eu zéro quand j'ai marché dans le sens du courant.

386. Sans changer la disposition de cette furcelle, j'ai passé dans la main gauche la branche dont la base était libre, et j'ai pris à droite le sommet de l'autre branche. Six passages ont donné :

$$1^{er} \text{ ———— } — 30^o.$$
$$2^e \text{ ———— zéro.}$$
$$3^e \text{ ———— } — 15^o.$$
$$4^e \text{ ———— zéro.}$$
$$5^e \text{ ———— } — 15^o.$$
$$6^e \text{ ———— zéro.}$$

Ici les passages où je pouvais croire que je

remontais ce courant supposé ont donné zéro, et ceux où je paraissais le descendre ont donné des résultats négatifs.

387. J'ai fait immédiatement des expériences avec d'autres furcelles, et sans observer des variations de ce genre. Cependant, ayant pris un morceau de moelle de sureau long de quatre pouces et de quatre lignes de diamètre, et ayant un peu appointi son sommet, je l'ai attaché comme appendice à la tête d'une furcelle de coudre. J'ai fait quatre passages qui ont donné + 80°, + 45°, + 90°, + 60°. On voit que les résultats ont encore été un peu alternatifs comme le sens des passages.

388. Le 13 juillet j'ai pris deux baguettes droites de tilleul, et, réunissant le sommet de l'une et la base de l'autre, j'en ai formé une furcelle composée comme dans les avant-dernières expériences, et, prenant la base libre à droite et le sommet libre à gauche, j'ai fait seize passages qui ont donné.

1er —— + 50°.		9e —— zéro.	
2e —— zéro.		10e —— zéro.	
3e —— + 80°.		11e —— + 60°.	
4e —— zéro.		12e —— zéro.	
5e —— + 60°		13e —— + 80°.	
6e —— zéro.		14e —— zéro.	
7e —— — 10°.		15e —— + 90°.	
8e —— zéro.		16e —— zéro.	

Dans cette expérience une série a constamment donné zéro, c'est celle des numéros pairs et des passages qui se faisaient contre la marche supposée du courant. La série des numéros impairs a singulièrement varié entre le maximum $+$ 90° et le maximum inverse $-$ 10°, et le mouvement de la furcelle a pris tous les caractères d'intermittence que nous lui avons reconnus dans d'autres circonstances, et sans que cette singulière disposition fût troublée par les passages nuls.

389. J'ai changé de main les branches de cette furcelle, et j'ai pris de la main gauche l'extrémité inférieure libre; j'ai fait ainsi dix passages qui ont donné

1ᵉʳ ———	zéro.	6ᵉ —— —	80°.
2ᵉ —— —	10°.	7ᵉ ——	zéro.
3ᵉ —— —	20°.	8ᵉ —— —	90°.
4ᵉ —— —	45°.	9ᵉ ——	zéro.
5ᵉ —— —	20°.	10ᵉ —— —	90°.

Ici l'une des séries, celle des nombres impairs, n'a pu donner que le mouvement inverse $-$ 20°, c'est celle des passages qui se faisaient dans le sens supposé du courant. L'autre série a produit un mouvement qui a été jusqu'à 90°; les passages se faisaient contre le sens supposé du courant.

390. Le 4 septembre, étant sur le sol excitateur n° 2, j'employai une furcelle ordinaire de charme qui m'avait beaucoup servi. Quatre passages successifs me donnèrent

1ᵉʳ ——	$+$ 45 à 50°.
2ᵉ ——	$+$ 70°.
3ᵉ ——	$+$ 45°.
4ᵉ ——	$+$ 60 à 70°.

J'ai prévenu que je passais obliquement d'un bord à l'autre sur ce sol excitateur ; ma direction coupait la sienne à environ 45 degrés. Les passages n⁰ˢ 1 et 3 étaient plus dans le sens où l'on pouvait supposer que coulait le courant souterrain, s'il existait. Sous d'autres rapports cette expérience reparaîtra chapitre XVII (419).

391. Ayant pris une furcelle inverse, aussi de charme, quatre passages me donnèrent

$$1^{er} \text{——} \text{—} 35^{o} \text{ environ.}$$
$$2^{e} \text{——} \text{—} 10 \text{ à } 15^{o}.$$
$$3^{e} \text{——} \text{—} 35^{o}.$$
$$4^{e} \text{——} \text{—} 10^{o}.$$

Les numéros impairs indiquent les passages qui se faisaient un peu dans le sens du courant.

Corollaire XXIX.

392. En voilà assez pour indiquer les recherches qu'on peut faire à cet égard ; quant aux conclusions, je ne vois guère qu'une remarque à noter, c'est que la comparaison des expériences 385 et 386, 388 et 389, 390 et 391, prouve que les passages qui d'après leurs sens produisent les plus grands effets sur la furcelle ascendante, produisent les moindres effets sur la furcelle inverse, *et vice versá.*

393. Mais comme je dois faire remarquer toutes les circonstances, je noterai que, d'après les expé-

riences 383, 385, 386, 390 et 391, la marche qu'on peut supposer contre le courant est celle qui agit le plus sur la furcelle ascendante, et le moins sur la furcelle inverse ; mais dans les expériences 388 et 389 le résultat a été contraire ; à la vérité la furcelle a promptement montré alors des caractères de périodicité : l'inversion des résultats est-elle due à la même cause qui a produit cette périodicité ?

394. J'ai cru, d'après les premières expériences, que la construction et l'espèce de bois employé pour la furcelle pouvaient être essentielles pour produire cette variation dans le phénomène. Mais les deux dernières prouvent qu'on peut aussi quelquefois les observer avec des furcelles ordinaires.

Suite des expériences.

395. Pour assurer le succès de l'expérience importante dont je vais rendre compte, il faudra se pourvoir d'une furcelle ascendante bien également souple et pourtant un peu ferme ; l'expérience devra se faire sur un sol excitateur qu'on puisse traverser en ligne droite d'un bord à l'autre. On choisira un jour où les effets bacillogires seront bien sensibles, ce dont il sera facile de s'assurer en faisant d'abord une couple de passages ordinaires sur le sol excitateur. Alors, au lieu de traverser ce sol d'un bord à l'autre, il faudra se mettre vers le milieu, et marcher lentement vers l'un de ses bords, soit B E (fig. 10) la ligne de traverse du sol excitateur, et

par conséquent celle qu'on parcourt à chaque passage; soit M le milieu; et supposons qu'on marche vers l'extrémité B de cette ligne, on sentira bientôt la furcelle s'élever. Lorsqu'on sera parvenu vers le point qui est à peu près à moitié de la distance entre le point M et le point B, on marchera en arrière ou en reculant vers le milieu M; la furcelle continuera à s'élever. Si, quand on est revenu au milieu, elle n'est pas verticale, on doit encore faire quelques pas en avant, et toujours revenir en reculant vers le milieu; après un petit nombre d'alternatives semblables, la furcelle atteindra cette position verticale, et alors on se trouvera ou au milieu ou très-près de ce point. Représentons la furcelle par la petite ligne VR; après avoir bien reconnu la position verticale et le point où l'on est, si l'on marche de nouveau en avant vers l'une quelconque des extrémités B ou E de la ligne de passage, on verra la furcelle s'abaisser lentement et prendre successivement les positions n n n, et finir par devenir horizontale lorsqu'on arrivera au bout du passage; si au contraire on recule vers le milieu, la furcelle s'élevera graduellement; et en répétant cet exercice on reconnaîtra bientôt que pour chaque point de cette ligne de passage la furcelle tend à une position déterminée; elle doit être verticale vers le milieu, et elle s'éloigne d'autant plus de la verticale qu'on approche davantage des extrémités du passage.

396. Il suit de là que, si on marche en avant, du point M au point B ou E, la furcelle, qui

vers le point M est verticale, se penche en s'éloignant du corps ; mais si au lieu de cela on marchait en reculant de M vers B ou E, la furcelle devrait se pencher vers le corps, c'est ce qui arrive en effet ; mais il ne faut pas laisser aller trop loin cette inclinaison, car dans ce cas l'instrument se trouve influencé par une force particulière, d'abord attractive, qui paraît résider dans le corps, qui empêche la furcelle de retourner vers la verticale ou qui achève de la renverser. J'en ai déjà parlé chap. xv (377), il en sera encore question ; mais il suffit de dire ici qu'il faut se garantir de son influence, si l'on veut bien étudier le phénomène de l'inclinaison des furcelles ; et lorsqu'on s'en occupe spécialement il est bon d'avoir en général le dos tourné vers le milieu du sol excitateur.

397. Si avec ces précautions nous étudions ces diverses inclinaisons n n n de la furcelle, nous reconnaîtrons qu'elles tendent toutes à peu de chose près vers un point A, situé à une certaine profondeur sous le point où la furcelle est verticale.

398. Maintenant convenons de quelques expressions pour éviter les périphrases.

399. Relativement à la ligne de passage B E, prise isolément, le point où la furcelle est verticale est ce que je nomme le point moyen (je ne dis pas milieu), et désormais dans la fig. 10 il faudra regarder cette lettre M comme désignant ce point moyen ; le point A est le centre d'action du passage.

400. Relativement au sol excitateur dans son ensemble, rappelons - nous qu'il consiste en une bande

d'une longueur indéfinie , et qui peut être traversée en un endroit quelconque. Il présente donc une infinité de lignes de passage, telles que B E ; chacune d'elles a son point moyen , et cette infinité de points moyens donne une ligne qui s'étend indéfiniment dans le sens de la longueur du sol excitateur ; nous la nommerons ligne moyenne. Mais chacun des points moyens a au-dessous de lui un centre d'action ; ceux-ci fourniront une ligne souterraine située dans le même plan vertical que la ligne moyenne , et que nous nommerons axe excitateur.

401. A présent je vais exposer le peu que j'ai pu apprendre sur tout cela , et d'abord je ferai remarquer que , si l'on voulait y chercher une exactitude mathématique , on se tromperait fort. En effet , on doit sentir que l'irrégularité de l'instrument formé d'une branche de bois brute, l'inégalité de la pression des mains , l'imperfection de nos sensations, et beaucoup d'autres causes , doivent produire une multitude d'aberrations. Mais au milieu de ces causes d'erreur nous parviendrons à démêler des variations régulières, et sans doute conséquentes des diverses puissances qui peuvent intervenir dans le phénomène.

402. Une première réflexion se présente : on marche sur une surface située fort au-dessus du centre d'action , par conséquent si la furcelle adoptait toujours une direction tendant au centre d'action , elle ne pourrait jamais être considérée comme horizontale , si ce n'est à une distance infiniment grande du centre d'action ; ou si, d'après

ce que je viens de dire, on se contente d'approximations, il faudrait du moins être fort éloigné de ce centre d'action, pour que dans l'usage ordinaire on pût regarder la furcelle comme horizontale. Or, j'ai admis dans tout cet ouvrage, que si l'on tient la furcelle horizontale en commençant les passages, elle retombe à ce point en sortant du sol excitateur ; de plus, les détails que j'ai donnés tout à l'heure, et la figure 10, font assez voir qu'à l'endroit où se termine la ligne de passage et où par conséquent j'indique le bord du sol excitateur, la furcelle devrait encore avoir une inclinaison très-appréciable si elle tendait au centre d'action ; et cependant c'est à ce même endroit que j'indique sa direction comme devenant horizontale ; mais c'est qu'en effet vers ce point la puissance bacillogire semble l'abandonner, et l'on n'en sera pas surpris si l'on considère que cette puissance agissant comme si elle résidait au centre d'action, ou plutôt dans l'axe excitateur, elle doit s'affaiblir à mesure qu'on s'en éloigne, et par conséquent il arrive un point où elle n'est plus suffisante pour maintenir la furcelle contre sa tendance à revenir à sa première position horizontale. Elle passe donc assez subitement d'une position qui peut être de $+$ 25 degrés, ou uu peu plus, à cette position horizontale.

403. On a pu remarquer que j'ai indiqué le point M, où la furcelle est verticale, sous le nom de point moyen, et j'ai affecté de ne pas le confondre avec le milieu exact de la ligne de passage, quoique j'aie dit qu'il y était à peu près placé ; mais c'est qu'en

effet il n'y est pas toujours, et les deux parties MB, ME de la ligne de passage sont souvent un peu inégales ; et cette inégalité varie d'un temps à un autre pour le même passage. Elle peut provenir uniquement du déplacement du point moyen, les extrémités B et E du passage restant en place ; ou bien elle peut être causée par le déplacement des points B et E, le point moyen restant en place ; enfin tous ces points peuvent éprouver des changemens de position relative. C'est je crois ce dernier cas qui arrive le plus souvent ; je suis assuré que B et E se déplacent, et je suis à peu près certain que M se déplace aussi, quoique d'une moindre quantité.

404. Il me faudra encore beaucoup d'expériences avant d'avoir quelques données un peu satisfaisantes sur la quantité et le mode de ces déplacemens ; tout ce que je puis dire à présent, c'est que j'ai cru y reconnaître des rapports avec la position du soleil relativement au sol excitateur, et que par conséquent ces changemens sont diurnes. Au reste ils ne sont pas considérables ; par exemple, sur un passage de quarante à quarante-six pieds, j'ai vu le point moyen varier d'une couple de pieds, si bien que d'abord j'ai pu les attribuer à l'imperfection de l'instrument ; mais j'y ai bientôt reconnu une marche régulière qui m'a prouvé qu'ils étaient dépendans des lois du phénomène.

405. Quoi qu'il en soit il est évident que les points moyens étant variables, la ligne moyenne formée de leur réunion est variable aussi et dans les mêmes limites.

406. Il suit encore de là que le centre d'action est variable; et non-seulement il l'est comme le point moyen, mais encore il faut remarquer qu'il ne peut guère être indiqué que par approximation, 1° à cause de l'imperfection de l'instrument; 2° parce que, quand bien même l'instrument serait plus parfait, les diverses inclinaisons de la furcelle ne doivent pas toujours correspondre exactement au même point; en effet, puisque les deux parties M B, M E (fig. 10) de la ligne de passage, sont souvent inégales, il est évident que si l'on se place successivement à deux points D et F, tels que l'inclinaison y soit d'un même nombre de degrés, ces deux points seront fréquemment à des distances un peu inégales du point M. Donc, si l'on fait passer par M la ligne verticale indiquée par la position de la furcelle en ce point, et sur laquelle on doit supposer le centre d'action, cette verticale sera coupée à deux hauteurs différentes par les obliques d'égale inclinaison venant des points D et F; elles donneront donc deux positions différentes pour ce centre d'action; sa position réelle est donc un peu indéterminée dans le sens vertical, ce qui pourtant doit être, comme les autres variations, renfermé dans des limites peu étendues. Par exemple, sur le sol excitateur n° 2, le passage ayant environ quatre-vingt-huit pieds, le calcul des inclinaisons m'a donné un jour pour le centre d'action une position indéterminée entre vingt-sept pieds et demi et trente-trois pieds au-dessous du sol.

407. On doit bien comprendre que l'axe excita-

teur formé de la réunion de tous les centres d'action est soumis à toutes les mêmes variations et incertitudes.

408. Telles sont les remarques très-incomplètes que m'a fournies la furcelle ascendante. La furcelle inverse ne m'a rien appris de plus; elle obéit comme l'autre à la loi d'inclinaison; mais son sommet, au lieu de s'éloigner du centre d'action et de paraître le fuir, semble s'y diriger; elle est donc tout aussi propre à indiquer sa position; et je ne pense pas qu'elle la donne plus exactement; au reste j'ai encore moins employé cette furcelle que l'autre.

Corollaire XXX.

409. Maintenant se développe à nos yeux un système d'action résultant de forces variables au moins dans leur direction, et indépendamment de l'influence de la poitrine, influence que nous n'avons encore fait qu'entrevoir (377), et qu'il n'est pas encore temps d'étudier. Ce sont ces directions variables qui nous ont paru susceptibles du moins de commencer le mouvement de rotation (25 et 282). Nous allons essayer de le faire comprendre; il faut aussi faire voir comment cette expérience qui assigne à la furcelle une position précise, et particulière pour chaque point du sol excitateur, peut s'accorder avec ce que j'ai dit de l'effet des passages d'un bord à l'autre, passages qui servent de base à la plupart de mes expériences, et qui indiquent des forces si variables qu'on ne

peut établir de comparaison entre elles qu'en faisant les expériences dans des temps très-voisins et avec le même instrument.

410. On doit d'abord se souvenir que les mouvemens de la furcelle ne sont en général ni brusques ni très-rapides; elle avance graduellement vers le point où elle doit arriver; ainsi, quand on marche avec la vitesse ordinaire, il est évident qu'à chaque pas que l'on fait, la furcelle, tendant à prendre la position relative à ce point, éprouve une impulsion qui la porte à monter ou à descendre; mais pendant le temps qu'il lui faut pour obéir à cette impression on a changé de place, et c'est vers une autre position qu'elle doit tendre. Or, lorsqu'on arrive sur le bord du sol excitateur en tenant la furcelle ascendante horizontalement le sommet en avant, telle que la présente la ligne S P , fig. 11 (S indiquant le sommet), il est évident qu'elle est dans une position très-éloignée de celle qu'elle tend à prendre, puisqu'elle devrait être dirigée suivant une ligne A P, et son sommet divergeant du point A; la furcelle tend donc à être très-voisine de la seconde position horizontale, et à avoir son sommet vers le corps du bacillogire; mais la force qui l'incite alors agit donc dans un plan peu écarté de celui où la furcelle est située, et dans un sens auquel s'oppose presque directementt la résistance des mains. Cette force a donc très-peu de puissance; aussi les premiers pas se font sans que la furcelle se mette en mouvement, du moins quand les forces bacillogires ne sont pas très-développées.

Mais à mesure qu'on approche du point moyen la direction de la force motrice se rapproche de la verticale V R, elle agit avec plus d'avantage, et la furcelle tend à cette position verticale quand on passe au point moyen ; mais on l'a dépassé avant que l'instrument ait atteint cette position, et l'on s'avance vers l'autre bord. La direction de la force motrice s'incline de plus en plus, comme A I, en avant du bacillogire, et va pour ainsi dire à la rencontre de la furcelle qui monte ; quand elle l'a rencontrée la tendance ascendante de la furcelle cesse, sauf peut-être un reste d'impulsion, et elle reçoit au contraire une nouvelle tendance, comme A K, qui doit la rapprocher de plus en plus de l'horizontale. Le passage simple peut donc se terminer sans que la furcelle ait approché de la verticale. Si l'on fait un passage multiple, et qu'on se retourne avant que la furcelle ait commencé à descendre, comme par exemple lorsque l'on est arrivé au point P', la furcelle, par ce mouvement, au lieu d'être dirigée comme P' S', le sera comme P' S'. La puissance, agissant dans une direction analogue à A I, prendra de nouveau la furcelle avec avantage, et la forcera encore à monter ; elle finit par atteindre la verticale, et pour peu que la lenteur de son mouvement la maintienne dans cette position pendant une partie du temps que l'on emploie à s'éloigner du point moyen, on doit sentir que dès qu'on se retournera elle sera poussée vers le corps. Nous ne la suivrons pas en ce moment dans cette partie de sa route, nous dirons seulement que c'est alors que le mouvement de rotation de la furcelle sur ses poignées peut s'exécuter, par le moyen des nouvelles forces qui interviennent.

411. Si les forces bacillogires sont très-énergiques la furcelle recevra une sorte d'impulsion assez grande quelquefois pour lui faire prendre la position qu'elle doit avoir penchée vers le corps, ou au moins verticale, avant qu'on soit arrivé au milieu; j'ai vu même des cas où elle était jetée dès les premiers pas dans la sphère d'attraction du corps, alors le mouvement de rotation s'établissait dès le premier tour du passage.

412. Au contraire, si les forces bacillogires sont très-faibles, elle atteint lentement une inclinaison telle que les parties du passage qui tendent à la faire descendre (les extrémités) sont égales à celles qui tendent à la faire monter. Et comme les mouvemens sont très-lents cette inclinaison se soutient malgré la multiplication du passage. Il ne paraît pas néanmoins que cette inclinaison ait quelque chose de fixe, et qu'elle soit une constante entre le cas d'action nulle et le cas du mouvement de rotation, car le poids de la furcelle, sa roideur et la résistance des mains sont trois quantités plus ou moins variables en elles-mêmes, mais qui se combinent contre ou pour la force de direction, autre quantité variable, et qui doivent établir cette position fixe tantôt plus haut tantôt plus bas.

413. Il suit de là qu'en faisant des passages simples ou multiples, mais toujours à peu près d'un bord à l'autre du sol excitateur, on obtient un résultat

variable, mais conséquent principalement de l'intensité des forces bacillogires, et qu'on peut évaluer par approximation d'après l'élévation que prend la furcelle à chaque passage simple, ou par la position fixe qu'elle prend par un passage multiple, ou enfin par la rapidité avec laquelle s'établit le mouvement de rotation. Au contraire, dans l'expérience qui fait l'objet de ce corollaire il paraît qu'on arrive toujours au même résultat, seulement avec un peu plus ou un peu moins de rapidité, à moins que les forces bacillogires ne soient tout-à-fait insuffisantes pour faire agir la furcelle.

414. Je pense donc que, quand même j'eusse connu ce phénomène de la direction des furcelles avant d'avoir fait toutes les expériences que j'ai rapportées, j'aurais néanmoins habituellement préféré dans mes recherches l'usage des passages d'un bord à l'autre, parce qu'ils me fournissent des effets bien plus susceptibles d'être modifiés par les conditions des expériences. Je n'ai donc point eu à cet égard à revenir sur ce que j'avais fait.

CHAPITRE XVII.

SUITE DE L'ANALYSE DU PHÉNOMÈNE.

6° *Influence des circonstances extérieures.*

415. Sans attaquer encore directement les questions relatives aux rapports de l'électricité avec les fluides bacillogires, il est évident que dès les premières expériences je devais me tenir sur mes gardes et étudier avec soin tout ce qui pouvait influencer les résultats que j'obtenais. Température, direction du vent, état de l'atmosphère, etc., tout a dû être noté; mais la plus grande partie de ces expériences s'étant faites dans un lieu où je n'avais aucun instrument de physique, il m'a été impossible de réunir tous les détails dont je reconnaissais l'utilité; aussi je ne doute pas que des recherches plus suivies ne fassent reconnaître des lois qui m'ont échappé. Je note ici les aperçus que j'ai pu saisir, et les circonstances extérieures qui m'ont paru avoir quelque influence sur ces phénomènes.

416. *Premièrement. L'heure de la journée.* J'ai cru remarquer que l'action bacillogire était sensiblement affaiblie dans le milieu du jour, et particulièrement de midi à deux heures, et c'est en

général à peu près dans cette période du jour que le mouvement de la furcelle m'a paru dans son minimum. A la vérité, je n'ai point fait d'expériences la nuit entre neuf heures du soir et six ou sept heures du matin. Mais entre sept heures du matin et huit ou neuf heures du soir, il m'a semblé que les effets allaient en diminuant d'intensité jusque vers midi, et que vers trois heures on s'apercevait d'une petite augmentation qui allait en croissant jusqu'au soir. On sent bien que les autres causes de variation, ayant toujours leur action, doivent considérablement obscurcir les résultats particuliers de celle-ci; aussi est-il arrivé quelquefois que j'ai trouvé une action plus énergique à midi que quelques heures avant, mais il y avait alors des changemens évidens dans les dispositions atmosphériques. Voici la note de quelques essais comparatifs, pendant lesquels, dans chaque journée, les autres circonstances que je puis supposer influentes ne m'ont pas fait voir de variations bien remarquables.

JOURS.	De 7 à 9 heures du matin.	De midi à 2 heures.	De 6 à 8 heures du soir.
Le 26 juin 1822.	+ 80°.	zéro.	un petit mouvement.
Le 27.	+ 45 effets très-lents.	zéro.	+ 45°.
Le 28.	+ 100.	+ 30°.	zéro.
Le 2 juillet.	»	zéro.	+ 90.
Le 3.	+ 45.	+ 20 à 40.	+ 70 à 80.
Le 9.	+ 40.	+ 25.	
Le 10.	+ 50 à 70.	+ 30.	
Le 12.	+ 50.	+ 20 à 25.	
Le 13.	+ 20.	+ 15 à 20 à midi et + 10 à 2 heures.	

417. Je n'ai point fait de recherches analogues pour la furcelle inverse, et je ne sais si elle est soumise à cette même loi; mais ce qui tend à faire admettre son existence pour les deux furcelles, c'est ce que j'ai dit dans le chapitre précédent, relativement à l'influence de la position du soleil sur la direction des furcelles; car dès que cette position, ou l'heure du jour, intervient d'une manière quelconque dans le phénomène, elle entre comme facteur variable dans la formule générale, et elle doit modifier tous les résultats.

418. *Secondement. L'ÉLECTRICITÉ DE L'ATMO-SPHÈRE.* Il m'a paru en général que les mouvemens des furcelles étaient bien plus grands quand le temps était disposé à l'orage. Ce n'est pourtant pas d'une disposition immédiate et annonçant un orage

14

prochain que j'entends seulement parler, car j'ai vu ces grands effets se soutenir pendant toute une saison orageuse, quoique nous eussions plusieurs jours calmes de suite ; je les ai vus se reproduire dans des saisons où les orages ne se montrent plus ; mais dans tous ces temps il m'a semblé que je pouvais supposer une assez forte dose d'électricité répandue dans l'atmosphère. Je n'ai pu le vérifier, parce que je n'avais pas alors d'instrumens à ma disposition ; mais outre que j'ai une assez longue habitude d'observations météorologiques, l'ensemble et la suite de ce qui s'est passé dans l'atmosphère m'a donné souvent des résultats assez positifs à cet égard. Par exemple, on peut se rappeler combien le mois de juin 1822 a été orageux. On sait fort bien aussi, pour peu qu'on ait un peu étudié ce genre de phénomènes, que lorsque l'état électrique de l'atmosphère est fortement prononcé, ce n'est pas un seul orage qui rétablit l'équilibre, quelque fort qu'il soit, et bien qu'il paraisse s'épuiser en rendant par une pluie abondante toute l'électricité qui l'avait formé. Si, au matin du jour suivant, un ciel pur, un temps doux et serein, promettent une journée calme, ni le physicien ni l'habitant des campagnes ne se laissent tromper par ces fausses apparences. Le soleil relèvera bientôt des vapeurs qui formeront de nouveaux orages, et ce n'est souvent qu'après une longue suite de secousses, que les tempêtes sont finies. C'est là précisément ce que nous avons vu en 1822, pendant tout le commencement de juin ; les orages se succédaient presque sans interruption , et avec une grande violence , dans le canton où j'étais : donc l'état électrique de l'air se maintenait. C'est vers la fin de cette saison tumultueuse, le 14 juin, que j'ai commencé mes expériences sur le sol excitateur n° 1er; j'y ai touvé les fluides bacillogires très-actifs. Les orages et les pluies qui survenaient ne paraissaient point diminuer l'intensité de leur action. Sans doute il y avait des inégalités très-marquées , et il devait y avoir en effet toutes celles qui proviennent d'autres causes ; mais je ne voyais point encore que les orages influassent sur ces phénomènes. Cependant l'électricité atmosphérique finit par s'épuiser, le vent devint frais et souvent au nord, le ciel se couvrait de nuages moins amoncelés , et la pluie qui survenait de temps à autre ne semblait pas aussitôt repompée pour former un nouvel orage ; alors (vers le 25 ou le 26 juin) je trouvai souvent la furcelle sans action lorsque je l'employais comme essai, et sans rien ajouter pour exciter son mouvement. Il en fut ainsi jusque vers le 3 juillet, après quoi les fluides bacillogires reprirent de l'énergie ; et aussi le temps , sans être aussi orageux qu'avant, avait repris une température et un aspect d'été.

419. Mais cette influence des temps orageux est quelquefois plus rapide et plus passagère, alors elle peut modifier et même contrarier tout–à–fait les variations dues à l'heure du jour. J'ai vu plusieurs fois, dans la fin d'octobre 1822 particulièrement, la furcelle avoir, le matin vers huit

ou neuf heures, un mouvement faible et lent, et le temps était frais. Si dans la matinée le soleil, encore un peu actif, semblait pomper des vapeurs et disposer le temps à l'orage, la furcelle devenait plus active dans le haut du jour. Le 4 septembre, à huit heures du matin, le temps était beau quoique couvert, et assez chaud pour la saison; le vent était sud-sud-est, le thermomètre (Réaumur) marquait + 15, le baromètre 27 p. 8 l. $\frac{1}{2}$. La furcelle ascendante ne donna aucun indice de mouvement, même par un passage triple. L'inverse donna — 10° à — 15°, et ne put passer au-delà en multipliant le passage. A 11 heures, même temps, mais plus lourd et se chargeant, le thermomètre marquant + 17 $\frac{3}{4}$, la furcelle ascendante donna + 45° à + 70°, et l'inverse — 10° à — 35°. C'est cette même expérience qui donna des résultats différens, selon le sens dans lequel je marchais, et qui est rapportée article 390. Le 19 mai 1823, il plut une partie de la nuit et jusqu'à huit heures du matin; il y avait eu quelques éclairs éloignés la veille au soir. Au moment où la pluie cessa, la furcelle donnait zéro sur le sol excitateur n° 2; à 11 heures le temps était assez chaud, un peu pesant; il y avait de gros nuages pelotonnés, la furcelle donnait + 90 à + 100.

420. *Troisièmement. LES SAISONS.* Je ferai voir dans le chapitre xxiii que les appendices végétales n'admettent pas dans tous les temps, de la même manière, les fluides bacillogires. Ces variations m'ont paru en rapport avec la végétation : c'est

pour cela que j'ai différé d'en parler jusqu'à ce chapitre XXIII; mais la végétation étant elle-même en rapport avec les saisons, il est évident qu'il doit y avoir un rapport médiat ou immédiat entre les saisons et le mode de passage des fluides bacillogires dans les végétaux. Néanmoins ce rapport me paraît plus général et n'être pas seulement relatif à la végétation. Je pense que les saisons sont susceptibles d'agir sur l'état relatif des fluides bacillogires, soit dans notre atmosphère, soit dans l'enveloppe du globe. Je suis porté à croire qu'il y a des époques où il se fait dans l'équilibre de ces fluides des changemens importans et assez subits; mais les expériences que j'ai réunies à cet égard sont encore beaucoup trop obscures pour pouvoir les exposer.

421. *Quatrièmement*. LA CONSTITUTION PHYSIQUE DE L'ANNÉE. Indépendamment du retour périodique des saisons qui peuvent causer des variations régulières, aussi bien que les révolutions diurnes du globe; indépendamment des accidens de l'état atmosphérique qui peuvent causer des variations irrégulières, il existe, pour des périodes de temps plus ou moins longues, une constitution météorologique particulière et quelquefois très-prononcée; de là les expressions un hiver froid, un hiver humide, un été pluvieux, une année sèche, une année orageuse, etc. Entre cela et l'état des fluides bacillogires, il y a sans doute des rapports, mais ils sont encore couverts de mystère. Je puis seulement citer que dans les années 1822 et 1823

j'avais remarqué qu'entre mes mains les mouvemens produits par la furcelle ascendante étaient assez généralement plus forts que ceux produits par la furcelle inverse ; mais depuis le mois de juillet 1824 (pendant ce printemps je n'ai pu faire d'expériences) jusqu'à la fin de janvier 1825 j'ai trouvé habituellement les mouvemens de la furcelle inverse plus forts que ceux de la furcelle ascendante.

422. Telles sont les seules circonstances extérieures que jusqu'à présent j'aie trouvées en rapport avec les phénomènes bacillogires. La direction du vent, la température, l'élévation du baromètre, l'humidité ou la sécheresse de l'air, la présence des nuages ou la sérénité du temps, tout cela m'a paru sans influence directe ; et si quelquefois il semblait y avoir quelque rapport, je pouvais aussi supposer que ces dispositions de l'atmosphère étaient la cause ou la suite des circonstances que j'ai notées comme ayant une influence directe. Ainsi j'ai vu la furcelle agir fortement par des vents de nord et par des vents de sud, pendant la pluie et pendant la sécheresse, pendant des gelées et pendant les chaleurs de l'été; mais si après une constitution orageuse accompagnée de vent du sud ou sud-ouest, le vent se porte an nord et détruit toute disposition à l'orage, alors la furcelle qui agissait fortement devient inerte, non pas probablement par l'influence immédiate du vent de nord, mais parce que ce vent a détruit l'état électrique de l'atmosphère. Au reste, je

ne prétends pas absolument que toutes ces causes soient sans influence directe, je dis seulement que je n'ai rien vu qui me la fît apercevoir.

423. Mais une remarque importante à faire, c'est que les phénomènes qui paraissent influer sur l'abondance ou l'activité des fluides bacillogires n'influent pas toujours également sur les deux. Les articles 419 et 420 ont pu déjà indiquer cette conclusion; j'en vais citer un exemple plus frappant. Le 6 octobre 1822, à cinq heures du soir, le vent étant sud-ouest, très-fort, et le temps nuageux, je trouvai que la furcelle ascendante me donnait $\frac{1}{2}$ ou $\frac{3}{4}$ de révolution à chaque passage, tandis qu'avec la furcelle inverse je ne pus avoir que — 15° ou — 20° par un passage triplé, et rien de plus en continuant. Bien qu'accoutumé à trouver plus de mouvement dans la furcelle ascendante, cette grande différence attira mon attention. Le lendemain 7, à cinq heures et demie du soir, par un temps pluvieux, le vent étant au sud-ouest assez fort, le baromètre à 27 p. 9 l., la furcelle ascendante donnait encore $\frac{3}{4}$ de révolution à chaque passage simple, l'autre donna — 35° à — 40° par un passage quadruplé, et elle ne put passer au-delà. Mais le jour d'après (le 8), à neuf heures du matin, le vent étant médiocre sud-sud-ouest, le temps légèrement couvert, le baromètre à 27 p. 9 l. $\frac{1}{4}$, la furcelle ascendante ne donna, pour un passage quadruplé, qu'un mouvement à peine sensible, tandis que la furcelle inverse donnait — 70° à — 80° à chaque

passage simple. Ces expériences ne sont pas tout-à-fait les seules en ce genre; je ne citerai néanmoins qu'une autre observation de mai 1823. Le 20, dans la matinée, la furcelle ascendante donnait + 60° à 80° : je négligeai d'essayer l'inverse; le baromètre était à 27 p. 8 l., le vent sud-sud-ouest faible. Dans la soirée il vint des orages du sud, et une pluie violente. Toute la nuit le vent fut très-fort; le 21 au matin à huit heures, le vent moins fort, toujours au sud-ouest; des nuages épars, le baromètre à 27 p. 8 l. (il avait baissé d'une ligne avant l'orage et remonté ensuite), la furcelle ascendante ne donna aucune espèce de sensation à chaque passage simple, et l'inverse donna — 45° à 50°. Le même jour à midi, le vent soutenu sans être fort, et toujours au sud-ouest, des nuages épars assez nombreux et entre lesquels le soleil dardait des rayons pesans, quoique le thermomètre ne fût qu'à + 17°, le baromètre au même point 27 p. 8 l., la furcelle ascendante donna + 60° à 65° à chaque passage simple, et l'inverse — 45° environ.

Corollaire XXXI.

424. Ici le corollaire ne peut être qu'une récapitulation abrégée de ce qui précède.

1° Les phénomènes bacillogires paraissent plus développés le matin et le soir que dans le haut du jour.

2° Ils paraissent de même plus forts quand il y a plus d'électricité dans l'atmosphère.

3° Ils paraissent être influencés ou du moins être en rapport avec les saisons ou avec la révolution annuelle de la terre, ainsi qu'avec la constitution physique de l'année.

4° Le chaud, le froid, l'humidité, la sécheresse, la direction du vent, etc., ne semblent pas avoir d'influence directe sur eux.

5° Les causes extérieures n'agissent pas également ment sur la furcelle ascendante et sur l'inverse.

CHAPITRE XVIII.

SUITE DE L'ANALYSE DU PHÉNOMÈNE.

7° Autres propriétés des fluides et notes de quelques expériences jusqu'à présent isolées.

425. Je réunis ici quelques traits isolés des caractères que m'ont présentés les fluides bacillogires, et l'indication de quelques séries d'expériences que je n'ai pas eu le temps de suivre.

426. D'abord, après avoir examiné, à l'égard de ces fluides, le rôle de différens corps solides, soit qu'on les emploie comme appendices, comme soustracteurs, comme conducteurs directs, ou comme interposés dans les courans, on peut vouloir étudier comment se comporteraient les fluides dans des circonstances analogues. Voici la description et l'usage d'un petit appareil qu'on peut employer pour essayer les fluides comme appendices, et voir s'ils interceptent ou laissent passer le courant qui tend à s'échapper de la tête de la furcelle.

427. Il faut d'abord se rappeler les propriétés des tronçons de tiges de graminées, propriétés que j'ai fait connaître par les expériences de

l'article 156, et qui consistent en ce que ces tronçons, coupés à chaque extrémité au milieu d'un nœud, et employés comme appendices, laissent passer du bas en haut le fluide qui agit sur la tête de la furcelle ascendante, et ne le laissent point passer de haut en bas; tandis que c'est le contraire à l'égard du fluide moteur de la furcelle inverse.

428. J'ai pris un tube de verre de 6 pouces environ de longueur, et de 4 à 5 lignes de diamètre intérieur. Je l'ai choisi de verre mince, pour qu'il fût moins lourd.

429. J'ai pris aussi un tronçon d'une tige de sorgho (*holcus sorgho*) coupé par ses deux extrémités au milieu de deux nœuds successifs, comme je l'ai dit article 156, et de telle grosseur que malgré l'épaisseur du nœud il pouvait entrer librement dans le tube de verre. Une grosse épingle ordinaire a été implantée par la tête dans l'extrémité supérieure de ce tronçon; elle était dans le sens de l'axe, et elle y était comme mastiquée par de la cire à cacheter qui couvrait toute la surface de la troncature, et qui ne laissait dépasser que la pointe de l'épingle dans la longueur d'une ligne. Cette extrémité supérieure du tronçon de sorgho ainsi garnie a été introduite dans le tube de verre le moins avant possible, et seulement assez pour pouvoir l'y maintenir en la mastiquant avec de la cire à cacheter. Il résultait de là que la pointe de l'épingle se trouvait dans l'axe du tube qui la surpassait d'environ 4 pouces $\frac{1}{2}$.

430. J'ai pris alors une furcelle ordinaire qui

indiqua pour ce moment une puissance bacillogire très-faible, mais néanmoins facile à consta-
ter : elle ne donnait que $+ 10°$ à chaque passage
simple, un passage triplé donna $+ 90°$.

431. J'y ai fixé en forme d'appendice l'appareil que je viens de décrire, le tube ouvert se
trouvait porté en avant. La furcelle n'a plus pris
aucun mouvement même par un passage quadruplé. Tout le fluide qui devoit l'exciter a parcouru
le morceau de sorgho de bas en haut, la pointe
de l'épingle a suffi pour l'évacuer, et le cylindre
de verre dont il s'est trouvé enveloppé n'a point
gêné sa sortie ; il a pu s'échapper par l'orifice
ouvert.

432. J'ai fermé le tube de verre avec un ruban
de soie qui tournait autour, et qui était tamponné
dans son orifice ; la furcelle a monté.

433. J'ai pris un autre tronçon de sorgho semblable au premier, et j'ai introduit son extrémité
inférieure dans l'orifice ouvert du tube, et de manière que cette extrémité arrivait à deux pouces
et demi de la pointe de l'épingle. J'ai maintenu fixe
ce second tronçon avec des morceaux d'étoffe
de soie qui achevaient de boucher le tube (je
dois dire que ce tube était un peu humide en
dedans). Avec cet appareil la furcelle n'a pu
monter.

434. Mais j'ai renversé le second morceau de
sorgho, en introduisant son extrémité supérieure
dans le tube ; j'ai fait d'ailleurs la même préparation. La furcelle a monté à peu près comme à

l'essai, et deux passages quadruplés ont donné chacun + 90°.

435. Le lendemain je repris l'appareil que j'avais d'abord préparé, et qui consistait en un tronçon de sorgho dont. l'extrémité supérieure était terminée par une épingle et introduite dans un tube de verre. Je nomme A ce morceau de sorgho. J'en pris un autre semblable que je nomme B. Je préparai sa base comme était le sommet de A, c'est-à-dire que j'y mis une épingle implantée par la tête, mastiquée avec de la cire à cacheter, et dont la pointe était saillante; et ayant rempli d'eau mon tube de verre, je le fermai avec cette extrémité inférieure de B, maintenue et garnie de cire jaune fondue autour, et qui achevait de boucher cet orifice. Ainsi, récapitulant la disposition de tout l'appareil, il se trouvait composé d'un tronçon de sorgho, dont le sommet, terminé par une épingle, était introduit dans un tube de verre plein d'eau. De la cire à cacheter achevant de boucher cette extrémité du tube et garnissant le sommet de ce tronçon, ne laissait de communication aux fluides bacillogires pour passer du sorgho à l'eau, que par l'épingle dont la pointe et environ moitié de la longueur était découverte. Le tube de verre se trouvait fermé de la même manière à son autre extrémité par le tronçon B; mais c'était son bout inférieur qui entrait dans le tube; son épingle s'avançait dans l'eau en se dirigeant vers l'autre épingle, pointe vers pointe, et de même les fluides bacillogires ne pouvaient trouver de communication entre l'eau

et le morceau B que par la pointe de l'épingle et une ligne de sa longueur. Il y avait un peu plus de 2 p. $\frac{1}{2}$ entre les deux pointes d'épingle. Je dois remarquer qu'une bulle d'air, qui occupait tout le diamètre du tube et environ une ou deux lignes de sa longueur, était restée dans l'appareil. Je dirai aussi que cet instrument, fort imparfait par sa construction, me mettait encore en défiance, parce que 1° les tiges de sorgho étaient cueillies depuis trente-six heures, et paraissaient comme un peu ridées et desséchées; 2° parce que la chaleur de la cire à cacheter et de la cire jaune fondue, que j'avais remaniées plusieurs fois autour d'elles, avait bien pu altérer leur constitution physique. Néanmoins je fis les expériences suivantes, dont le résultat aurait été plus marquant et plus assuré si ce jour les forces bacillogires avaient été plus énergiques.

436. La furcelle que je destinais à ces expériences me donna + 90° au quatrième tour d'un passage quadruplé.

437. J'y attachai en forme d'appendice l'appareil que je viens de décrire, et je mis la base du tronçon A sur la tête de la furcelle; ainsi le sommet du tronçon B se trouvait porté en avant. Un passage sextuple ne donna aucun mouvement.

438. J'attachai l'appareil en sens contraire, c'est-à-dire que je mis le sommet de B sur la tête de la furcelle, ainsi la base de A se trouvait portée en avant. Au second tour d'un passage multiple la furcelle commença à monter, et au quatrième

elle donna $+ 80°$. Ce mouvement, quoique lent, est néanmoins d'autant plus remarquable que le poids de l'instrument tendait à l'empêcher; aussi il ne faudrait répéter cette expérience qu'après avoir acquis quelque habitude du mouvement des furcelles.

439. Je recommençai plusieurs fois cette dernière expérience; à chaque fois je sortais du sol excitateur et je laissais retomber la furcelle assez librement et sans précaution. Je fus surpris de trouver qu'en rentrant sur le sol excitateur la furcelle mettait souvent du retard à recommencer son mouvement, et que ce retard était très-inégal; tantôt elle s'élevait assez promptement, d'autres fois ce n'était qu'après deux, trois ou même quatre tours que ce mouvement se prononçait. Je remarquai bientôt que dans le but seulement de laisser un peu moins d'action à la pesanteur je tenais ma furcelle un peu au-dessus de zéro, lorsque je commençais chaque expérience, c'est-à-dire que son sommet était un peu plus haut que mes mains; alors la bulle d'air dont j'ai parlé se tenait dans la partie du tube la plus éloignée de la furcelle; mais lorsque je sortais du sol excitateur je laissais souvent agir la pesanteur; la furcelle tombait au-dessous de zéro, et la bulle d'air venait dans l'extrémité du tube la plus près de mes mains, et elle regagnait l'autre dès que je donnais à l'appareil la position que j'avais adoptée pour l'expérience. C'est après que cette bulle d'air avait ainsi changé de place que le mouvement éprouvait beaucoup de retard, comme si elle avait charrié le fluide

bacillogire et lui avait fourni un écoulement. Si en sortant du sol excitateur j'avais soin de retènir la furcelle sans la laisser descendre jusqu'à l'horizontale, et par conséquent si la bulle d'air restait dans la partie la plus éloignée du tube, alors l'expérience qui suivait présentait peu ou point de retard. Cet effet, que je suis forcé d'attribuer à la bulle d'air, est d'autant plus surprenant que, quelle que soit sa position, les tiges de sorgho étaient toujours disposées de manière à s'opposer à l'écoulement du fluide ou au moins à le gêner.

440. Après ces essais je remis l'appareil dans la première position, c'est-à-dire le bout inférieur du tronçon A sur la tête de la furcelle. Je fis un passage de onze tours sans reconnaître aucune apparence de mouvement.

Corollaire XXXII.

441. On voit que ces expériences ne sont qu'une indication de la manière dont on peut faire des recherches en ce genre; et l'instrument que je viens de décrire fournit les moyens d'exposer les gaz et les autres fluides aux courans bacillogires.

442. Au reste, malgré le petit nombre de ces essais, ils nous apprennent que l'air et l'eau sont conducteurs ou plutôt n'interceptent pas le passage des fluides bacillogires, du moins quand il n'y a pas plus de deux pouces et demi d'épaisseur de ces fluides interposés entre d'autres conducteurs (433 , 437 et 440) ; que par conséquent, dans

certains cas il n'y a pas besoin du contact pour enlever le fluide qui surcharge un corps (nous avions
des doutes à cet égard); que l'action des soustracteurs peut s'exercer à distance, soit qu'ils présentent une pointe métallique ou une surface absor-
bante, car le tronçon de sorgho qui touchait l'orifice avancé du tube de verre n'était autre chose
qu'un soustracteur éloigné de deux pouces et demi ;
qu'il n'est pas nécessaire que le soustracteur communique avec la terre, et qu'il est suffisant que les
fluides puissent s'exhaler par son autre extrémité ;
enfin que le verre, qui, essayé comme conducteur
direct, a paru conducteur, ne l'est pas quand il est
employé comme appendice.

Suite des expériences.

443. En mai 1823 j'ai pris un disque de carton
léger qui avait trois pouces neuf lignes de diamètre ; j'ai collé sur une de ses surfaces une feuille
de papier doré qui n'allait qu'à une ligne du bord
du carton ; j'y ai fixé aussi une tige en fil de laiton,
qui, placée dans le même plan, s'avançait de quelques pouces hors de la circonférence, et dont l'une
des extrémités se cachait sous le papier doré pour
ne pas faciliter la déperdition des fluides; j'ai attaché ce disque comme appendice au sommet d'une
furcelle ; sa tige de laiton était bien couverte de
soie, et il était tourné de façon que le papier doré
était vers la terre lorsque je tenais la furcelle horizontalement, comme à l'ordinaire. Je suis alors

15

entré sur le sol excitateur n° 2; la furcelle a monté peut-être plus que sans le disque. J'ai retourné celui-ci de manière que le papier doré était vers le ciel, et j'ai commencé un autre passage; la furcelle est descendue. J'ai répété plusieurs fois ces essais.

444. Ces effets assez marqués de la puissance des surfaces chargées de fluide bacillogire me donnèrent le désir d'étudier la distribution de ces fluides sur une furcelle homogène; les expériences du chapitre XII avaient toutes été faites avec des furcelles de bois composées de plusieurs couches de divers tissus végétaux dont la propriété conductrice était différente et devait compliquer la marche des fluides. Je pensais pouvoir l'étudier mieux avec une furcelle d'une substance homogène. Mais celles construites d'un simple fil de laiton ou d'un fil de fer à treillage présentaient trop peu de surface pour qu'on pût distinguer les états différens sur leur épaisseur. J'en avais fait une d'un fil de fer de deux lignes et demie de diamètre, mais elle était trop lourde, et la force bacillogire n'avait pu vaincre sa pesanteur.

445. Je pris un tube de verre de trois lignes de diamètre, et dont le verre était peu épais, pour qu'il fût plus léger; je le fis plier en forme de furcelle, et je le couvris de papier doré, fixé dessus avec de la colle de farine. Cet instrument fut absolument sans effet.

446. Je repris alors la furcelle de gros fil de fer de deux lignes et demie de diamètre dont je viens de parler, et qui n'avait point eu de succès;

je fixai à sa branche gauche, avec un ruban de soie,
un tube de verre qui se prolongeait dans le sens
opposé à la tête de la furcelle, et qui par conséquent s'avançait vers mon corps quand je tenais
cette furcelle en position pour commencer une expérience. A l'extrémité libre de ce tube de verre
j'attachai un corps pesant qui, faisant contrepoids
à la tête de la furcelle lorsqu'elle était appuyée
sur ses deux poignées, devait lui permettre de
céder facilement à l'action des fluides. Ce moyen
me réussit, et quoique le jour où je l'essayai les
forces bacillogires fussent très-peu énergiques, cette
furcelle à contre-poids monta mieux que la furcelle d'essai.

Corollaire XXXIII.

447. Cette dernière expérience fournira probablement un moyen de mieux connaître la route
des fluides bacillogires, mais il faudra que la furcelle à contre-poids soit perfectionnée et plus régu-
lièrement construite que celle que j'ai employée
dans ce premier essai ; alors, par le moyen d'un
bon soustracteur, je crois qu'il sera facile de faire
utilement des expériences analogues à celles du chapitre XII.

448. Les essais que nous venons de rapporter,
quelque peu nombreux qu'ils soient, font naître des
idées qu'il est bon de recueillir. Dans l'expérience
443 nous avons vu une surface métallique très-
mince employée comme appendice, et qui semble

avoir augmenté l'action bacillogire; du moins il paraît probable que l'un des fluides s'y répandait, et l'action de la furcelle était subordonnée à la position de cette surface. Cependant, dans l'expérience 445, une furcelle de verre, inactive par elle-même, est restée inactive quoique couverte d'une lame métallique, qui pourtant était bien plus étendue que la surface d'une furcelle formée d'un simple fil-de-fer à treillage. Conclurait-on de là que dans la furcelle les fluides doivent pénétrer dans la matière même, alors la masse serait fonction du mouvement produit, et non la surface; et si on s'étonnait qu'il en fût autrement à l'égard des appendices, nous ferions remarquer que le verre, qui semble laisser passer les fluides bacillogires quand on l'emploie comme conducteur direct, paraît les intercepter quand on l'emploie en furcelle ou en appendice, et que de même il n'y a peut-être pas similitude entre ce qui se passe sur la furcelle et ce qui se passe sur les appendices. Au reste, dans le corollaire XIX j'avais déjà conclu des expériences qui le précèdent que les fluides bacillogires paraissent pénétrer dans la furcelle; mais comme elle était formée d'une tige végétale, et par conséquent de parties un peu hétérogènes, il ne s'ensuivait pas qu'il en fût de même dans tous les cas.

Suite des expériences.

449. Quoique j'aie annoncé que je ne parlerais guère que des expériences que j'ai faites moi-même,

et des effets que produisent les fluides bacillogires en traversant mon corps, il n'est peut-être pas inutile de noter quelques-unes des modifications que les phénomènes éprouvent lorsque ces mêmes fluides sont dirigés par d'autres individus; du moins cela mettra en garde les personnes qui voudraient répéter ces expériences, et si les effets qu'elles observent diffèrent en quelques points de ceux que j'ai indiqués, elles ne se hâteront pas de m'accuser d'erreur, et pourront penser que ces différences tiennent à leur constitution. Au reste je ne donnerai ici que quelques résultats, et non le détail des expériences.

450. Puisque, lorsque ma main gauche est affaiblie, la furcelle monte, tandis qu'elle descend quand ma main droite est affaiblie, il est naturel de penser que si la furcelle monte quand j'emploie mes deux mains, c'est que l'action de ma main droite l'emporte sur l'action de ma main gauche. De là on doit conclure que si un homme était tellement organisé que l'action bacillogire de sa main gauche fût plus forte que celle de sa main droite, la furcelle descendrait quand il agirait sur elle avec les deux mains. J'ai vu ce cas arriver assez souvent.

451. De plus, si la force bacillogire d'une main était très-faible par rapport à l'autre, le mouvement propre à cette main ne pourrait être communiqué à la furcelle. J'ai vu quelqu'un qui ne pouvait lui donner le mouvement ascendant, sans doute parce que l'action de sa main droite était trop faible. Au contraire, un de mes fils (doué

d'une assez grande force physique) ne peut produire le mouvement inverse, probablement parceque sa main gauche est trop faible comparativement à la droite; s'il se sert des deux mains ou de la droite seulement, la furcelle monte; s'il n'emploie que la main gauche, l'instrument reste sans mouvement. Il est des cas où la main droite étant garnie de soie la furcelle monte encore; on en sera sans doute surpris d'abord, mais bientôt on songera que l'interposition de la soie, à moins qu'elle ne soit d'une grande épaisseur, n'annule pas l'effet de la main, et ne fait que diminuer sa puissance.

452. Il se présente encore une autre cause de variation dans les phénomènes. En effet, lorsque j'ai désigné par le nom de sol excitateur des endroits où les effluves terrestres agissaient de manière à faire mouvoir la furcelle entre mes mains, je n'ai pas prétendu que ces endroits fussent exclusivement doués de la propriété de laisser échapper de pareils effluves; il me paraît infiniment probable qu'il s'en élève de la plus grande partie de la surface de la terre, et peut-être partout. D'après cela le sol excitateur ne différerait d'un autre endroit que parce qu'il fournit plus abondamment ces effluves, ou peut-être que leur marche y a une direction particulière; il s'ensuivrait que tel point de la surface de la terre peut jouer le rôle de sol excitateur pour un bacillogire, et non pour tel autre qui possède cette faculté à un degré moindre; ou bien aussi que le sol excitateur peut exercer son influence sur un bacillogire de plus loin que sur

un autre. J'ai vu ce dernier cas arriver, et quelqu'un, quoique peu exercé à ce genre de recherches,
attribua à un sol excitateur une largeur plus grande
que celle que je lui reconnaissais.

Corollaire XXXIV.

453. Toutes ces causes sont suffisantes pour faire
comprendre le grand nombre de différences qui
peuvent se trouver entre les résultats obtenus par
diverses personnes; et notamment on concevra que
la nullité d'effets sur un sol excitateur bien reconnu
peut être produite par une puissance bacillogire
trop faible dans l'individu, ou par l'égalité parfaite
entre l'action de la main droite et celle de la main
gauche; mais dans ce dernier cas la furcelle doit
se mettre en mouvement si on affaiblit une des
mains.

CHAPITRE XIX.

COMPARAISON DES EFFETS BACILLOGIRES PRODUITS PAR LE SOL EXCITATEUR, AVEC CEUX QUE PEUVENT PRODUIRE DES CAUSES DÉJA CONNUES.

1° *L'électricité développée par frottement.*

454. Avant d'entrer en matière il est nécessaire de remarquer que presque toutes les expériences qui composent ce chapitre et le suivant ont été faites avant celles du chapitre XXI ; alors j'ignorais un fait qui tient au magnétisme, et qui cependant exerce son influence sur presque toutes les expériences ; c'est que quelque part que l'on soit le sens dans lequel on marche n'est pas indifférent. Il résulte de l'ignorance où j'étais à cet égard que lorsque je soumettais mes furcelles à l'action électrique, par conséquent hors du sol excitateur, je marchais de côté et d'autre sans direction fixe et tournant vaguement dans tous les sens ; c'est ainsi que toutes les expériences des chapitres XIX et XX ont été faites, et c'est ainsi qu'il faudra agir si on veut les répéter ; car il y en a beaucoup qui ne pourraient réussir si on marchait

uniquement dans certaines directions déterminées. Je n'ai pas cru devoir exposer d'abord les détails de ce fait , parce qu'il me paraît tout-à-fait dépendant des effets magnétiques.

455. Les physiciens s'étonneront peut-être ici plus qu'ailleurs de la faiblesse et de l'imperfection des moyens que j'ai employés ; mais, je l'ai dit, j'étais à la campagne , et pendant le temps qu'il m'aurait fallu pour me procurer des instrumens il se présentait de nouvelles routes à jalonner. La nature semblait s'épanouir devant moi, je n'avais pas besoin de solliciter ses réponses.

456. Lorsque je résolus de rechercher la cause des phénomènes qui sont l'objet de cet ouvrage , j'avais déjà dans la pensée que l'électricité pouvait y avoir rapport ou y entrer elle-même pour quelque chose ; aussi dès que j'eus reconnu le sol excitateur n° 1 , la première expérience que je fis fut d'essayer l'effet de la soie en enveloppant d'un ruban les poignées de ma furcelle. J'ai indiqué cette expérience (35), elle confirmait singulièrement mes idées ; bientôt je crus reconnaître (chapitre VI) l'action de deux fluides différens, je ne doutai presque plus que les deux fluides électriques ne fussent les agens immédiats de ces mouvemens singuliers. Je voulus d'après cette hypothèse faire de nouvelles expériences qui devaient la confirmer ; notamment j'essayai de produire des attractions et répulsions entre des corps legers ; mes essais à cet égard n'eurent aucun résultat, et quoique dans une multitude de cas l'absence de ce caractère n'empêche pas de reconnaître

l'action des fluides électriques , c'était néanmoins une épreuve qui restait sans succès. Je retombai dans le doute sur l'identité des fluides bacillo-gires et des fluides électriques. Je vais exposer le pour et le contre , et l'on verra que ce doute n'a pu subsister.

457. Les fluides bacillogires paraissent s'élever de la terre ; leur effluence n'est pas toujours la même , elle semble plus forte le matin et le soir (416), et nous rappelle ainsi les marées électriques dont plusieurs physiciens et particulièrement Saussure ont parlé. J'ai fait voir aussi (418) que l'abondance des fluides bacillogires paraissait en rapport avec la dose d'électricité répandue dans l'air. Le corps humain , les substances végétales , des substances animales, telles que le parchemin , les peaux d'anguilles , enfin plusieurs métaux et probablement tous , sont conducteurs des fluides bacillogires ; tandis que la soie paraît leur opposer un obstacle difficile à surmonter. Ils s'échappent par différentes parties du corps qui en est chargé, notamment par les cheveux, puisqu'en les couvrant de soie (58) le mouvement de la furcelle semblait augmenté. Les pointes métalliques que peuvent porter soit le corps du bacillogire soit la furcelle paraissent faciliter le dégagement des fluides , puisqu'alors les effets qu'ils devraient produire sont ou annulés ou diminués. De même les pointes métalliques présentées à la furcelle , soit au contact (216), soit même à quelque distance (435), paraissent lui enlever le fluide qui la met en mouvement , puisqu'alors elle retombe à zéro. Le verre ,

la cire à cacheter, du moins quand on les emploie comme appendice, paraissent s'opposer au passage des fluides bacillogires.

458. Telles sont les analogies que les expériences notées jusqu'ici m'ont montrées entre l'objet de ces recherches et l'électricité ; sans doute je voyais en même temps quelques divergences, mais je les noterai après. Je veux d'abord rapporter les autres traits de ressemblance que de nouvelles recherches m'ont fait connaître ; ce qui précède me fournissait un motif suffisant pour interroger l'électricité elle-même, et l'appeler à prendre part à mes essais. J'avais quelques préliminaires connus à cet égard ; je me souvenais confusément d'avoir lu dans les mémoires de Fortis les détails de quelques expériences faites avec une machine électrique, et l'annonce que par son moyen on avait mis en mouvement une baguette métallique arquée et isolée, pourvu que l'électricité traversât le corps d'un homme, doué, à ce qu'il paraît, à un degré éminent, de la faculté bacillogire (Fortis, Mém., etc., t. II, p. 144).

459. Quant à moi, après m'être muni d'une furcelle de coudre ordinaire, mais commode et qui avait déjà servi, je l'essayai dans ma chambre, située au premier étage, et au-dessus d'appartemens habités. Comme je m'y attendais, elle resta sans mouvement. Je laissai un moment de côté cet instrument, et, ayant électrisé par frottement un tube de verre, je communiquai cette électricité à un électroscope qui signala immédiatement le fluide dont il était chargé. Je pris alors la furcelle, et, la tenant dans la position

ordinaire, je touchai avec sa tête le bouton de l'électroscope ; il fut déchargé, et me mettant en même temps à marcher, la furcelle monta dès les premiers pas que je fis.

460. Je chargeai l'électroscope d'électricité négative produite par le frottement d'un bâton de cire à cacheter, et j'opérai comme tout à l'heure ; la furcelle descendit bien sensiblement (vers — 45°), mais moins qu'elle n'était montée.

461. Je chargeai de nouveau l'électroscope avec de l'électricité positive, mais au lieu de la prendre avec la tête de la furcelle, je la recueillis avec les doigts de ma main droite, après cela la furcelle descendit mollement.

462. Je pris de même de l'électricité négative avec les doigts de ma main gauche, la furcelle monta fortement.

463. Comparant alors les quatre expériences qui précèdent, je conclus d'abord que l'effet était contraire lorsqu'on appliquait la même électricité vers la tête de la furcelle, ou vers les mains ; cette idée me semblait opposée à celle que j'avais provisoirement adoptée par suite de l'ensemble des expériences. Je restai assez long-temps dans ce doute, cependant je songeai que j'avais tenu de la main droite le tube ou le bâton de cire, et que cette main avait pu être influencée par l'électricité développée.

464. Je pris de nouveau un tube de verre, mais l'extrémité par laquelle je le tenais était enveloppée d'une étoffe de soie pliée en plusieurs doubles ; je frottai l'autre extrémité avec une étoffe de soie, et

je donnai l'électricité à l'électroscope , je la recueillis avec la tête de la furcelle (c'était une légère modification de l'expérience 459), la furcelle monta.

465. Je fis la même préparation, mais je touchai le bouton de l'électroscope avec la poignée droite de la furcelle en ouvrant la main pour que mes doigts ne la touchassent pas. La furcelle monta fortement et donna environ $+$ 200 degrés.

466. Je fis encore la même préparation, mais je recueillis l'électricité avec les doigts de ma main droite ; la furcelle resta sans mouvement ou donna une apparence de mouvement montant ; sûrement elle ne descendit pas.

467. Ayant encore électrisé le tube en le tenant toujours avec une étoffe de soie, pendant que je le frottais avec un autre morceau de soie, je le laissai de côté et je saisis rapidement la poignée droite de la furcelle avec ce frottoir de soie, tandis que je prenais la poignée gauche à l'ordinaire. La furcelle descendit.

468. J'ai fait électriser le tube par une autre personne, et j'ai recueilli l'électricité soit avec la tête de la furcelle , soit directement avec sa poignée droite ; la furcelle a monté dans l'un et l'autre cas.

469. J'ai électrisé moi-même le tube ayant mes deux mains garnies de soie , et j'ai posé le tube sur un isoloir soit de verre ou de soie ; j'en ai enlevé l'électricité avec la tête ou avec la poignée droite de la furcelle ; elle a toujours monté.

470. Dans les deux mêmes modes d'électrisation j'ai recueilli l'électricité avec les doigts de ma main

droite, il y a eu peu ou point de mouvement ascendant, mais certainement point de mouvement inverse.

471. J'ai garni ma main droite de soie non électrisée, et le tube ayant été frotté par une autre personne, je l'ai fait coucher sur la soie de ma main droite; prenant alors la furcelle, j'ai mis sa poignée droite en contact avec le tube électrisé; il y a eu peu ou point de mouvement; cependant, ayant réitéré trois fois l'électrisation, la furcelle a monté faiblement, mais distinctement.

472. Avant de passer outre j'ai voulu revoir l'expérience 461, je l'ai répétée dans tous ses détails; la furcelle descendit un peu.

473. Je recommençai, et dès que le tube fut électrisé je le laissai de côté sans m'occuper de recueillir son électricité avec ma main, et je pris promptement la furcelle; elle descendit.

474. Des expériences semblables ont été faites en donnant de diverses manières l'électricité positive à la poignée gauche; les résultats ont été les mêmes.

475. J'ai fait des expériences analogues en produisant l'électricité négative par le frottement du soufre contre une étoffe de laine; les effets ont été constamment inverses.

476. Avant de tirer les conclusions que peuvent fournir ces expériences, je dois prévenir que le balancement de la marche paraît très-utile, si ce n'est nécessaire, pour obtenir un mouvement de la furcelle. Si on est en repos, il est très-rare qu'elle monte ou qu'elle descende. Au reste je ne pense

pas qu'on veuille conclure de là que ce balancement, aidé du ressort de la furcelle, puisse produire mécaniquement le mouvement ascendant ou inverse ; le grand nombre d'expériences où la furcelle est restée constamment en repos, malgré la marche, répondrait assez à cette objection. Je répète encore que je marchais en divers sens.

Corollaire XXXV.

477. Ce qui précède nous indique quelques précautions à prendre pour le succès de ces expériences.

478. D'abord, lorsqu'on électrise par frottement, l'une des deux électricités se concentrant sur le corps frotté, l'autre doit se répandre ou sur le frottoir ou sur le support du corps frotté. Cette électricité peut se répandre sur l'un et sur l'autre s'ils sont tous les deux conducteurs, comme quand le snpport est la main nue, et le frottoir un morceau de laine. Mais si le support et le frottoir sont non conducteurs, comme lorsque la main est garnie de soie et que le frottoir est de soie (exp. 467), il faut bien que l'espèce d'électricité qui ne se porte pas sur le corps frotté se trouve quelque part ; elle est ordinairement sur le frottoir, l'électroscope le démontre le plus souvent. Enfin, il paraît que si l'un seulement des deux corps (le frottoir ou le support) est conducteur, c'est celui-là qui reçoit la plus grande dose de l'électricité contraire à celle du corps frotté. Du moins il m'a paru que quand je tenais le tube de verre dans ma main nue, et frot-

tant jusqu'auprès de mes doigts, le frottoir de soie était moins électrisé ; à la vérité mes doigts ne donnaient point de signes d'électricité à l'électroscope, mais c'était alors qu'ils faisaient descendre la furcelle précisément comme quand j'appliquais directement l'électricité négative à une poignée de la furcelle. On peut encore supposer que l'électricité négative qui se déposait sur le frottoir de soie était enlevée par mes doigts qui tenaient le tube, lorsque le frottement s'étendait jusqu'à eux ; cela peut être, mais l'essentiel ici était de reconnaître que la main peut ou doit recevoir l'électricité différente de celle du corps frotté lorsqu'on le tient sans interrompre la communication par un corps isolant.

479. D'après cela on sentira la nécessité de bien garnir les mains de soie quand on veut produire de l'électricité pour éprouver son effet sur les furcelles ; ou, ce qui est encore plus sûr, on chargera une autre personne de cette petite opération préliminaire. D'après cela aussi, dans l'étude des expériences que je viens de rapporter, on laissera d'abord de côté les expériences 461 et 462, comme trop influencées par le mode d'électrisation, et par conséquent le résultat provisoire de l'article 463 sera rejeté.

480. Alors, se servant des autres expériences et se rappelant généralement ce que j'ai dit (476), que le mouvement de la marche était nécessaire ou à peu près, on conclura

1° Que l'électricité positive, communiquée à la tête (459, 464, 468, 469) ou à la poignée droite

(465, 468, 469), ou gauche (474) de la furcelle, la fait monter.

2° Que l'électricité négative communiquée à la tête ou à l'une des poignées de la furcelle la fait descendre (475).

481. Après ces deux résultats principaux et très-importans nous remarquerons encore

482. Que si l'électricité, au lieu d'être transmise directement à la poignée de la furcelle, est communiquée à la main qui la tient, cette électricité est à peu près sans effet sur la furcelle (466 et 470).

483. Et ici nous noterons une remarque assez singulière, c'est que cette électricité recueillie promptement, et tout-à-coup communiquée à la main dans les expériences 466 et 470, n'y reste pas, sans doute parce qu'elle se répand rapidement par le bras, etc. Mais l'électricité acquise par la main pendant le frottement d'un corps qu'on électrise, et que cette main tient à nu, y persiste sans que j'en puisse deviner la raison, et s'y maintient assez pour agir sur la furcelle lorsqu'on la prend ensuite (473), et elle y est même si permanente et si abondante qu'elle n'est point neutralisée par l'électricité contraire qu'on peut aller prendre sur le corps frotté lui-même, ou sur l'électroscope (461 , 462 et 472). Nous n'insisterons pas sur cette observation, qui ne se rattache qu'indirectement aux phénomènes bacillogires.

484. Mais tout ce qui précède nous semble prouver que les furcelles sont des électroscopes extrê-

mement sensibles. En effet, nous avons noté déjà dans ce corollaire que les doigts qui avaient tenu à nu le corps qu'on électrise ne donnaient pas sensiblement d'indice d'électricité à l'électroscope ordinaire, et nous voyons par la remarque précédente que cependant ils agissent sur la furcelle précisément comme si on avait communiqué à une de ses poignées l'électricité contraire à celle du corps que l'on tenait ; aussi nous nous sommes crus en droit dans ce cas d'attribuer aux doigts cette électricité contraire qui cependant est insensible avec les électroscopes ordinaires.

485. Une autre particularité remarquable, c'est que dans ce même cas les doigts, qui sans doute sont peu électrisés, agissent néanmoins sur la furcelle ; tandis que le corps frotté lui-même, chargé d'électricité, mis en contact avec une poignée de la furcelle, et l'un et l'autre séparés d'avec la main par un isoloir, demeure presque sans effet (471, 474 et 475). Or, il m'est difficile de ne pas voir en cela la nécessité de l'influence du corps ; il semblerait que l'électricité seule ne suffit pas pour produire le mouvement de la furcelle, mais qu'il y a encore quelque action du corps qui entre comme condition nécessaire dans ce phénomène. Déjà cette idée m'avait été suggérée par plusieurs expériences, et se trouvait d'accord avec celles déjà citées d'après Fortis, puisque sa baguette métallique ne se mettait en mouvement que quand le fluide, transmis par la machine électrique, traversait le corps de l'hydroscope. Mais l'expérience 467 paraît contraire à cette opinion, qui reste par conséquent à éclaircir.

Suite des expériences.

486. M. Biot rapporte, tome II, pag. 548 de son *Traité de Physique*, une expérience faite par M. Erman avec la pile de Volta, et de laquelle il conclut que le savon est conducteur pour le fluide négatif et qu'il le laisse passer; tandis que le fluide positif ne peut le pénétrer. J'ai voulu soumettre les fluides bacillogires à une épreuve analogue.

487. J'ai pris un morceau de savon ordinaire, à peu près cylindrique, long d'environ trois pouces, et de six lignes de diamètre. Une de ses extrémités a été taillée en pointe comme une estompe de dessinateur; je l'ai attaché comme appendice, la pointe en avant, à une furcelle ascendante, qui à l'essai avait donné $+$ 45 à 50°; après cette préparation elle a continué à monter, à chaque passage, au moins autant qu'à l'essai.

488. J'attachai de même ce morceau de savon à une furcelle inverse, qui, essayée, avait donné $-$ 70 à 80°; lorsqu'elle fût ainsi garnie elle donna encore $-$ 70° au premier passage simple, mais elle descendit de moins en moins aux passages suivans. Je fis alors une couple de passages doublés, et après chacun d'eux, lorsqu'ayant marché quelque temps hors du sol excitateur j'y rentrais pour recommencer un passage, la furcelle descendait un peu, comme vers $-$ 20 ou 30°; mais peu après elle revenait à zéro. J'ai fait enfin un passage quadruplé; la furcelle est encore un peu descendue en commen-

çant, mais elle s'est promptement remise à zéro, et s'y est maintenue tout le reste du passage.

489. J'ai remis le savon à la furcelle ascendante, j'ai encore fait deux passages simples pendant lesquels le mouvement a été un peu plus grand qu'à l'essai (ce qui peut être attribué au ruban de soie qui enveloppait la tête de l'instrument); puis j'ai fait un passage multiple de huit tours : la furcelle a continuellement agi dans son sens direct, et a fait une révolution et un quart.

490. Les expériences de M. Erman, citées par M. Biot, m'indiquaient une autre tentative à faire; il eût été à souhaiter que le jour que j'ai pu m'en occuper les forces bacillogires eussent été plus développées, mais elles se trouvèrent faibles; à l'essai la furcelle ascendante donna lentement $+ 45°$, et l'inverse $- 5o$ à $6o°$.

491. J'enveloppai la tête de la furcelle ascendante avec de la ouate ou étoupe de soie; dans cet état peut-être était-elle encore un peu plus lente, cependant elle donnait de même environ $+ 45°$ pour chaque passage simple. Ne trouvant pas d'alcool sous ma main, j'imbibai ces étoupes avec de l'eau de Cologne; essayant de nouveau la furcelle, son mouvement se trouva affaibli, il fallait doubler le passage pour obtenir $+ 45°$; néanmoins le mouvement ascendant était bien sensible et soutenu. J'allumai alors la liqueur, il n'y eut plus nulle tendance à monter, quoique j'eusse eu le temps de faire un passage double pendant la durée de la flamme.

492. Je fis la même chose avec la furcelle in-

verse : quand la liqueur fut allumée, la furcelle descendit, mais plus faiblement qu'à l'essai ; j'obtins néanmoins — 35° ou 40° par un mouvement lent et peu énergique, et par un passage simple ; je le doublai, le mouvement se soutint.

493. Je recommençai l'expérience 491 avec la furcelle ascendante, elle donna le même résultat ; je ne pus recommencer l'expérience 492 faite avec la furcelle inverse , parce que cet instrument s'était rompu.

Corollaire XXXVI.

494. Il résulte évidemment de ces expériences que le savon n'a point livré passage au fluide moteur de la furcelle ascendante, mais que s'il a présenté d'abord quelque obstacle au fluide moteur de la furcelle inverse, cet obstacle a été bientôt surmonté. Donc le fluide moteur de la furcelle ascendante s'est comporté à l'égard du savon comme le fluide électrique positif ; et le fluide moteur de la furcelle inverse s'est comporté à l'égard du savon comme le fluide électrique négatif.

495. Les expériences 491, 492 et 493, quoiqu'il eût été à souhaiter qu'elles fussent plus répétées, et que les forces bacillogires fussent plus développées ce jour-là, prennent néanmoins de l'importance par leur concordance avec les précédentes, et montrent aussi le fluide moteur de la furcelle ascendante s'écoulant facilement et totalement par la flamme d'alcool, comme il paraît que le fait le fluide électrique positif ; tandis que cette flamme

laisse passer, ou difficilement, ou seulement en partie, le fluide moteur de la furcelle inverse, de même qu'elle s'oppose (je ne sais jusqu'à quel point) au passage du fluide électrique négatif.

Je livre ces analogies aux réflexions des physiciens.

Suite des expériences.

496. Après avoir cité ce qui m'a paru appuyer l'analogie des fluides bacillogires et des fluides électriques, je dois citer les expériences qui semblent indiquer des différences entre eux.

497. Et d'abord j'ai déjà dit qu'il ne m'avait-pas été possible de produire des attractions ou répulsions de corps légers par le moyen des furcelles, quoique plusieurs de ces essais aient été faits des jours où la puissance bacillogire était très-développée.

498. J'ai essayé vainement de mettre en mouvement les boulettes de sureau d'un électroscope bien construit, moins sensible cependant que la balance électrique de Coulon. C'est même sans succès que j'y ai joint un condensateur. Un jour que les forces bacillogires étaient fort développées j'ai placé l'électroscope, surmonté de son condensateur, sur une petite table, au milieu du sol excitateur. J'ai fait communiquer le plateau supérieur avec un arbre au moyen d'un fil de laiton, et, tenant la furcelle ascendante, dès que je la trouvais bien montante je touchais avec sa tête le bouton du plateau inférieur. A chaque contact la furcelle retombait, preuve

qu'elle se déchargeait ; mais après vingt contacts j'enlevai le plateau supérieur, et je ne vis aucun signe d'électricité.

499. J'ai fait connaître dans le chapitre ix (art. 181, etc.) que le fluide moteur de la furcelle ascendante parcourait les tiges des plantes monocotylédones de bas en haut, tandis que le fluide moteur de la furcelle inverse ne peut les parcourir que de haut en bas; j'ai voulu savoir si les fluides électriques me présenteraient quelque chose d'analogue. A cet effet j'ai pris une tige de graminée que j'ai coupée dans deux nœuds successifs, comme pour l'appendice employé dans l'expérience 156; je l'ai attachée avec un ruban de soie au bouton de l'électroscope , ayant bien soin de couvrir de soie toutes les parties métalliques que l'électroscope montrait à l'extérieur. C'était d'abord le nœud supérieur du tronçon de graminée qui se présentait en avant; je l'ai touché avec des corps chargés de fluide positif, puis avec d'autres chargés de fluide négatif; et ces deux électricités m'ont paru se transmettre aussi facilement l'une que l'autre au travers de cet appendice.

500. Il en a été de même quand j'ai mis en avant et touché avec le corps électrisé le nœud inférieur de ce chaume.

501. Ces mêmes expériences semblent un peu en contradiction, non-seulement avec les résultats du chapitre ix sur les appendices, mais encore avec ce que j'ai dit des conducteurs directs dans le chapitre xi, notamment depuis l'art. 235 jusqu'à

l'art. 245 ; mais dans ce même chapitre XI nous trouverons d'autres faits qui paraissent encore plus en opposition avec les phénomènes électriques. C'est ainsi que les art. 246 et 247 nous apprennent que le verre établit entre les deux mains une communication telle que les mouvemens de la furcelle en sont annulés, d'où nous devons conclure que cette substance offre aux fluides bacillogires une route qu'on regarde comme peu praticable pour les fluides électriques.

502. L'art. 248 nous montre que la cire à cacheter a la même propriété, et qu'elle peut établir une communication entre les deux mains pour les fluides bacillogires, et j'ai des expériences incomplètes qui donnent au soufre une manière d'être analogue.

503. Mais cette propriété conductrice du verre, du soufre, et de la cire à cacheter, présente une exception très-remarquable, c'est que si le conducteur direct est composé d'un tube de verre et de soufre, ou d'un tube de verre et de cire à cacheter, il y a des cas où il ne laisse pas communiquer les deux mains, et où par conséquent la furcelle prend son mouvement ordinaire. Je n'ai pas éclairci ces différens cas ; ce sera l'objet de recherches ultérieures.

504. Enfin nous avons soupçonné (448) que les fluides bacillogires pénétraient dans la masse des furcelles ; on peut encore chercher en cela une différence avec les fluides électriques qui s'étendent sur la surface des corps électrisés sans y pénétrer.

Corollaire XXXVII.

5o5. Tout en citant les expériences qui précèdent comme indiquant quelque mode d'action des fluides bacillogires différens de ceux des fluides électriques, je crois que si on les examine chacune en particulier, les conclusions qu'on en pourrait tirer en faveur de ces différences s'évanouissent ou du moins s'affaiblissent tellement qu'elles ne peuvent contre-balancer les similitudes.

5o6. Et d'abord que prouvent les articles 497 et 498; il y a là nullité d'effet, mais non effet contraire ou différent; défaut de force, et non pas nullité de force. Or, si l'on suppose que pendant son mouvement la furcelle laisse échapper des quantités de fluides extrêmement petites, on concevra qu'elles soient dans l'impossibilité d'écarter les boulettes de l'électroscope, et on conclurait seulement (ce que je crois réellement si les fluides bacillogires et électriques sont identiques) que la furcelle est un électroscope beaucoup plus sensible que ceux que l'on construit ordinairement.

5o7. A la vérité on remarquera sans doute avec étonnement, dans l'article 498, que cette quantité de fluide, suffisante pour faire agir la furcelle, et qui semble lui être totalement enlevée à chaque contact du condensateur, puisque cette furcelle retombe, n'est pourtant pas suffisante pour faire marquer l'électroscope malgré l'accumulation de vingt contacts. Mais est-on sûr que l'action de la furcelle provienne uniquement de la surabondance de l'un ou de l'autre fluide, et ne peut-on pas supposer que leur disposition relative y entre pour beaucoup? Je n'insiste pas sur ceci, qui nous rapprocherait des phénomènes magnétiques, et qui nous ferait anticiper sur le chapitre XXI; il me suffira d'ajouter que, dans l'état actuel de nos connaissances, une analogie avec les fluides magnétiques n'établit pas une différence avec les fluides électriques.

508. Les articles 499 et 500 nous font voir les deux fluides électriques passant indifféremment de haut en bas ou de bas en haut dans les tiges graminées, tandis que chacun des fluides bacillogires y a une route particulière et exclusive. Mais n'est-ce pas encore là une différence qui tient aux quantités? et un obstacle qui s'oppose au passage d'une très-petite dose d'un fluide ne peut-il pas être surmonté par lui s'il est plus abondant? C'est ainsi que nous voyons la couche d'air placée entre deux corps dont l'un est électrisé suffire pour y retenir une portion médiocre d'électricité; mais si elle augmente, la résistance de l'air ne suffit plus, et il se produit une étincelle.

509. Nous voyons au contraire dans les articles 502 et 503 des corps qui dans certains cas semblent conducteurs des fluides bacillogires, et qui sont regardés ordinairement comme interceptant les fluides électriques. Mais il est reconnu que la plupart des corps non conducteurs, même le verre, la gomme-laque, etc., laissent passer quoique difficilement une petite portion d'électricité. Sans doute, si cette

portion qui s'échappe au travers de ces corps était proportionnelle à la charge, à la tension électrique du corps électrisé, il n'y aurait pas plus de motifs pour que cet écoulement empêchât les effets d'une petite dose de fluide plutôt que d'une grande ; mais cette proportion n'est point démontrée, et il se peut que l'écoulement se fasse en raison d'une capacité particulière du corps qui y donne lieu. Alors l'écoulement qui se fait par un morceau de verre peut bien empêcher des phénomènes qui auraient été produits par une très-petite dose de fluide, et ne point nuire à l'action d'une dose considérable

510. A l'égard de la pénétration des fluides dans la masse des furcelles (504), il faut considérer 1° que cela a rapport aux furcelles de bois, ou plutôt de tiges végétales, substances poreuses, cellulaires ou vasculaires, formées de parties distinctes et pénétrées de fluides aqueux ; 2° que dans l'électricité par contact et dans les phénomènes galvaniques, il paraît que les fluides électriques pénètrent du moins certains corps.

511. En résumé les fluides électriques produisent les principaux phénomènes bacillogires ; si au contraire les fluides bacillogires ne produisent pas les phénomènes électriques, il semble que cela peut être attribué au défaut d'abondance de ces fluides, et par conséquent au manque de force active. Disons-le donc, je ne vois pas de motifs suffisans pour supposer l'existence de nouveaux êtres, et j'admets provisoirement l'identité des fluides bacillogires et des fluides électriques. Le fluide A, qui

détermine le mouvement de la furcelle ascendante, me paraît être le fluide positif, et celui I, qui fait agir la furcelle inverse , est probablement le fluide négatif. Il pourra m'arriver à l'avenir d'employer les mots *fluides positifs* ou *négatifs* dans cette acception.

CHAPITRE XX.

SUITE DE LA COMPARAISON DES EFFETS BACILLOGIRES PRODUITS PAR LE SOL EXCITATEUR, AVEC CEUX QUE PEUVENT PRODUIRE DES CAUSES DÉJA CONNUES.

2° *L'électricité développée par contact.*

512. J'AI annoncé dans le discours préliminaire que j'amenerais mes recherches si près des phénomènes électrodynamiques connus, qu'il n'y aurait pour ainsi dire plus d'intervalle à franchir, et que l'enchaînement se ferait naturellement ; j'ai fait voir des fils métalliques coudés ou d'autres conducteurs tournant sur leur axe ; j'ai démontré que ces mouvemens étaient dus à des courans de fluides qui parcourent ces conducteurs ; j'ai, sinon prouvé, du moins rendu très - probable l'identité de ces fluides avec les fluides électriques, puisque ceux-ci appliqués aux furcelles ont reproduit la plupart des phénomènes bacillogires ; j'acheverai de rattacher tous ces faits en soumettant les furcelles aux fluides fournis par les moyens galvaniques, et si de plus le magnétisme exerce ici une influence analogue à celle qu'on lui reconnaît dans les phénomènes

électrodynamiques, c'est-à-dire s'il peut exciter le mouvement des furcelles et déterminer leur direction, je pense que je n'aurai plus besoin de défendre l'identité des fluides bacillogires et des fluides électriques ; quant à celle de ces derniers avec les fluides magnétiques, déjà prouvée pour bien des physiciens, elle recevra peut-être ici un nouvel appui, mais ce n'est pas l'objet de ce chapitre.

513. Au reste, je ne m'attacherai point à faire ressortir les traits de ressemblance qui peuvent se trouver entre les faits que j'expose et ceux qui sont déjà connus ; les choses parleront assez d'elles-mêmes. Je répète que, lorsque j'ai fait la plupart de ces expériences, j'ignorais les nouvelles découvertes électrodynamiques ; peut-être que si j'en avais eu connaissance j'aurais autrement dirigé mes recherches.

514. J'ai formé un petit appareil électromoteur avec des pièces de monnaie ; j'ai pris cinq pièces d'argent de deux francs, et cinq sous de cuivre rouge. J'en ai fait une pile, en mettant entre chaque couple un disque de carte mouillée. J'ai pris deux fils de laiton de quinze à dix-huit pouces de long, et dont chaque extrémité formait un petit anneau. J'ai placé une extrémité de l'un de ces fils de laiton sur la dernière pièce d'argent, et une extrémité de l'autre sur la dernière pièce de cuivre, et j'ai lié le tout ensemble avec un ruban de soie que j'ai roulé fermement autour, de manière que les pièces et les fils de laiton ou rhéophores restassent dans les positions relatives que je leur avais données.

515. Cette pile se trouvant posée sur un assez mauvais conducteur, et d'ailleurs isolée par la soie, je pris une furcelle, et, la tenant à l'ordinaire, je saisis en même temps avec chacune de mes mains une des extrémités des rhéophores, et je me tins en repos. Je crus m'apercevoir de quelque tendance au mouvement, mais extrêmement faible; je pensai qu'ici le balancement de la marche pourrait bien être utile comme dans les autres expériences bacillogires. Je passai donc chaque poignée de la furcelle dans l'un des petits anneaux qui terminaient les rhéophores, et prenant de nouveau la furcelle j'enlevai la pile qui se trouva suspendue par ses deux fils de laiton, qui répondaient dans mes mains aux deux poignées de la furcelle; je marchai alors dans l'appartement où j'étais; j'eus bientôt un mouvement ascendant faible et lent, mais qui parvint pourtant à $+$ 90 degrés, et que j'aurais pu pousser plus loin. Je fis différens essais, et notamment en changeant de main les rhéophores, dont l'un répondait au pôle argent et l'autre au pôle cuivre. Il en résulta quelquefois un mouvement inverse; mais d'abord je ne pus pas démêler dans quels cas. Alors, pour marcher plus librement, je me rendis près du sol excitateur, mais dans un endroit où jamais les furcelles n'avaient fait de mouvement, et je fis les expériences suivantes.

516. Je dois noter une circonstance qui alors me parut indifférente, c'est que je marchais du sud au nord et du nord au sud.

ÉTAT des furcelles avant les expériences.	POSITION Du rhéophore répondant au pôle argent (celui du pôle cuivre était dans l'autre main).	NOMBRE De pas qui ont précédé un mouvement bien déterminé.	NATURE du mouvement.
Ascendante	1 Dans la main droite.	40 pas. *Point d'intervalle entre les deux expériences.*	Ascendant.
	2 Main gauche.	80 pas. *Intervalle de 6 à 7 minutes.*	Inverse.
	3 Main gauche.	80 pas. *Point d'intervalle.*	Ascendant.
	4 Main droite.	40 à 50 pas.	Ascendant.
Inverse.	5 Main droite.	30 à 40 pas. *Point d'intervalle.*	Ascendant.
	6 Main gauche.	20 pas. *Intervalle de 6 à 7 m.*	Inverse.
	7 Main gauche.	30 pas. *Point d'intervalle.*	Ascendant.
	8 Main droite.	30 pas.	Ascendant.

517. Il est à remarquer qu'après ces dernières expériences, qui avaient forcé une furcelle inverse à monter, elle s'est trouvée dérangée; car ayant passé sur le sol excitateur en la tenant sans aucun accessoire elle a monté; et pour lui rendre sa propriété de furcelle inverse il a fallu employer les procédés ordinaires, c'est-à-dire garnir de soie la poignée droite, et faire ainsi quelques passages.

Corollaire XXXVIII.

518. Il suffit de faire remarquer la faiblesse de l'appareil que j'ai employé pour faire sentir combien les furcelles sont sensibles à l'électricité produite par le contact de deux métaux hétérogènes, et sans entrer dans de plus longs détails à cet égard, c'est un nouveau motif d'admettre l'identité des fluides bacillogire et électrique.

519. Mais les expériences précédentes fourniraient des remarques fort importantes si elles avaient été plus répétées, et si on était assuré que les résultats fussent toujours les mêmes. Je ne puis cependant me refuser à faire entrevoir quelques-unes des conséquences qui en dérivent.

520. D'abord il paraît que l'action générale de la pile, telle qu'elle était construite, est de faire monter la furcelle, puisqu'elle a fait prendre ce mouvement même à une furcelle inverse. Il n'y a eu que deux cas où la furcelle soit descendue; c'est quand les pôles ont été changés de mains, immédiatement après une autre expérience où la furcelle avait monté.

521. Mais puisque les expériences n°s 2 et 3 de ce tableau ne sont pas d'accord non plus que les n°s 6 et 7, il faut donc supposer que 1 et 5 ont exercé quelque influence sur 2 et 6; mais 3 et 7 auraient dû avoir la même influence sur 4 et 8, ce qui n'est pas. Ainsi, puisque 2 et 6 se sont laissé influencer tandis que 4 et 8 ont résisté à l'influence,

17

il faut croire que dans 2 et 6 toutes les forces particulières qui concourent au phénomène ne sont pas dans les mêmes rapports que dans 4 et 8. Ces forces ne sont donc pas toutes dans la pile; car il est évident qu'elle serait indifférente au changement de mains; néanmoins c'est d'elle que part le principe du mouvement, puisque sans elle, dans ces circonstances, il n'aurait pas lieu. C'est donc ou le corps ou la furcelle qui se présentent ici comme ayant une force variable; mais l'état des furcelles paraît n'avoir ici qu'une faible influence, car au n° 5 nous voyons une furcelle inverse produire à peu près le même effet qu'au n° 1, où la furcelle était ascendante. C'est donc probablement dans le corps que réside la force ou l'état variable.

522. De là nous conclurons, sans nous enfoncer dans les hypothèses, que le corps qui paraît sans action sur la furcelle, quand la pile n'y est pas, et hors du sol excitateur, prend part au phénomène; et si l'on étudie les résultats, on verra que la pile joue absolument le rôle du sol excitateur (peut-être avec quelques différences dans les proportions des fluides entre eux), que le corps est modifié et modifie l'action de la pile, et que l'état de la furcelle est lui-même influencé, puisqu'une furcelle inverse s'est trouvée ascendante après ces essais.

Suite des expériences.

523. La manière dont nous venons d'employer ce petit appareil électromoteur n'est pas la seule

dont il puisse influer sur la furcelle. En effet, je formai une petite pile composée de six pièces d'argent de deux francs et de six sous de cuivre rouge, de même j'interposai entre chaque pièce une rondelle de carte mouillée ; je mis cette petite pile dans ma main droite. C'était une pièce de cuivre qui se trouvait en dessous, dans le creux de ma main ; ainsi une pièce d'argent était en dessus. Je pris la poignée gauche d'une furcelle neuve, suivant la méthode ordinaire, mais la poignée droite fut posée sur la pièce d'argent qui formait le sommet de la petite pile, puis, repliant mes doigts par-dessus, je la maintins dans cette position ; alors je marchai dans ma chambre ; la furcelle monta promptement, et je continuai jusqu'à ce qu'elle eût parcouru 180 degrés environ.

524. Je retournai alors la pile, et la furcelle se trouva contre une pièce de cuivre ; elle descendit, mais plus mollement qu'elle n'avait monté.

525. Je passai la pile dans ma main gauche, mettant la poignée gauche en contact avec une pièce de cuivre, la furcelle descendit de même.

526. Je retournai la pile dans ma main gauche, et la poignée gauche se trouva en contact avec une pièce d'argent ; la furcelle monta comme en 523.

527. Je pris une autre furcelle et je m'en servis pour répéter l'expérience 523, la poignée droite étant en contact avec le pôle argent ; la furcelle a baissé.

COROLLAIRE XXXIX.

528. Cette dernière expérience, qui a donné un

résultat contraire à celle 523, quoique tout ait été disposé de même, me paraît avoir été influencée par les précédentes, comme les n°ˢ 2 et 6 de l'article 515 l'avaient été par les n°ˢ 1 et 5; et ceci confirme ce que j'ai dit dans le corollaire précédent, car ayant changé de furcelle, et la pile étant restée la même, il faut bien que la manière d'être du corps par rapport à elle n'ait pas été en 528 comme en 523.

529. Sauf cette anomalie, les quatre autres expériences parlent assez d'elles-mêmes. On voit que la communication s'est établie entre les deux pôles de la pile par les deux bras et la furcelle ; que dans l'expérience 523 la poignée droite recevait directement l'influence du pôle argent, et que la poignée gauche ne pouvait recevoir celle du pôle cuivre qu'au travers des deux bras et du corps. Il paraît donc naturel d'attribuer au pôle argent le mouvement produit, et comme ce mouvement s'est trouvé le même que quand on électrise positivement une poignée de la furcelle, il y a lieu de croire qu'en 523 le pôle argent a donné de l'électricité positive à la poignée de la furcelle. Il a fait la même chose en 526. On verra de même qu'en 524 et 525 le pôle cuivre a agi comme s'il avait fourni de l'électricité négative. Ces résultats sont conformes à ceux des appareils électromoteurs ordinaires, le cuivre conservant son action négative, et l'argent remplaçant le zinc.

Suite des expériences.

530. Jusqu'ici nous avons employé les appareils électriques seulement pour vérifier l'analogie de leur action sur les furcelles avec l'action que les fluides bacillogires exercent sur les mêmes instrumens; et il résulte évidemment de ces expériences que la furcelle peut être regardée comme un électroscope très-sensible. Maintenant nous pouvons donc essayer de l'employer pour faire quelques recherches, et nous verrons si les résultats seront en contradiction avec ce qu'on peut attribuer à l'électricité. Ceci semble sortir un peu des limites de ce chapitre, mais on va voir que je me resserrerai dans des bornes étroites, et que ces recherches tendent moins à étendre nos connaissances en électricité qu'à éprouver l'instrument que je propose, et à faire connaître ce qu'on peut en attendre.

531. Au lieu de former une pile de pièces hétérogènes, comme dans les expériences 523 et suivantes, j'ai pris des pièces d'une seule espèce, ou toutes de cuivre ou toutes d'argent, je les ai prises en différentes quantités, depuis une jusqu'à sept; j'en ai formé des piles sans y interposer aucun corps étranger, et je les ai placées dans ma main droite ou dans ma main gauche, en prenant une furcelle, comme en 523; j'ai souvent obtenu des mouvemens tantôt ascendans tantôt inverses; d'autres fois la furcelle est restée totalement inactive. Ce n'est qu'après des essais assez répétés que j'ai entrevu quelques lois;

je vais les exposer sans prétendre les expliquer, et pour plus de clarté je donne ici, sous la forme de tableau, une des séries d'expériences que j'ai faites.

532. Dans celle-ci j'ai employé des écus de cinq francs qui n'avaient point été touchés depuis plusieurs jours ; et dans chaque expérience partielle j'ai pris des écus qui n'avaient pas servi aux expériences antérieures.

Nombre d'écus de cinq francs placés dans la main droite en contact avec la poignée de la furcelle.	NOMBRE De pas faits dans ma chambre, à compter du commencement de l'expérience jusqu'au moment où le mouvement de la furcelle était bien sensible.	Nombre de degrés parcourus par la furcelle lorsque j'ai eu fait 60 pas.
1 écu.	40 pas.	45 degrés.
2	»	zéro.
3	25 pas.	+ 5o à 55°.
4	»	zéro.
5	35 pas.	+ 8o à 85°.
6	»	zéro.
7	24 pas.	+ 85 à 9o°.

533. Cette série n'est point isolée, j'ai souvent répété la même suite d'expériences, mais jamais avec autant de précautions ; aussi parfois il a pu se présenter quelques petites irrégularités ; et ici même, c'est probablement à quelque cause accidentelle qu'est due l'irrégularité du nombre de pas qu'il a fallu pour mettre la furcelle en mouvement avec une, trois, cinq ou sept pièces d'argent. Mais ce

qui s'est présenté constam ,ment c'est l'alternative des effets nuls lorsque je tenais un nombre pair de pièces. Nous reviendrons tout-à-l'heure sur ce singulier résultat. J'avais cru remarquer aussi que si la force du mouvement augmente avec les nombres impairs un, trois, cinq et sept, il y avait en même temps un peu de retard ; je crois même que cela arrive le plus souvent ; néanmoins la série ci-dessus prouve qu'il n'en est pas toujours de même.

534. Après ces essais j'ai dû rechercher ce qui arriverait en plaçant les pièces d'argent dans la main gauche, et parmi plusieurs suites d'essais je puis citer une série toute semblable à la précédente quant au nombre et à l'espèce des pièces employées et aux précautions prises ; mais la furcelle n'a fait aucun mouvement, que les pièces fussent en nombre pair ou impair. Je dois convenir qu'ayant répété un assez grand nombre de fois ces expériences, il m'est arrivé deux ou trois fois d'obtenir un très-léger mouvement avec des pièces d'argent dans la main gauche, mais je n'avais pas pris alors les mêmes précautions que pour la série que je viens de citer, et ces petits mouvemens isolés m'ont paru des anomalies accidentelles.

535. Quant aux pièces de cuivre j'en ai aussi employé de plusieurs dimensions ; en les mettant dans la main droite, elles n'ont produit aucun mouvement sensible et régulier ; mais en les mettant dans la main gauche elles ont causé un mouvement inverse dans les cas seulement où elles étaient en nombre impair. En général, néanmoins, les mouve-

mens ont été moins marqués et un peu plus sujets
aux variations qu'avec les pièces d'argent ; il ne faut
pas en conclure immédiatement que le cuivre ait
une action moins forte que l'argent, car il se pourrait que cette faiblesse apparente fût due au peu
de netteté des pièces, presque toujours couvertes
d'une couche terne et sale, que je n'avais pas osé
faire enlever par le frottement, de peur que cette
opération ne communiquât quelque propriété électrique à ces pièces.

536. Voici une série d'expériences faites avec des
pièces de deux sous en cuivre rouge, et avec les
mêmes précautions que j'avais employées pour l'argent dans l'article 532, c'est-à-dire que chaque expérience a été faite avec des pièces qui n'avaient
servi à aucune autre.

Nombre de pièces de deux sous en cuivre placées dans la main gauche en contact avec la poignée de la furcelle.	NOMBRE De pas faits à compter du commencement de l'expérience jusqu'au moment où le mouvement de la furcelle était bien sensible.	Nombre de degrés parcourus par la furcelle lorsque j'ai eu fait quatre-vingts pas.
1 pièce.	40 pas,	— 30 degrés.
2	»	zéro.
3	60 pas.	— 15 à 20°.
4	»	zéro.
5	30 pas.	— 40 à 45°.
6	»	zéro.
7	30 pas.	— 45°.

537. L'expérience faite avec trois pièces a donné

un mouvement tardif et très-faible, et me semble présenter en cela une de ces petites anomalies dont la cause est probablement étrangère aux lois générales du phénomène.

538. Une des circonstances les plus remarquables de ces séries, c'est la nullité d'effet lorsque les pièces métalliques sont en nombre pair ; quelques réflexions m'ont fait essayer les expériences suivantes.

539. J'ai pris deux pièces d'argent, et une autre fois quatre ; je les ai mises dans ma main droite, mais en interposant entre elles et le creux de ma main une étoffe de soie pliée en plusieurs doubles ; puis, prenant la furcelle à l'ordinaire, elle s'est trouvée en contact avec le sommet de cette petite pile et mes doigts, qui eux-mêmes touchaient la dernière pièce d'argent. La furcelle a monté comme si le nombre des pièces avait été impair.

540. J'ai mis cette même pile à nu dans le fond de ma main, la poignée de la furcelle par-dessus, et c'est entre mes doigts et cette poignée que j'ai placé l'étoffe de soie ; la furcelle a monté comme si les pièces avaient été en nombre impair.

541. J'ai fait les expériences comparatives avec des pièces de cuivre dans la main gauche ; les résultats ont été analogues.

Corollaire XL.

542. La première idée qui se présente en réfléchissant sur les expériences 532 et 536, c'est de

reconnaître une électricité propre aux métaux, et qui n'a pas besoin du contact d'un autre métal pour se développer ; cependant les expériences 534 et les correspondantes dans l'article 535 prouvent que l'action du corps y est au moins pour quelque chose, et joue ici à l'égard des pièces métalliques placées dans la main un rôle analogue à celui de la pile de Volta à l'égard des piles secondaires de Ritter. J'ai encore à citer d'autres faits relatifs à cette question ; ce corollaire est destiné principalement aux expériences 539, 540 et 541.

542 *bis*. J'avais déjà eu lieu de penser que les fluides bacillogires étaient fournis par la paume de la main et par l'extrémité des doigts (du moins pour moi), et j'avais cru remarquer que ceux provenant des doigts étaient peut-être un peu plus abondans ; or, dans les expériences précédentes, soit que l'on suppose l'effet produit par un fluide qui vient du corps, ou que ce fluide existant et dissimulé, ou combiné dans les pièces métalliques, soit seulement dégagé par une action du corps sur ces pièces, il paraît toujours qu'il y a deux actions analogues, mais en sens contraires, sur les deux faces extrêmes de la pile métallique, l'une produite par la paume de la main, l'autre par les doigts. Or, n'est-il pas possible de supposer que quand les pièces sont en nombre pair, ces deux actions, qui sont peu différentes, se les partagent, et il s'établit une espèce d'équilibre qui ne peut avoir lieu quand les pièces sont en nombre impair.

543. Je n'approfondirai pas cette réflexion, que

je cite seulement pour atténuer l'étonnement que pourrait causer cette alternative ; c'est elle qui m'a suggéré les expériences 539, etc. , qui me semblent la confirmer, puisqu'en isolant une des extrémités de la pile le mouvement s'est opéré avec un nombre pair de pièces.

544. Au reste voilà une nouvelle source de différences entre les résultats obtenus par divers bacillogires. J'ai déjà fait remarquer que l'état relatif de la main droite et de la main gauche pouvait causer de grandes variations à cet égard ; on doit sentir aussi maintenant que la constitution relative des doigts et de la paume de la main peut modifier les phénomènes. Or, cette constitution, cet état n'est pas le même chez tous les bacillogires. Deux personnes à qui j'avais fait voir les expériences fondamentales, et à qui je n'avais suggéré aucune remarque sur la manière dont les mains fournissent les fluides, m'ont dit avoir remarqué que les furcelles n'agissaient dans leurs mains, sur le sol excitateur, que quand leurs doigts portaient sur les poignées, et que toute autre partie de la main paraissait sans action ; il n'en est pas ainsi en moi.

Suite des expériences.

545. Voulant chercher à connaître si la force active que les métaux semblent développer appartient à eux ou au corps, j'ai fait des piles métalliques que j'ai touchées avec la tête d'une furcelle neuve. Ces piles étaient formées de pièces d'une seule espèce, et sans corps intermédiaires.

546. J'ai d'abord employé des piles de un à vingt écus de 5 francs, en les touchant avec la tête de la furcelle ; elle a monté.

547. Au contraire, lorsque j'ai touché avec la tête de la furcelle des piles de six à dix pièces de cuivre de deux sous, la furcelle a descendu.

548. Mais ces expériences sont délicates et demandent du soin, de l'attention et de la patience ; voici les précautions qu'elles m'ont paru demander, et les remarques qu'elles m'ont fait faire :

549. 1° Il faut que les furcelles soient légères et très-souples ; de petites branches de charme m'ont donné les plus commodes, leurs poignées n'étaient guère plus grosses qu'une plume de corbeau, et c'étaient des bourgeons de l'année.

550. 2° Il est bon d'avoir des furcelles qui n'aient point encore servi, et comme on ne peut pas les renouveler à chaque expérience, du moins il faut tâcher d'en avoir trois ou quatre, pour vérifier avec plusieurs furcelles les expériences principales.

551. 3° Si on se sert de la même furcelle pour deux expériences consécutives, il faut tâcher du moins de laisser huit à dix minutes d'intervalle, pour donner à la furcelle le temps de rentrer dans son état naturel.

552. 4° Il m'a paru plus avantageux de toucher les pièces métalliques avec la troncature de la tête de la furcelle, plutôt que par son côté et par son écorce.

553. 5° Ce contact doit se soutenir un petit moment, comme de huit ou dix secondes, et je me

suis bien trouvé de promener la tête de la furcelle sur différens points de la pièce métallique.

554. 6° Toutes les parties des piles ne sont pas également susceptibles de communiquer le mouvement ou d'en causer une même quantité ; si c'est une pile de pièces d'argent il faut toucher sa surface supérieure ; on obtient alors le mouvement ascendant ; si on touche la surface inférieure , la furcelle reste en repos ; si c'est une pile de pièces de cuivre , c'est en la touchant en dessous qu'on obtient le plus de mouvement inverse ; le contact en dessus en donne aussi , mais il est moins fort. Une expérience me porte à croire que le contact en dessus de la pile ne donnerait pas de mouvement si les pièces de cuivre étaient bien nettes.

555. 7° Après qu'on a soutenu le contact pendant quelques secondes , il faut se mettre à marcher ; et ces expériences ont cela de particulier que le mouvement ne se déclare pas tout de suite , qu'il commence très-faiblement , et qu'il s'accroît ensuite au-delà de ce qu'on l'évaluait d'abord. Le plus souvent je faisais jusqu'à quarante ou cinquante pas sans rien sentir , ensuite le mouvement se déclarait lentement , puis il s'augmentait et se prolongeait quelquefois jusqu'à faire faire plus d'une révolution et demie à la furcelle. Quand il était dans sa plus grande intensité , il n'était plus nécessaire de marcher , et le mouvement continuait quoique je me tinsse totalement en repos. Néanmoins la marche le prolongeait et l'augmentait toujours.

556. 8° Je ne me suis point aperçu que le nombre

de pièces eût une grande influence (peut-être un peu plus de force quand il y avait plus de pièces), ni que les résultats fussent différens en isolant ou n'isolant pas les piles.

557. Après ces essais, en touchant des piles métalliques, et voyant qu'une seule pièce suffisait ordinairement pour produire du mouvement, j'ai touché différens corps métalliques avec la tête de la furcelle, et j'en ai constamment obtenu du mouvement comme avec les piles, pourvu que le corps ne fût pas trop petit. Cela m'a encore fourni les remarques suivantes :

558. L'or, l'argent et le mercure ont fait monter la furcelle ; le fer, le plomb, le zinc et le cuivre l'ont fait descendre.

559. La netteté et la pureté de la surface métallique, ainsi que son étendue, paraissent être des conditions favorables au mouvement.

560. La masse paraît y contribuer peu ou point ; ainsi des corps couverts d'une mince couche métallique ont produit le même effet que si la masse eût été de ce métal. Des pièces de cuivre argentées ou dorées ont fait monter la furcelle, ainsi que des porcelaines dorées.

561. J'ai engagé deux personnes qui étaient peu ou point bacillogires à répéter les mêmes expériences ; elles ont été sans succès marqué, et il n'y a eu que quelques indices de mouvement, encore pas toujours.

562. Ayant pris moi-même une furcelle en enveloppant ses poignées avec des étoffes de soie , les

contacts contre les métaux n'ont plus produit aucun mouvement.

Corollaire XLI.

563. Sans m'arrêter aux réflexions générales qui découlent naturellement de ces expériences, je ferai remarquer que celles des articles 546 à 560 prouvent, ce me semble, que la principale cause du phénomène réside dans la pièce métallique; mais les expériences 561 et 562 démontrent aussi qu'il y a eu une action qui vient du corps de l'homme. Il faut donc supposer que l'état particulier à chaque métal communique au corps du bacillogire un état conséquent, et qu'ensuite la puissance qu'il a d'exciter le mouvement de la furcelle agit en raison de cet état ou en se combinant avec la puissance particulière du métal.

Suites des expériences.

564. Pour jeter quelque jour sur ce point, j'ai commencé par répéter l'expérience n° 1 de l'article 516, c'est-à-dire que j'ai mis une pièce d'argent dans ma main droite, et, prenant la furcelle de la manière ordinaire, sa poignée droite s'est trouvée en contact avec ma main et la pièce d'argent; la furcelle a monté quand j'ai eu fait quelques pas, et comme je devais m'y attendre.

565. J'ai placé alors la pièce d'argent de même dans le creux de ma main droite, mais j'ai mis par - dessus une étoffe de soie pliée en plusieurs

doubles ; j'ai ensuite pris la furcelle de manière que sa poignée droite, seulement en contact avec mes doigts, était séparée du métal par toute l'épaisseur de la soie. Alors, après quelques pas, la furcelle a baissé.

566. J'ai mis la pièce d'argent en contact avec la poignée, l'une et l'autre entre deux fortes épaisseurs de soie, de manière qu'aucune partie de ma main droite n'y touchait. Une première fois j'ai cru sentir que la furcelle tendait à descendre, mais une autre fois il y a eu un mouvement ascendant faible et très-tardif (1).

567. J'ai ensuite fait une expérience analogue à 564, mais en employant une pièce de cuivre grande comme un écu de six livres, et c'est dans la main gauche que je l'ai placée. La furcelle est descendue.

568. J'ai mis de la soie entre cette pièce de cuivre et la poignée gauche de la furcelle, qui ne se trouvait plus en contact qu'avec mes doigts, en un mot j'ai opéré comme en 565 ; la furcelle a monté, mais faiblement et tardivement.

---

(1) Des expériences faites depuis la rédaction de cet ouvrage m'ont fait retrouver le mouvement inverse bien déterminé par le moyen d'une préparation semblable à celle de l'art. 566 ; mais je me suis aperçu que cet effet est dû au contact de la poignée contre le morceau de soie qui se met dans un état électrique contraire à celui du métal. En augmentant la quantité, et surtout la surface des lames d'argent, et en les disposant de manière à éviter le plus possible le contact de la soie contre la poignée, on obtient presque immanquablement le mouvement ascendant.

Corollaire XLII.

569. Quand même on négligerait l'expérience 566, dans laquelle il paraît que l'argent seul, et séparé de l'action de la main droite, a eu peine à produire le mouvement, on conclura

570. 1° Que la main est autrement électrisée que le métal.

Ceci est analogue à ce que nous avons remarqué dans le corollaire xxxv, où nous avons vu que la main qui tenait à nu un corps qu'on électrise par frottement, prend ordinairement l'électricité contraire à celle de ce corps.

571. 2° Que c'est à la pièce métallique que le mouvement est dû dans les expériences des articles 516, 532, 564 et autres semblables, où la furcelle est mise en mouvement par le contact simultané d'une de ses poignées avec une des mains et une pièce métallique.

572. Il paraît qu'en employant de même un corps électrisé par le frottement dans les expériences 468 et 469, c'est aussi à lui qu'on peut attribuer le mouvement.

573. 3° Mais le métal seul, isolé de la main et en contact avec la poignée, a peu de puissance, ainsi que le prouve l'expérience 566.

L'expérience 471 nous a montré quelque chose d'analogue pour l'électricité par frottement.

574. 4° Les contacts du sommet ou de la poignée droite de la furcelle contre une pièce métallique

qui tend à faire monter, ont produit le même effet, ainsi que le prouve la comparaison de l'expérience 564 avec l'article 558.

575. 5° Les contacts du sommet ou de la poignée gauche de la furcelle contre une pièce métallique qui tend à faire descendre, ont produit le même effet, comme le prouve la comparaison de l'expérience 567 avec l'article 558.

576. Nous trouverons les mêmes conclusions comprises dans celles que nous a fournies l'électricité par frottement dans le corollaire xxxv, mais de plus, dans ces dernières, le fluide qui produit le mouvement ascendant quand on l'applique au sommet ou à la poignée droite, le produira aussi si on l'applique à la poignée gauche ; et le fluide qui cause le mouvement inverse quand on le présente au sommet ou à la poignée gauche, le causera de même si on le présente à la poignée droite ; au lieu que par le contact le métal qui donne le mouvement ascendant est sans effets lorsqu'il touche la poignée gauche (534), et le métal qui produit le mouvement inverse est sans effets lorsqu'il touche la poignée droite (535). Cette différence entre les résultats de ces deux modes d'électricité paraît provenir 1° de ce que le frottement fournit une plus grande dose de fluide que le contact des métaux ; 2° de la différence d'état bacillogire qui paraît exister entre les deux mains.

577. Un fait plus général se déduit de toutes les remarques qui précèdent, c'est que l'effet du contact d'un corps électrisé est le même, soit que ce

contact ait lieu avec le sommet de la furcelle ou avec une des poignées. Il est néanmoins impossible que cette conclusion ne choque pas et ne paraisse pas en contradiction avec un assez grand nombre des expériences que j'ai rapportées. En effet, j'ai toujours parlé comme attribuant à la main droite le mouvement ascendant de la furcelle, et en même temps j'ai reconnu dans cette même main, par son contact avec le sommet de la furcelle, la propriété d'annuler ce même mouvement ascendant (204). Mais qu'on prenne garde dans quel cas le mouvement ascendant peut être attribué à la main droite. Deux conditions y paraissent nécessaires, 1º que le corps dont cette main est un organe soit exposé à une cause excitatrice (électricité développée, métal, sol excitateur, etc.); 2º que cette même main communique avec la main gauche par le moyen d'un conducteur tel que la furcelle, sans quoi il n'existe plus que des effets obscurs et douteux (136). Au contraire, quand la main droite a annulé le mouvement, ce contact était donné par une autre personne, qui pouvait bien être aussi sur le sol excitateur, mais elle ne tenait pas de furcelle en mouvement, et par conséquent sa main ne faisait point partie du circuit des courans bacillogires. Il me paraît donc probable que dans les phénomènes bacillogires les mains ne sont pas dans leur état naturel ; on ne peut donc rien en conclure contre les résultats que je viens d'exposer. Dans le chapitre XXII (703, 704, etc.) on verra encore que des dispositions qui paraissent semblables donnent des résultats contraires, selon qu'elles sont faites avant ou pendant le mouvement de la furcelle. Il faut d'ailleurs se rappeler qu'un corps électrique produit des effets différens et souvent contraires s'il agit par influence ou s'il agit par communication. Il se peut donc (et j'ai tout lieu de le croire) que tant que le phénomène bacillogire n'existe pas entre les mains d'un individu le contact de sa main ne communique pas d'électricité, mais n'agisse que par influence ; au lieu que dans le phénomène bacillogire il y a un courant électrique et communication, ou épanchement. Au reste on doit aussi se souvenir que dans les expériences électrodynamiques des causes inaperçues font quelquefois changer la direction des courans.

Suite des expériences.

578. C'est sur l'état différent de la main droite et de la main gauche qu'est fondée, comme nous l'avons déjà dit, la préparation des furcelles ascendantes ou inverses ; et nous voyons cet état particulier à chaque main communiquer à ces furcelles des propriétés particulières et permanentes. Les métaux paraissent aussi pouvoir y participer, et même ils peuvent recevoir cette influence des autres parties du corps, qui, selon ce que nous avons fait entrevoir, sont aussi dans l'un ou l'autre de ces états. C'est pour cela que dans les expériences 516 et 532 j'ai plus particulièrement recommandé de prendre des pièces de monnaie qui n'eussent point été por-

tées depuis quelque temps ; on va voir sur quoi était fondée cette recommandation.

579. J'ai pris trois écus de cinq francs qui avaient séjourné depuis quelques heures dans mon gousset droit, par conséquent presque en contact avec ma cuisse droite, ou n'en étant séparés que par de légères étoffes conductrices de l'électricité. Je les ai touchés avec la tête de la furcelle comme en 545, et j'ai eu les mêmes résultats, notamment ceux énoncés pour l'argent en 554.

580. J'ai pris trois autres pièces semblables que depuis quelques heures j'avais mises à dessein dans mon gousset gauche ; je les ai soumises à la même épreuve, et elles ont alors manifesté les propriétés des pièces de cuivre, c'est-à-dire qu'en les touchant par-dessus avec la tête de la furcelle il n'y a pas eu de mouvement sensible, mais en les touchant par-dessous, comme il est dit pour le cuivre art. 554, la furcelle est descendue.

581. Cette propriété communiquée à l'argent, et qui paraît lui être étrangère, persiste plus ou moins long-temps, selon que les pièces sont isolées ou non.

582. J'ai pris deux écus de cinq francs qui étaient restés plusieurs heures sur mon côté gauche, l'un a été mis sur un isoloir de verre, et l'autre a été posé sur des étoffes de laine ; quand j'ai voulu préparer l'expérience j'avais les mains garnies de soie. J'ai réitéré plusieurs fois ces épreuves, et j'ai vu qu'après cinquante et une heures l'écu isolé jouissait encore des propriétés du cuivre, c'est-à-dire que, touché par-dessus avec la tête de la furcelle,

il ne l'a pas fait monter, mais touché pas-dessous avec une autre furcelle, il l'a fait descendre, et je crois qu'il est resté dans cet état beaucoup plus long-temps. Au contraire, l'écu non isolé a perdu très-promptement cette manière d'être étrangère, et après huit ou dix minutes il manifestait les propriétés ordinaires de l'argent.

583. De même le cuivre prend sur le côté droit et s'approprie pour quelque temps les propriétés de l'argent.

584. Mais ces expériences demandent une multitude de petits soins pour ne pas laisser intervenir des circonstances qui les compliquent ; par exemple si l'on place dans la poche ou sur le côté droit des pièces d'argent mêlées avec des pièces de cuivre, ces dernières resteront dans leur état naturel et ne prendront pas les propriétés de l'argent ; pour les leur communiquer il faut qu'elles soient seules sur le côté droit. Je présume de même que des pièces d'argent posées sur le côté gauche parmi des pièces de cuivre n'y prendraient pas les propriétes du cuivre.

COROLLAIRE XLIII.

585. Ces expériences très-remarquables n'ont pas besoin de commentaire, et je ne place ici ce corollaire que pour séparer la série qui précède de celle qui suit. Néanmoins je ne puis m'empêcher de noter que plusieurs des particularités qu'elles présentent se trouvent en concordance avec ce que l'on savait déjà sur l'électricité des métaux. Particu-

lièrement ce que je viens de dire dans l'art. 584
fait voir que des métaux différens mis en contact
prennent des électricités différentes : phénomène
déjà connu par la pile galvanique.

Suite des expériences.

586. Puisque tout me portait à croire que j'avais
entre les mains un électroscope extrêmement sensible, je devais chercher à retrouver par son moyen
l'électricité dans les divers cas où on l'a indiquée ;
me rappelant alors les expériences de Haüy sur
l'électricité que plusieurs corps sont susceptibles
de prendre par la simple pression des doigts, je
voulus soumettre la furcelle à une nouvelle épreuve
que me fournissait ce phénomène.

587. Je pris un morceau de chaux carbonatée
cristallisée ; il présentait un cristal dérivé probablement du rhomboïde inverse, et dont les côtés auraient pu avoir une couple de pouces de long ;
mais son adhérence l'avait rendu très-irrégulier.
Je le pris de la main droite après m'être assuré
qu'il ne communiquait aucun mouvement à la furcelle, et je le serrai légèrement dans mes doigts,
mettant le pouce sur l'adhérence irrégulière de ce
morceau, et l'index ainsi que le second doigt
sur une face qui y était à peu près opposée ; je
le tins ainsi quelques secondes et le mis sur un
isoloir. Ensuite je touchai avec la tête de la furcelle le point où avaient touché mes doigts, je
donnai ce contact comme je l'ai indiqué pour les
métaux ; la furcelle monta de même.

588. Mais quelques minutes après, ayant touché une face contiguë à celle-là, la furcelle descendit.

589. Me rappelant alors que d'après diverses expériences chaque côté du corps paraissait donner un fluide bacillogire différent, que j'avais droit de supposer un fluide électrique différent, je pris un autre fragment rhomboïdal de chaux carbonatée (1). Je saisis deux faces opposées, comme je l'ai dit tout-à-l'heure, mais avec la main gauche ; j'opérai d'ailleurs de même ; la furcelle descendit quand sa tête eut touché les endroits où j'avais mis mes doigts ; mais elle monta quand je la fis toucher à une autre face.

590. Ces expériences ont été secondées par plusieurs autres du même genre qui ont donné des résultats analogues, mais que je ne rapporterai pas ici, parce que ces recherches mériteraient un examen particulier, étranger au but de ce chapitre, et même à cet ouvrage.

COROLLAIRE XLIV
(général pour ce chapitre).

591. Il me semble que maintenant je suis suffisamment autorisé à regarder comme identiques les fluides bacillogires et les fluides électriques ; et ces dernières expériences, en confirmant l'extrême sen-

---

(1) C'était de ces chaux carbonatées de la vallée d'Oisan, qui ont la propriété de se fendre quelquefois par la grande diagonale.

sibilité électrique de la furcelle entre les mains d'un bacillogire, font voir quel parti on en peut tirer en physique. Au reste, on doit entrevoir aussi combien on peut varier les essais; je ne fais qu'ouvrir cette carrière, et je suis obligé de passer sous silence une multitude d'autres expériences que j'ai faites avec des piles métalliques, soit en y employant deux métaux sans corps intermédiaires, soit en n'employant qu'un métal avec des disques de cartes mouillées entre chaque pièce.

592. On doit aussi remarquer quelle quantité de combinaisons s'offriraient à nos recherches si nous voulions savoir les modifications qu'éprouveraient les expériences qui précèdent, en les faisant sur le sol excitateur. Car si dans ces expériences nous voyons trois choses contribuer au phénomène, savoir : la masse métallique, le corps du bacillogire et la furcelle, il est de plus influencé par les émanations terrestres quand on est sur le sol excitateur ; on ne sera donc pas surpris si l'on trouve quelques différences dans les résultats. J'essayerai dans le chapitre XXII d'en faire connaître quelques-uns ; ici il n'était réellement question que de rechercher l'identité des fluides bacillogires et des fluides électriques, et par occasion nous avons noté quelques faits qui peuvent jeter un peu de lumière sur l'état naturel de certains corps.

593. J'ai déjà dit que plusieurs des expériences qui sont contenues dans ce chapitre étaient très-délicates et demandaient beaucoup d'attention, il se peut même que tous les bacillogires ne soient pas

susceptibles de produire ces effets. Il n'en est pas de même des expériences où l'on emploie l'électricité développée par frottement, je les ai vues assez généralement réussir, et même entre les mains de personnes qui sur le sol excitateur ne communiquaient aucun mouvement aux furcelles.

CHAPITRE XXI.

SUITE DE LA COMPARAISON DES EFFETS PRODUITS PAR
LE SOL EXCITATEUR, AVEC CEUX QUE PEUVENT PRO-
DUIRE DES CAUSES DÉJA CONNUES.

3º *Le Magnétisme.*

594. On pensera peut-être que parmi les différences qui au premier coup-d'œil semblent exister
entre le mode d'action des fluides bacillogires et
des fluides électriques, j'aurais dû citer cet état
assez permanent des furcelles, qui permet, d'après
la préparation qu'elles ont subie, de distinguer les
furcelles ascendantes des furcelles inverses, même
après un repos de plusieurs semaines. L'électrisation ne procure ordinairement aux corps qu'une
modification peu durable, et ils reviennent à leur
état naturel en peu de minutes. Cependant il y a
des cas où l'électricité montre plus de stabilité, et
un exemple nous en est fourni par la chaux carbonatée, ainsi que nous l'avons dit à la fin du précédent chapitre (587), puisque Haüy lui attribue
de garder pendant plus de dix jours l'électricité
que le simple contact des doigts lui a commu-

niquée. C'est là ce qui m'a empêché de voir dans la permanence de l'état des furcelles quelque chose de contraire aux phénomènes électriques ; néanmoins cette particularité m'avait aussi d'abord donné l'idée de quelques rapports entre les phénomènes bacillogires et le magnétisme. Cette idée a été fortifiée par des expériences qui semblaient indiquer une sorte de polarisation (chap. xi , corollaire xiv); j'ai donc dû faire à cet égard des recherches analogues à celles que j'ai faites pour l'électricité; je vais les exposer.

595. Je suivrai ici l'usage maintenant assez admis et plus judicieux de donner le nom de pôle boréal de l'aimant à celui qui tend au pôle austral de la terre, et de pôle austral de l'aimant à celui qui tend au pôle boréal de la terre. Ainsi, dans l'aiguille aimantée la pointe qui va au nord contient le pôle austral, et comme elle est ordinairement bronzée, je la nommerai quelquefois pointe bleue ; la pointe blanche est celle qui va au sud, et qui contient le pôle boréal.

596. Si l'on prend une aiguille aimantée (1) et qu'on l'attache comme un appendice à la tête d'une furcelle neuve, et de manière que sa pointe bleue ou australe soit en avant, tandis que la blanche est vers le corps, et qu'on marche en divers sens

---

(1) L'aiguille que j'ai employée à ces expériences avait 85 millimètres de long ; ma furcelle était très-souple et fort légère.

dans un appartement ou autre endroit qui n'ait point les propriétés d'un sol excitateur, on sentira après quelques pas (une vingtaine, plus ou moins) que la furcelle descend et prend un mouvement inverse.

597. Si au contraire c'est la pointe blanche ou boréale qu'on met en avant, la furcelle monte.

598. Dans ces deux expériences, si l'on continue à marcher, la furcelle décrit à peu près 180° ou une demi-révolution, ensuite elle revient sur ses pas et elle se fixe dans le voisinage de la verticale inférieure, si c'est la pointe bleue qui est saillante, ou de la verticale supérieure, si c'est la pointe blanche. Souvent, avant de se fixer elle fait quelques oscillations ou allées et venues en avant et en arrière, et de plus en plus faibles.

599. Mais cela n'a lieu que quand on marche de côté et d'autre dans un espace très-circonscrit comme un appartement. Si l'on marche toujours dans la même direction, le résultat est relatif à cette direction.

600. Si, la pointe blanche étant en avant, on marche du nord au sud, la furcelle s'élève jusqu'à une position qu'on peut évaluer à peu près à 50 ou 60 degrés au-dessus de l'horizontale.

601. Si l'on se retourne pour marcher vers le nord, la furcelle passe par la verticale supérieure, et, se renversant vers le corps, elle prend réellement une position à peu près parallèle à celle qu'elle avait dans l'expérience précédente, et se maintient dans une position oblique qui fait à peu près 50 à 60 degrés au-dessus de la seconde position horizontale.

602. Si au contraire on a mis la pointe bleue en avant et qu'on marche du nord au sud, la furcelle descend, dépasse la verticale inférieure, et revenant vers le corps elle se met dans une situation oblique qui fait 5o à 6o degrés en dessous de la seconde position horizontale.

603. Si on se retourne pour marcher du sud au nord, la furcelle repasse par la verticale inférieure, et, se portant obliquement, elle se fixe de manière à faire un angle de 5o à 6o degrés en dessous de la première position horizontale.

604. Ainsi dans ces quatre cas la furcelle a pris des positions réellement parallèles entre elles, et qui ont été ou au-dessus de l'horizontale montant du nord au sud, ou au-dessous de l'horizontale descendant du sud au nord.

605. Si au lieu de marcher dans les directions ci-dessus on parcourt un espace de l'est à l'ouest, ou de l'ouest à l'est, la furcelle reste horizontale et sans mouvement, soit que l'on mette la pointe bleue ou la pointe blanche en avant.

Corollaire XLV.

606. D'abord surpris des premières expériences, et croyant y apercevoir les traces d'un nouveau phénomène magnétique, on reconnaît bientôt que c'est une application de celui qui est comu sous le nom d'inclinaison de l'aimant, et qui n'est qu'un cas particulier de la direction envisagée d'une manière générale. A la vérité l'inclinaison observée à Paris est d'environ 68°; elle doit être un peu

moindre à Orléans, néanmoins elle doit dépasser 60°; mais on sait qu'il faut des instrumens faits avec beaucoup de soin pour donner précisément l'inclinaison, et même quelques physiciens la regardaient comme variant d'après la force de l'aimantation. On ne doit donc pas s'étonner si ma furcelle ne m'a pas donné tout-à-fait le même résultat ; sa roideur, sa pesanteur, etc., devaient le modifier.

607. Il est évident que la position verticale, que d'après l'art. 598 la furcelle a prise dans les expériences 596 et 597, est la moyenne des deux directions obliques qu'elle devait avoir, selon que je me tournais vers le sud ou vers le nord, dans l'espace étroit que je parcourais.

Suite des expériences.

608. J'ai pris la même aiguille aimantée que dans l'expérience 596, et je l'ai dirigée de même relativement à la furcelle ; mais elle était moins en avant, de manière que sa pointe blanche ou boréale dépassait en entier entre les branches de la furcelle, tandis que la pointe bleue était en contact entièrement couchée et maintenue sur la tête de la furcelle.

609. Alors marchant au sud, et quoique l'aiguille se trouvât dans la même direction que dans 602, la furcelle a monté, et s'est posée comme en 600.

610. Puis, marchant au nord, l'aiguille se trouvant placée comme en 603, la furcelle s'est placée comme en 601.

611. C'est ensuite la pointe bleue que j'ai laissée dépasser entre les branches de la furcelle, la pointe

blanche étant couchée sur la tête de l'instrument.

612. J'ai marché au sud, l'aiguille se trouvait comme en 600 ; cependant la furcelle est descendue et s'est posée comme en 602.

613. Puis j'ai marché au nord, l'aiguille se trouvait comme en 601 ; la furcelle s'est placée comme en 603.

Corollaire XLVI.

614. Si l'on a bien senti la remarque comprise en l'art. 604, on aura pu conclure que la furcelle obéit passivement à la force d'inclinaison de l'aiguille dans les quatre expériences 600, 601, 602 et 603 ; elle finit par se trouver dans une position à peu près semblable à celle de l'aiguille d'inclinaison, et si en 602 et 603 la furcelle descend, on peut croire que la pointe australe étant plus en avant, plus éloignée du centre de mouvement, et agissant avec un levier plus long, elle entraîne la furcelle et la force à s'incliner vers le pôle nord, tandis que dans 600 et 601 c'est la pointe boréale qui est prépondérante et qui force la furcelle à se relever dans une direction opposée au pôle nord.

615. Mais indépendamment des difficultés mécaniques que cette explication entraînerait, les quatre expériences qui précèdent prouvent que cette conclusion serait erronée ; en effet, 609 devrait produire l'effet de 602 ; 610, celui de 603 ; 612, celui de 600 ; et 613, celui de 601. On voit qu'il n'en a point été ainsi, et que les effets ont été contraires. On est conduit à conclure que la furcelle

reçoit elle-même une espèce d'aimantation, et qu'elle prend une position relative à son propre état magnétique. En effet, dans 600 la pointe australe, étant couchée sur la tête de la furcelle, doit tendre à lui procurer l'état boréal. Elle est dans ce même état dans les expériences 609 et 610. La furcelle doit donc prendre une position analogue à celle de la pointe boréale de l'aiguille d'inclinaison, c'est-à-dire qu'elle doit s'élever dans une direction opposée au pôle nord. Au contraire, mais par une raison analogue, dans les expériences 602, 603, 612 et 613, la tête de la furcelle doit se trouver dans un état austral, elle doit donc s'abaisser et tendre vers le pôle nord.

Suite des expériences.

616. J'essayai de faire répéter ces essais par d'autres personnes ; ils réussirent très-bien entre les mains de quelqu'un qui n'était pas bacillogire. Mais il y eut quelques différences quand ils furent tentés par mon second fils, qui sur le sol excitateur procure bien aux furcelles le mouvement ascendant, mais qui ne peut leur donner le mouvement inverse. Il en fut à peu près de même quand il voulut employer les aiguilles aimantées avec les furcelles ; lorsqu'il mettait la pointe blanche en avant, la furcelle montait, elle ne descendait pas quand la pointe bleue était en avant. Au reste il a fait ces expériences en tournant de côté et d'autre dans un espace circonscrit, comme il est

dit dans l'art. 599; il faudrait les répéter en marchant dans des espaces déterminés, comme dans les articles 600 et suivans.

617. Néanmoins cela suffisait pour me faire supposer que dans ce phénomène d'inclinaison, si analogue aux simples effets de l'aiguille aimantée, le corps exerçait une influence quelconque. Pour le vérifier je répétai les expériences 600, 601, 602 et 603, mais en enveloppant les poignées de la furcelle avec des étoffes de soie, alors il n'y eut aucun mouvement, et la furcelle resta horizontale.

COROLLAIRE XLVII.

618. Il paraît donc que ce phénomène, évidemment soumis aux forces qui font incliner l'aiguille aimantée, a néanmoins besoin du concours d'une autre force venant du corps humain.

Suite des expériences.

619. Si l'on prend un aimant, et qu'après avoir touché son pôle boréal avec le sommet de la furcelle on marche de côté et d'autre dans un espace circonscrit, qui n'est pas sol excitateur, la furcelle s'élève irrégulièrement.

620. Si c'est le pôle austral qu'on touche, la furcelle s'abaisse irrégulièrement.

621. Dans l'un et l'autre cas le mouvement ne se soutient pas très-long-temps, et la furcelle reprend bientôt sa première position horizontale.

622. Mais si après avoir touché le pôle boréal de l'aimant on marche au sud sans se détourner, la furcelle s'élève vers + 60 degrés au-dessus de sa première position horizontale, et s'y maintient jusqu'à ce qu'après avoir fait cent cinquante pas, plus ou moins, elle semble avoir perdu la force qui la mettait en mouvement.

623. Si après avoir touché le même pôle boréal on marche au nord, la furcelle s'élève, et, décrivant environ 120°, elle passe par la verticale supérieure, se penche vers le corps, et, formant avec la seconde position horizontale un angle d'environ 60°, elle se trouve réellement dans une position parallèle à celle qu'elle avait dans l'expérience précédente ; les autres détails du phénomène sont semblables.

624. Si c'est le pôle austral qu'on a touché et qu'on marche au nord, la furcelle s'abaisse à 60° au-dessous de sa première position horizontale.

625. Mais si on marche au midi, elle passe par la verticale inférieure, et, décrivant environ — 120° elle se fixe à 60° au-dessous de sa seconde position horizontale, et ainsi parallèlement à la position qu'elle avait dans l'expérience précédente ; du reste elle se comporte dans ces deux dernières d'une manière analogue à ce que nous avons dit pour 622.

626. Si on marche est et ouest, la furcelle demeure immobile, quelque pôle de l'aimant que l'on touche.

627. Si les poignées de la furcelle sont garnies d'une étoffe de soie épaisse ou en plusieurs doubles,

la furcelle demeure immobile, quoique l'on marche
nord et sud, et quelque pôle de l'aimant que l'on
touche.

628. Je n'ai pas besoin de dire que l'inclinaison
de 160 degrés que j'indique ici est, comme celle
des articles 600 à 603, une évaluation dont je
garantis d'autant moins l'exactitude que probablement la position dans les diverses expériences
n'était pas strictement la même.

Corollaire XLVIII.

629. Ici se présente une anomalie remarquable.
Nous avons conclu dans le corollaire xlvi que
le contact soutenu, ou l'application d'une des
pointes de l'aiguille aimantée, mettait la tête de
la furcelle dans l'état magnétique contraire à celui
de cette pointe. Au contraire, dans les expériences
que nous venons de rapporter, le contact momen-
tané du pôle austral de l'aimant a mis la tête de
la furcelle dans l'état austral, puisqu'elle a descendu et tendu vers le pôle nord dans les expériences 620, 624 et 625, tandis que le contact
du pôle boréal a mis la tête de la furcelle dans
l'état boréal dans les expériences 619, 622 et 623.
Mais sans chercher à pénétrer les causes de cette
anomalie, je ferai remarquer 1° qu'il peut y avoir
une grande différence entre l'état de la furcelle
pendant le contact, comme dans les expériences 600
à 613, ou après le contact, comme dans les expériences 622 à 625; 2° que cet état doit varier

d'autant plus promptement qu'il est soumis et sans doute modifié par l'influence du corps, ainsi que nous l'avons remarqué dans le corollaire précédent.

630. Ces aiguilles aimantées attachées à la tête de la furcelle, ces aimans qu'on lui fait toucher, peuvent aussi peut-être agir comme appendices ou comme soustracteurs; et il peut résulter de la combinaison de ces diverses actions des effets qui semblent très-peu en rapport les uns avec les autres. Dans le chapitre suivant (corol. LVI) je tâcherai de montrer comment on peut se représenter l'action des aimans faisant l'office d'appendices ou de soustracteurs; je ne sais jusqu'à quel point ces idées seraient applicables ici.

Suite des expériences.

631. Si on touche le pôle austral de l'aimant avec la poignée droite d'une furcelle neuve, et que l'on marche nord et sud dans un endroit qui n'est point sol excitateur, la furcelle reste sans mouvement ou quelquefois s'abaisse. Mais si c'est le pôle boréal qu'on ait touché, elle s'élève et produit les mêmes effets que dans les expériences 622 et 623.

632. Si avec la poignée gauche on touche le pôle boréal, il n'en résulte pas de mouvement, ou bien la furcelle s'élève; mais si on touche le pôle austral et qu'on marche nord et sud, la furcelle s'abaisse comme dans les expériences 624 et 625.

633. J'ai pris un gros fil de fer d'environ un

pied de long et de deux lignes de diamètre, je l'ai aimanté, et j'ai bien marqué ses pôles, puis prenant une furcelle neuve j'ai mis dans ma main droite, en contact avec la poignée droite, le pôle austral de ce fil de fer, laissant sortir son autre extrémité en dehors de ma main du côté du pouce, et j'ai marché nord et sud dans le même endroit non excitateur que pour les expériences précédentes. La furcelle n'a pris aucun mouvement.

634. J'ai changé le bout du fil de fer, et c'est son pôle boréal que j'ai mis dans ma main droite; opérant de même avec une autre furcelle neuve, elle a monté et a produit les mêmes effets que dans 622 et 623; seulement ils ont été plus durables.

635. J'ai pris encore une autre furcelle, et, opérant d'ailleurs de même, j'ai mis le pôle boréal du fil de fer dans ma main gauche; il n'y a point eu de mouvement.

636. Avec une quatrième furcelle j'ai mis le pôle austral dans ma main gauche, elle est descendue comme en 624 et 625; seulement cet effet a persisté.

637. Dans ces expériences, plus que dans toutes autres, il est essentiel d'employer une furcelle neuve pour chacune. Le manque de ce soin m'a jeté d'abord dans des aberrations fort embarrassantes.

Corollaire XLIX.

638. Le corollaire précédent s'applique parfaitement aux expériences 631 et 632, puisqu'ici comme tout-à-l'heure, après le contact du pôle boréal, la furcelle s'est trouvée avoir sa tête dans l'état boréal ; à la vérité ici c'est la poignée droite qui a été touchée, mais nous avons vu *qu'en général le contact produit ou tend à produire le même effet, soit qu'on le donne à la tête ou à une poignée de la furcelle.* Cette manière d'agir sur la furcelle appartient donc aux fluides magnétiques comme aux fluides électriques : il y a pourtant cette différence entre l'action de l'électricité produite par frottement et celle du magnétisme, c'est que l'influence électrique qui fait monter la furcelle quand le contact se donne à son sommet la fait aussi monter quand le contact se donne à l'une *quelconque* de ses poignées (464, 465, 468, 469, 474), au lieu que l'influence magnétique qui fait monter la furcelle quand le contact se donne au sommet (622 et 623) la fait monter aussi quand le contact se donne à la poignée droite, mais elle est souvent nulle quand le contact se donne à la poignée gauche (631), et réciproquement pour ce qui concerne les effets de l'autre fluide.

639. Dans le précédent corollaire, relativement à la particularité de voir le pôle touché mettre dans un état conforme au sien le corps qui a reçu

son contact, nous avons fait remarquer que cette espèce d'anomalie n'avait lieu qu'à la suite du contact. Les expériences 634 et 636 semblent contredire cette assertion. En effet, en 634, s'il est vrai que la tête de la furcelle se mette dans le même état que la poignée qui reçoit le contact, il est évident que celle-ci était boréale; cependant elle touchait un pôle boréal, et le contact subsistait.

640. Tout ce que nous pouvons dire à cela c'est qu'il faudrait savoir si c'était ce fer boréal qui agissait sur la furcelle, ou si plutôt il n'agissait pas directement sur la main qu'il aurait rendue australe, et si ensuite celle-ci n'aurait pas réagi sur la poignée qu'elle aurait rendue boréale.

641. Cette idée, qui d'abord peut paraître un jeu d'imagination, est pourtant d'accord avec ce que nous avons été obligé de conclure de nos expériences électriques. En effet il nous a paru (570, etc.) que quand on plaçait une pièce de métal dans la main, celle-ci prenait l'électricité contraire au métal. A la vérité nous avons dit (571) que c'était alors l'électricité du métal qui agissait sur la furcelle; mais cela ne dépend sans doute que de l'intensité et de la quantité relative de chaque fluide sur la main ou sur le métal, et le fluide prépondérant détermine le mouvement de la furcelle; il ne paraît donc pas qu'il y ait en cela rien de contraire à ce que nous avons cru remarquer de la similitude d'effet qu'on obtient en appliquant un même fluide à la tête ou à la poignée de la furcelle.

Suite des expériences.

642. Ayant démêlé dans le mouvement des furcelles, du moins quand elles sont sous l'influence magnétique, la propriété de l'inclinaison, et ayant reconnu l'extrême analogie de ces résultats avec ceux produits sous l'influence de l'électricité, il était naturel de rechercher si l'inclinaison ne se ferait pas apercevoir aussi dans ce dernier cas. C'est ce qui est arrivé; j'ai répété les expériences 532, 535, 536, 545, 546, 547, 557, 579 et 580. Mais au lieu de marcher de côté et d'autre dans un local circonscrit comme quand je les avais faites, j'ai marché nord et sud. Alors toutes celles de ces expériences qui devaient et qui ont en effet fait monter la furcelle, lui ont fait prendre constamment une direction inclinée, montant du nord au sud, et formant avec l'horizontale un angle approchant de 60 degrés. Et toutes celles qui ont fait descendre la furcelle lui ont fait prendre une direction inclinée, descendant du sud au nord, formant avec l'horizontale un angle d'environ 60 degrés, et par conséquent parallèle à l'autre.

Corollaire L.

643. Ainsi donc voilà l'électricité développée par contact, produisant au moyen des furcelles les mêmes phénomènes que le magnétisme, et montrant la propriété de l'inclinaison. Je dois surtout

insister sur les expériences 579 et 580, répétées avec la précaution de marcher nord et sud; elles nous font voir que les fluides communiqués par le corps sont aussi soumis aux mêmes lois. Or, ces fluides, qui paraissent ceux que nous avons appelés bacillogires, nous ont semblé identiques avec les fluides électriques, et les uns comme les autres prennent ici un des principaux caractères des fluides magnétiques, celui de l'inclinaison; il n'est donc plus guère possible de se refuser à la pensée qu'ils sont tous les mêmes.

644. Cette propriété d'inclinaison dans les furcelles fournit un moyen facile de s'orienter, du moins par approximation, dans un lieu dont on connaît mal la position. J'expliquerai mieux ceci en citant ce qui m'est arrivé. Au mois de janvier 1824 je traversais un canton que je n'avais parcouru qu'une ou deux fois, dix-huit ou vingt ans auparavant. J'étais accompagné de trois personnes qui n'y avaient jamais passé; nous fûmes surpris par une nuit très-sombre, la terre était couverte de neige, et un épais brouillard ajoutait à l'obscurité. Nous nous égarâmes totalement. Je savais seulement que je devais marcher à l'est, et qu'alors je rencontrerais immanquablement une vallée mieux gravée dans ma mémoire, et où mes souvenirs me suffiraient; mais il fallait s'assurer de cette direction, que des chemins croisés dans tous les sens m'avaient fait perdre. Je descendis de voiture, et, laissant mes compagnons en arrière, je rompis dans un buisson une branche toute couverte de givre,

j'en fis une furcelle pourtant bien imparfaite, et, me perdant dans l'obscurité, je plaçai un écu de cinq francs dans ma main droite; je marchai en différens sens, bientôt la furcelle s'éleva, je reconnus par plusieurs essais vers quel point je devais me diriger pour qu'elle se penchât vers moi, c'était le nord; la direction opposée vérifia ma conjecture en éloignant la furcelle de ma poitrine; enfin, deux directions perpendiculaires l'abattirent tout-à-fait, et, confirmant mon opération, me donnèrent l'ouet et l'est. J'appelai mes compagnons, nous marchâmes en ce dernier sens, et en moins d'une demi-heure j'étais en pays de connaissance.

Suite des expériences.

645. Après avoir retrouvé la propriété de l'inclinaison magnétique, non-seulement dans les furcelles qui reçoivent l'impression de l'aimant, mais encore dans celles qui sont influencées par les fluides électriques et par ceux qui semblent émaner du corps humain, une induction bien naturelle, puisque c'est le même phénomène vu sous un autre aspect, devait me faire rechercher la direction. Ici je n'ai pas eu un succès aussi complet que pour l'inclinaison, mais j'ai cru voir des traces évidentes de cette propriété, et j'ai pu soupçonner les causes qui l'empêchaient de se développer complètement.

646. Il faut d'abord se bien représenter la position ordinaire que j'ai adoptée et décrite pour tenir la furcelle. On conçoit que lorsqu'elle est en mou-

vement elle tourne autour d'un axe horizontal, imaginaire, dont les poignées sont les prolongemens, et les deux mains les moyeux. De plus, les deux mains sont tournées en supination, mais fermées, et les pouces sont en dehors. Si l'on veut que la furcelle puisse obéir à une force de direction qui est censée horizontale, il faut que l'axe autour duquel elle tourne devienne vertical. Or, cela se peut faire après qu'on a pris la furcelle dans la position ordinaire, en élevant une main, la gauche, par exemple, baissant la droite, les tournant de manière que leur plan soit vertical et que le dos des deux mains soit tourné à gauche ; mais on sent que cette position devient extrêmement gênante et incommode. On peut aussi, en prenant d'abord la furcelle, mettre une des deux mains, la gauche, par exemple, en supination comme à l'ordinaire, et la droite en pronation ; alors le pouce de la gauche se trouve en dehors, et le pouce de la droite en dedans ; puis donnant aux bras un mouvement comme si on voulait faire agir une tarière, on parvient à une position bien moins gênante que la précédente ; mais nous avons vu que lorsqu'on prend la furcelle pour les expériences ordinaires, il paraît nécessaire, du moins si l'on ne veut pas compliquer le phénomène, de mettre les deux mains en supination, ou les deux pouces en dehors ; or, dans la position que nous venons d'indiquer pour rendre l'axe vertical, une des mains est restée par rapport à la furcelle comme ayant d'abord été mise en pronation, et le pouce est en dedans. Il se peut donc que cette seconde position nuise au développement du phénomène. Quoi qu'il en soit, c'est le plus ordinairement elle que j'ai adoptée dans les expériences qui suivent.

647. Si tenant la furcelle comme il vient d'être dit, ou dans un plan vertical, et son sommet se portant en avant à l'opposite du corps, on marche est et ouest sur un terrain qui n'est pas excitateur, le sommet de la furcelle se trouve dirigé à l'est ou à l'ouest. Alors si préalablement on a touché l'un des pôles de l'aimant avec la tête de la furcelle, elle tourne sur son axe, et, venant à faire un angle à peu près droit avec la direction qu'on suit, elle se trouve dirigée au nord ou au sud, selon le pôle qu'on a touché. Mais si l'on continue l'expérience, on rencontre des obstacles; en effet, supposant qu'on marche d'abord à l'est, et que la furcelle se soit tournée au nord, elle est alors dirigée vers la gauche de l'observateur; si l'on veut ensuite marcher vers l'ouest, on peut se retourner de deux façons, d'abord par le midi, et, faisant ce qu'on appelle militairement le demi-tour à droite, alors la furcelle, qui doit décrire une demi-révolution pour se reporter au nord, doit faire passer son sommet du côté du corps de l'observateur; or, il m'a semblé que dans ce trajet elle recevait du corps une influence telle qu'on ne trouvait plus ensuite rien de bien déterminé, et que le plus souvent elle ne montrait plus aucune force de direction. Si au contraire pour faire face à l'ouest on fait le demi-tour à gauche,

alors la furcelle, qui, en commençant l'expérience, était dirigée en avant, et qui s'est portée vers la gauche de l'observateur, doit de nouveau se reporter en avant pour passer à sa droite, ainsi elle doit rétrograder, et j'ai cru voir qu'elle opposait quelquefois un peu d'obstacle à ce changement de direction.

648. En un mot, les premiers mouvemens faits par la furcelle après qu'elle a touché l'aimant paraissent régis par la force de direction; mais la suite du phénomène est troublée par d'autres influences, et l'ensemble de l'expérience est gêné par la position incommode ou défectueuse qu'on est obligé de prendre.

649. Il arrive quelquefois une anomalie plus singulière, et qui est plus frappante, quand au lieu de toucher l'aimant avec la tête de la furcelle on attache en cet endroit une aiguille aimantée. Lorsque avec une semblable préparation j'ai fait les expériences d'inclinaison (596 et 597), la pointe qui était en avant a semblé maîtriser la furcelle; si c'était la pointe bleue, elle est descendue vers le nord, et a comme entraîné l'instrument; ici le plus ordinairement il arrive un effet semblable, et si c'est la pointe bleue ou australe qu'on porte en avant vers l'est ou l'ouest, on dirait qu'elle fait tourner la furcelle et se porte au nord. Mais quelquefois le contraire est arrivé, et j'ai vu la pointe australe ou la pointe bleue aller au sud. J'ai vu aussi la pointe boréale aller au nord. Je ne sais d'où peut provenir cette particularité. Pour la

découvrir il faudra bien connaître le mode de polarisation de la furcelle, il faudra aussi rechercher s'il est indifférent de mettre la main gauche au-dessus ou au-dessous de la droite.

65o. Les expériences de l'art. 642 m'indiquaient assez ce qui me restait à faire ici ; en effet, si, tenant la furcelle comme je l'ai expliqué tout à l'heure, on met dans la main droite des pièces d'argent, ou dans la main gauche des pièces de cuivre, on obtient aussi quelque mouvement. Mais j'avouerai que la gêne de ces expériences et l'obscurité qui régnait sur elles ont été cause que j'en ai peu fait ; cependant j'ai pu me convaincre qu'une force de direction semblable à celle qui s'est fait sentir quand l'aimant servait d'excitateur s'est encore montrée et a donné des résultats analogues.

COROLLAIRE LI.

651. Ceci achève de confirmer ce que nous avons déjà dit, et en y réunissant ce que contiennent les précédens corollaires il en résulte évidemment que les furcelles n'échappent point aux forces qui dirigent l'aiguille aimantée ; à la vérité la direction proprement dite ne s'y montre que très-obscurément ; mais comme cette direction dans un plan horizontal n'est qu'un cas particulier de la direction considérée d'une manière plus générale, et n'est que le complément de ce qu'on a appelé l'inclinaison de l'aiguille, il m'a semblé qu'il suffisait à la rigueur de reconnaître que les furcelles étaient

soumises à la loi d'inclinaison pour pouvoir conclure qu'elles obéissaient aux forces de direction magnétiques, sauf à rechercher les modifications que la nature de l'instrument et des autres corps qui interviennent dans l'expérience pourraient y apporter.

652. Ainsi donc les furcelles incitées par le magnétisme ou par l'électricité sont soumises à des lois de direction relativement aux pôles du monde. Mais nous avons vu aussi dans le précédent corollaire, par la répétition des expériences 579 et 580, qu'un fluide étranger à l'argent et transmis par lui à la furcelle l'a de même mise sous l'influence pôlaire; or, ce fluide, qui n'était pas le fluide électrique propre à l'argent, et que le côté gauche du corps avait épanché sur lui, paraît être un des fluides bacillogires; ceux-ci, comme le magnétisme et l'électricité, soumettent donc les furcelles aux lois de direction.

653. Mais il en est une autre preuve bien plus convaincante, c'est la remarquable expérience que j'ai rapportée chapitre XVI (395): pour bien saisir l'analogie qu'elle nous fournit entre l'action des fluides magnétiques et celle des fluides bacillogires, il faut se rappeler ce qui arrive à une aiguille magnétique d'inclinaison, quand on la promène sur un barreau aimanté. On sait qu'une des pointes de l'aiguille se dirige vers un des pôles du barreau; plus on approche l'aiguille de ce pôle, plus elle s'incline, et elle devient perpendiculaire au barreau quand elle est vis-à-vis du pôle; après quoi, se dirigeant toujours au même point, si on lui fait

dépasser le pôle, elle se renverse et prend une inclinaison en sens contraire de celle qu'elle avait d'abord. L'aiguille d'inclinaison suit les mêmes lois par rapport au pôle du monde ; elle est horizontale vers l'équateur, et tout porte à croire qu'elle serait verticale au-dessus d'un pôle magnétique. Cette aiguille, obéissant à l'influence des pôles du monde, nous présente le phénomène en grand, et lorsque le magnétisme terrestre est le moteur. Quand on emploie le barreau aimanté, c'est le même phénomène en petit ; le magnétisme du barreau est le moteur, et l'aiguille obéit à son influence. De même lorsque, marchant nord et sud sur un sol non excitateur, nous avons vu la furcelle, incitée par le magnétisme ou l'électricité qu'elle a reçue d'un corps quelconque, se soumettre avec de très-légères modifications aux lois du magnétisme terrestre, et céder à sa puissance, voilà le phénomène en grand ; c'est le magnétisme du globe qui est le moteur ; il y a tout lieu de croire que la furcelle se tiendrait horizontale sous l'équateur, et verticale sur un pôle magnétique. Mais dans l'expérience 395 la furcelle cède à l'influence du sol excitateur ; elle se conduit par rapport à un lieu situé sous la surface de ce sol, comme l'aiguille d'inclinaison par rapport à un barreau aimanté.

654. Il me paraît difficile maintenant de ne pas regarder les fluides électriques, magnétiques et bacillogires comme très-probablement identiques. S'il en est ainsi on reconnaîtra que le fluide qui tend

à faire monter la furcelle est le même que le fluide positif et que le fluide boréal; et celui qui tend à faire descendre la furcelle est le même que le fluide négatif et que le fluide austral. Dans cette hypothèse on sent combien il serait intéressant d'avoir des résultats d'expériences faites dans l'autre hémisphère.

655. Sans doute je conviens que les effets électriques, magnétiques et bacillogires ne présentent pas une similitude complète; mais en supposant que ces fluides sont les mêmes, je suis loin de prétendre que leur manière d'agir soit la même dans ces différentes catégories. Dans l'électricité développée par frottement, une dose plus ou moins forte de fluide s'épanche et surcharge le corps électrisé; toujours prête à simuler la foudre, elle s'élance en étincelle ou en aigrette, elle surmonte certains obstacles qui l'arrêteraient si elle était moins abondante, aussi nous voyons (499) qu'elle semble parcourir avec une égale facilité dans les deux sens les tiges des plantes graminées. Dans le magnétisme il ne paraît pas qu'il y ait aucune communication de fluide d'un corps à l'autre, c'est seulement un changement dans la disposition ou dans l'état relatif des deux fluides, du moins cette idée, qui a été développée par M. Poisson (Annales de Chim. et de Phys., t. xxv, p. 113), me paraît celle qui fait le mieux concevoir les phénomènes magnétiques. Entre ces deux modes extrêmes, l'électricité développée par frottement et le magnétisme, les mêmes fluides peuvent avoir plusieurs manières

d'agir, et nous les verrons tantôt produire les phénomènes électro-dynamiques, tantôt dévoiler par les mouvemens de la furcelle une action très-faible, une surcharge insensible à d'autres instrumens; phénomènes moins frappans, mais qu'il nous est peut-être plus important d'étudier si nous voulons connaître la nature dans son état ordinaire, dans son état de santé, au lieu de l'examiner dans ses convulsions.

CHAPITRE XXII.

EXPÉRIENCES ÉLECTRIQUES ET MAGNÉTIQUES FAITES
SUR LE SOL EXCITATEUR.

656. L'aiguille aimantée, quand elle n'est point
en présence d'un aimant, obéit à l'influence du magnétisme terrestre; mais si on l'approche d'un aimant, c'est à lui qu'elle devient soumise sans par-
tage, et elle oublie pour ainsi dire les pôles de
la terre. Il y a lieu de croire que cette grande puissance que l'aimant prend sur elle tient à sa proximité, et qu'en le plaçant à une distance convenable on reconnaîtrait la combinaison des influences
du magnétisme terrestre et de l'aimant; je ne sais
jusqu'à quel point ces expériences ont été suivies;
mais quoi qu'il en soit cet effet très-naturel se manifeste à l'égard des fluides bacillogires, et quoique je n'aie pas répété sur le sol excitateur toutes les
expériences électriques ou magnétiques auxquelles
j'ai soumis la furcelle, les essais que j'ai faits à cet
égard m'ont présenté des différences de résultat
que je dois noter.

657. D'abord la direction est et ouest de la
marche ne m'a pas paru nécessaire à éviter; car
sur le sol excitateur n° 2 je marchais presque

précisément dans cette direction, et cependant l'action de la furcelle, qui sans doute était déterminée par le sol excitateur, n'était probablement pas soustraite aux influences magnétiques étrangères à ce sol.

658. De même que dans la première expérience de l'art. 53₂, il paraît que sur le sol excitateur, en mettant dans la main droite une pièce d'argent qui ait séjourné sur le côté droit, ou qui n'ait point été touchée depuis long-temps, la furcelle monte, et même l'effet ordinaire paraît augmenté, car j'ai vu des passages simples donner $+ 45°$ sur le sol excitateur nᵒ 1, un jour que les passages semblables, mais sans préparation, ne causaient aucun mouvement à la furcelle.

65g. Mais si on passe cette pièce d'argent dans la main gauche, la furcelle descend ; au lieu que hors du sol excitateur cette disposition donne zéro, même en marchant nord et sud.

66o. Cependant cet effet de la pièce d'argent à gauche n'a lieu que si on l'a employée immédiatement avant dans la main droite, et avec la même furcelle.

66i. Car si d'abord, et avec une furcelle neuve, on met dans la main gauche une pièce d'argent qui ait séjourné sur le côté droit, alors les passages sur le sol excitateur produiront le mouvement ascendant.

662. Et si on place immédiatement après cette pièce dans la main droite, sans changer de furcelle, les passages produisent le mouvement inverse.

663. Il est à remarquer que dans les expériences

658 et 659 la pièce d'argent a semblé seulement augmenter l'effet de la main dans laquelle elle a été placée. Quand elle s'est trouvée dans la main droite, la furcelle a monté, quelquefois même plus fort qu'elle n'aurait fait sans cela; quand cette pièce a passé à gauche, cette main a semblé avoir plus de puissance que la droite, et la furcelle est descendue comme si la main droite avait été annulée. Mais dans les deux expériences 661 et 662 l'ordre a été interverti. Quand la pièce a été à gauche, la furcelle a monté comme par la puissance de la main droite seule; et quand la même pièce a été mise à droite, le mouvement inverse s'est déterminé comme par la puissance de la main gauche seule. Aussi cette inversion de l'ordre ordinaire a-t-elle influé sur la furcelle; et après ces deux expériences elle s'est trouvée inverse en la soumettant aux passages, sans corps accessoires.

664. Cela fournit une très-bonne manière de se procurer des furcelles inverses; il suffit donc d'en avoir une neuve, de mettre dans la main gauche une pièce d'argent qui ait séjourné sur le côté droit; on fait alors quelques passages qui font monter la furcelle, puis on passe la pièce dans la main droite, encore quelques passages donnent le mouvement inverse, et la furcelle reste inverse.

665. Mais cette influence de la pièce d'argent ne paraît pas s'étendre au corps du bacillogire, car après avoir préparé par cette méthode une furcelle inverse, j'en ai pris une autre neuve, et, sans corps étranger dans mes mains, ayant fait un pas-

sage, cette dernière furcelle s'est trouvée ascendante comme à l'ordinaire.

666. Si l'on fait séjourner une pièce d'argent sur le côté gauche, nous avons vu (580) que ce métal prend des propriétés contraires à celles qui lui sont ordinaires; elles deviennent semblables à celles du cuivre.

667. Nous trouverons aussi qu'en employant pour quatre expériences analogues aux précédentes une pièce d'argent qui ait séjourné sur le côté gauche, les résultats sont inverses de ceux que nous venons d'indiquer.

668. En effet, un écu de cinq francs ayant été pendant une couple d'heures dans mon gousset gauche, je me rendis sur le sol excitateur n° 2, et je mis cette pièce d'argent dans ma main droite; la furcelle neuve que je tenais descendit, elle monta quand ensuite je passai l'écu dans la main gauche; et quand je ne fis plus usage de cette pièce, la furcelle se trouva inverse.

669. Mais pour obtenir les résultats que je viens d'indiquer depuis 658, il faut que la pièce métallique n'ait point encore causé de mouvement à la furcelle au moment où on entre sur le sol excitateur, car il en résulterait des modifications dont je n'ai pas étudié les détails. Je citerai seulement que quand je tiens une furcelle ascendante, et qu'avant d'entrer sur le sol excitateur je la fais monter par le moyen d'une pièce d'argent dans la main droite, cette furcelle descend dès que j'entre sur le sol excitateur ; mais si je multiplie

le passage, ce mouvement ne se soutient pas long-
temps, et la furcelle remonte peu après.

670. Tel est entre mes mains le résultat le plus
habituel de ces expériences; j'en dois noter quelques-unes qui semblent ou anomales ou même en
contradiction avec d'autres.

671. Le 28 juin 1822, étant sur le sol excitateur n° 1, je mis dans ma main gauche une pièce
d'argent qui avait séjourné sur mon côté droit, et
je pris une furcelle inverse; il n'y eut aucun mouvement.

672. Le 24 mai 1823, étant sur le sol excitateur n° 2, je mis dans ma main droite une pièce
d'argent qui avait séjourné sur mon côté gauche,
et je pris une furcelle ascendante. Il n'y eut aucun
mouvement, ni par un passage simple ni par un passage doublé; mais ayant continué, au troisième tour
la furcelle descendit.

673. La première fois que je fis l'expérience 658,
je n'avais point encore connaissance de l'effet des
pièces métalliques sur la furcelle hors du sol excitateur, je le supposai néanmoins immédiatement,
et pour vérifier mes soupçons je marchai hors du
sol excitateur, en tenant, outre la furcelle, une
pièce d'argent, soit dans la main droite, soit dans
la main gauche; il n'y eut aucun mouvement.
Ces expériences, qui sont absolument en contradiction avec celles du chapitre xx, m'avaient d'a-
bord fait rejeter l'idée du mouvement produit par
les pièces métalliques seules, mais j'ai lieu de croire
que cette nullité d'effet n'était produite que par le

sens dans lequel je marchais, que je n'ai pas noté,
et qui pouvait être est et ouest.

Corollaire LII.

674. Tout en maintenant le parti que j'ai adopté
de ne point me livrer à l'esprit de système et aux
explications, je crois devoir faire remarquer les
particularités qui paraissent tenir à des lois recon-
nues, afin d'isoler davantage les inconnues et de
fixer l'attention sur elles.

675. Or, dans les expériences 658, 659, 661
et 662, nous reconnaissons l'action de plusieurs
forces qui se combinent, et la furcelle obéit à leur
résultante. Dans le mouvement ascendant, produit
sans pièces métalliques, il nous a paru que les
forces transmises par la main droite l'emportaient
sur les forces transmises par la main gauche, qui
tendent à produire le mouvement inverse. Il semble
aussi qu'une pièce d'argent par elle-même, ou si
elle a séjourné sur le côté droit, tend à produire
le mouvement ascendant (532, 546, 579), tandis
que si elle a séjourné sur le côté gauche elle tend
à produire le mouvement inverse (580). Donc,
dans les expériences 658 et 661, où les forces ascendantes auraient déjà eu l'avantage sans la pièce
d'argent, il n'est pas étonnant que le mouvement
ascendant ait été très-déterminé, puisque nous avons
mis en jeu une nouvelle force ascendante. Quant aux
expériences 659 et 662, c'est précisément là qu'on
rencontre une particularité dont je ne veux pas

essayer en ce moment de rechercher la cause ; ce qui précède est trop hypothétique pour chercher à l'appliquer à des cas particuliers.

Suite des expériences.

676. Sur le sol excitateur, comme partout ailleurs, il paraît nécessaire que les pièces métalliques que l'on place dans une main soient en nombre impair, et si déjà ce fait a pu paraître étonnant lorsque ces pièces métalliques semblaient être la cause efficiente du mouvement (532, 536, 538), il est encore plus surprenant ici, car non-seulement les pièces en nombre pair n'ont pas d'action par elles-mêmes, mais encore elles semblent anéantir ou au moins atténuer très-sensiblement l'influence du sol excitateur. Ce résultat m'a paru constant, soit que j'aie employé des pièces d'argent de cinq francs, ou des pièces d'or de quarante francs.

677. Si on emploie des pièces de cuivre, les effets sont inverses, mais analogues. Quand on en met un nombre impair dans l'une ou l'autre main et qu'on passe sur le sol excitateur, le résultat de la première expérience est le mouvement inverse ; si ensuite on les change de main, la furcelle monte.

678. Si les pièces sont en nombre pair, la furcelle ne descend pas. J'ai même vu quelquefois que le cuivre, ayant alors une action presque totalement nulle, laissait agir la tendance naturelle de la furcelle, qui était ascendante, et elle montait un peu. J'ai fait ces essais avec des pièces de cuivre polies, de dix-neuf lignes de diamètre.

Corollaire LII.

679. Le petit nombre d'expériences que je viens de rapporter sur la combinaison des effets bacillogires et de l'électricité suffit pour faire entrevoir comment se modifient ces deux manières d'agir de la même cause. J'ai bien encore la note de quelques expériences faites en plaçant les pièces métalliques entre les pieds et le sol excitateur, c'est une autre manière de combiner l'action électrique simple avec celle du sol excitateur. Mais comme je n'ai point étudié l'action isolée de ces pièces ainsi placées, je n'aurais pas de terme de comparaison, et pour le moment il en rejaillirait peu de jour sur un sujet aussi obscur.

Suite des expériences.

680. Si l'on prend une aiguille aimantée, et qu'on l'attache à la tête d'une furcelle ascendante, en forme d'appendice, en mettant en avant sa pointe bleue (celle qui tourne vers le nord et qui contient le pôle austral), et qu'on marche sur le sol excitateur, la furcelle monte ; effet contraire à ce qui arrive hors du sol excitateur, d'après l'art. 596.

681. On pourrait croire que l'aiguille aimantée est ici sans influence, et que la furcelle obéit simplement à l'action du sol excitateur. Mais si on attache l'aiguille en mettant sa pointe blanche en avant, la furcelle ne monte plus, ou du moins

beaucoup moins, et il faut ordinairement des passages multiples pour lui donner quelque mouvement.

682. Cette opposition de l'effet de l'aiguille sur le sol excitateur avec son action en tout autre local, est encore plus frappante lorsqu'ayant disposé l'appareil comme en 680, on commence à marcher du sud au nord et à faire ainsi soixante ou quatre-vingts pas avant d'entrer sur le sol excitateur; la furcelle baisse alors comme en 596, puis, si l'on passe tout-à-coup sur le sol excitateur, elle se relève promptement comme en 680.

683. On doit maintenant penser, et cela arrive en effet, que si on emploie une furcelle inverse les résultats seront contraires. Si donc à une telle furcelle on attache une aiguille aimantée, la pointe blanche en avant, le mouvement inverse se prononce promptement; résultat contraire à ce qui arrive hors du sol excitateur.

684. Si c'est la pointe bleue qu'on met en avant, ou la furcelle ne descend pas, ou elle ne descend que dans le premier instant, et reste à zéro si on recommence les passages, ou enfin ne cède qu'à des passages multiples.

685. En agissant comme pour 682, on rend l'expérience 683 plus remarquable. Si en effet, avant d'entrer sur le sol excitateur, on fait soixante ou quatre-vingts pas du nord au sud, la furcelle monte, et elle descend dès qu'on s'avance sur le sol excitateur.

Corollaire LIV.

686. Outre les motifs que nous avons si souvent rappelés, et qui prouvent le danger des conclusions et des explications prématurées, il y a ici une raison particulière de suspendre son jugement, c'est qu'on entrevoit immédiatement deux modes d'action différens, qu'on peut attribuer à l'aiguille aimantée.

687. En effet nous avons vu dans le chap. xxi que le contact avec un aimant donnait à la furcelle au moins une partie des propriétés de l'un ou de l'autre de ses pôles, et notamment celle de l'inclinaison. Les phénomènes que nous venons d'indiquer peuvent tenir au même principe ; la présence de l'aiguille aimantée peut polariser la furcelle, et si les résultats sont contraires à ceux du chap. xxi, cela peut provenir de l'état du sol excitateur, qui paraît propre à fournir une surabondance de l'un ou de l'autre fluide. Mais aussi l'aiguille aimantée peut faire ici tout simplement les fonctions d'appendices et laisser passer dans certains cas l'un des fluides fournis par le sol excitateur, tandis que dans d'autres cas elle le retient dans la furcelle. Sans approfondir ces deux systèmes, nous pouvons remarquer que si le sol excitateur agissait sur la furcelle armée de l'aiguille d'une manière analogue à l'un des pôles du monde, il semblerait que si cet instrument monte quand la pointe bleue est en avant, il devrait descendre lorsque la pointe blanche est libre, ce qui n'arrive pourtant pas (681). Dans

l'autre hypothèse on peut croire que la furcelle se chargeant du fluide A (positif ou boréal), dès le moment où l'on commence l'expérience 680, ce fluide s'accumule près du sommet de la furcelle et ne peut s'échapper par la pointe bleue de l'aiguille, pointe où est centralisé le fluide austral ; alors la furcelle monte. Mais dans l'expérience 681, où la pointe blanche est en avant, il paraîtrait que le fluide A s'écoule. Il est évident qu'un raisonnement analogue s'appliquerait à la furcelle inverse, et on conclurait en général que la pointe bleue de l'aiguille (pointe qui va au nord et qui contient le fluide austral) ne laisse point passer le fluide boréal, ou le retient autour d'elle, mais laisse couler plus ou moins librement le fluide austral, ou peut-être l'empêche d'approcher de la tête de la furcelle ; tandis qu'au contraire la pointe blanche (pôle boréal) ne laisse point passer ou retient le fluide austral, mais laisse couler plus ou moins librement le fluide boréal ou l'empêche d'approcher.

688. On pensera ce qu'on voudra de ces deux hypothèses, mais il m'a semblé qu'il était bon de les avoir sous les yeux en étudiant ce qui suit. Au reste on doit remarquer qu'ils ne s'excluent pas mutuellement, et qu'il peut y avoir en même temps polarisation des fluides propres de la furcelle, et accumulation des fluides communiqués.

Suite des expériences.

689. En rapportant les expériences 681 et 684,

nous avons fait entrevoir qu'en prolongeant les passages et les rendant multiples on finissait par donner à la furcelle le mouvement qu'elle devrait avoir si l'aiguille aimantée n'y était pas jointe ; en effet, dans l'une de ces expériences semblables à 681, où, avec une furcelle ascendante, la pointe blanche était en avant, les passages simples ne donnaient rien, mais un passage multiple donna un mouvement ascendant très-marqué.

690. Au lieu d'une aiguille aimantée, j'en attachai deux à la tête de la furcelle, en mettant les deux pointes blanches en avant ; l'instrument se trouvait ainsi armé d'un aimant plus fort ; il résista par ce moyen à un passage de huit tours, qui ne donna aucun mouvement.

691. Mais si la prolongation des passages surmonte quelquefois l'inertie causée par certaine position de l'aiguille, on parvient par le même moyen à annuler le mouvement favorisé par d'autres positions. En effet, ayant pris une aiguille aimantée de petite taille (deux pouces et demi) et assez faible, je la plaçai la pointe bleue en avant, à la tête de la furcelle ascendante, et je fis un passage multiple. Dès le premier tour j'eus $+ 90°$, et la furcelle se maintint dans cette position jusqu'au sixième tour, pendant lequel elle retomba à zéro.

692. Pensant que cette opération avait pu altérer la polarisation de l'aiguille, je l'attachai promptement à une furcelle inverse, mais en mettant la pointe blanche en avant, et je marchai sur le sol excitateur. D'après l'expérience 683 la furcelle devait

baisser, mais elle resta sans mouvement pendant un passage de deux tours. Ainsi réellement sous ce|rapport l'état de l'aiguille était renversé. Mais telle qu'elle était, et sans la détacher de la furcelle, je présentai cette pointe blanche à une autre aiguille aimantée qui était suspendue sur le pivot. Les attractions eurent lieu comme à l'ordinaire, c'est-à-dire que la pointe blanche attira la pointe bleue et repoussa l'autre pointe blanche.

693. Au reste ce contact rendit à l'aiguille attachée ses propriétés relativement à la furcelle, car, ayant fait un nouveau passage simple, cette furcelle inverse descendit à — 45°; ainsi elle agit conformément à l'expérience 683.

694. L'expérience 691 semblait indiquer que la furcelle armée d'une aiguille aimantée était susceptible de devenir intermittente; j'en ai fait l'essai et j'ai réussi sans peine. C'était sur le sol excitateur n° 2; la furcelle ascendante était garnie d'une aiguille aimantée, la pointe bleue en avant. Vers le dixième tour j'ai eu la première période de repos; la seconde est venue vers le quatorzième tour. Au seizième tour, étant dans un fort accès descendant, j'ai présenté cette pointe bleue à la pointe bleue d'une autre aiguille suspendue sur son pivot, elle l'a repoussée comme à l'ordinaire. J'ai répété ces approches pendant des périodes de repos, pendant des accès montans ou descendans, toujours le pôle sud a repoussé le pôle sud.

Corollaire LV.

695. Il me paraît difficile d'expliquer toutes ces expériences par la simple polarisation de la furcelle, et sans admettre une surcharge de fluides. L'expérience 691 est particulièrement remarquable à cet égard, car comment la polarisation acquise changerait-elle en prolongeant les passages? L'expérience 693 fournira les mêmes conclusions; et cette dernière, jointe à 692, prouve que si les expériences bacillogires peuvent altérer l'état magnétique des aiguilles, cette altération ne peut résister aux approches d'un autre aimant, même faible.

Suite des expériences.

696. Après avoir employé l'aiguille aimantée comme appendice, j'ai dû l'essayer comme soustracteur.

697. Je pris une furcelle ascendante, et lorsque son mouvement fut bien déterminé sur le sol excitateur, une autre personne, qui tenait à la main une aiguille aimantée de trois pouces de long, toucha avec sa pointe bleue la tête de ma furcelle; celle-ci retomba sur-le-champ à zéro.

698. Le contact fut ensuite donné avec la pointe blanche; le mouvement ascendant ne fut pas arrêté ou fut même un peu augmenté.

699. J'ai attaché un gros clou de fer, la pointe en avant, à la tête de la furcelle, et pour éviter

qu'il ne fît l'effet d'un appendice annulant, je l'enveloppai de soie. Le mouvement ascendant s'étant déterminé à l'ordinaire sur le sol excitateur j'ai touché avec la pointe enveloppée de ce clou la pointe bleue d'une aiguille aimantée, suspendue sur son pivot. La furcelle est retombée à zéro.

700. Lorsque par un autre passage la furcelle fut remontée, je touchai de même avec ce clou la pointe blanche de l'aiguille; le mouvement ascendant continua.

701. J'ai fait des expériences analogues à 697 et 698, mais au lieu de faire toucher la tête de la furcelle ascendante avec une aiguille aimantée, j'ai employé un aimant artificiel, assez fort, que j'avais suspendu sur le sol excitateur, près de l'endroit où je commençais mes passages. J'attendais pour le toucher que la furcelle eût un mouvement bien déterminé. Alors, toutes les fois que j'ai touché le pôle austral, la furcelle est retombée, et quand je touchais le pôle boréal, elle continuait à monter.

702. Quelques irrégularités ou anomalies que je crus voir dans une expérience me déterminèrent à répéter celle-ci avec soin. A cet effet, j'ai suspendu l'aimant artificiel près du bord du sol excitateur, de manière qu'il pouvait être touché immédiatement en y entrant, et dans d'autres cas sans en sortir.

703. Et d'abord le mouvement ascendant étant bien déterminé, j'ai touché le pôle austral avec la tête de la furcelle, elle est tombée subitement; et même, sur quatre fois que j'ai répété l'expérience,

cet instrument est descendu une fois à — 45°. Ce résultat paraît contraire à ce qui se passe dans l'expérience 619, hors du sol excitateur.

704. Immédiatement en entrant sur le sol excitateur, et avant que la furcelle ait eu le temps de recevoir aucune impression, j'ai touché avec son sommet le pôle austral, et j'ai continué à marcher sur le sol excitateur. Elle est montée à + 90°. Cette expérience, répétée deux fois, est conforme à ce qui arrive (619) hors du sol excitateur.

705. Le mouvement ascendant étant bien déterminé comme en 703, j'ai touché le pôle austral ; la furcelle est retombée ; mais ayant réitéré les contacts avec des intervalles pendant lesquels je faisais quinze à vingt pas sans sortir du sol excitateur, la furcelle a continué de descendre au second et au troisième contact ; mais au quatrième elle a remonté. Cet essai a été répété deux fois.

706. Le mouvement ascendant étant bien déterminé, j'ai agi comme en 703, mais c'est le pôle boréal que j'ai touché. La furcelle a continué de monter fortement, et sur trois fois que j'ai répété cette expérience, une fois elle a fait trois quarts de révolution. Cet effet paraît contraire à ce qui arrive (620) hors du sol excitateur.

707. En entrant sur le sol excitateur et avant que la furcelle ait pu recevoir aucune impression, j'ai touché le pôle boréal, et j'ai continué à marcher sur le sol excitateur ; la furcelle est descendue à — 80°. Cette expérience, qui est d'accord avec 620, a été répétée deux fois.

708. Le mouvement ascendant étant bien déterminé, j'ai touché le pôle boréal; la furcelle a continué à monter comme en 706; mais ayant réitéré les contacts après de légers intervalles, au troisième elle est retombée à — 50°, et ayant fait une seconde fois l'expérience, de même au troisième contact la furcelle est tombée à — 80°.

709. J'ai indiqué le nombre de fois que j'ai répété chaque essai le même jour; mais une autre fois j'ai répété toute la série, et j'ai eu des résultats semblables.

Corollaire LVI.

710. Ici comme dans le corollaire LIV, deux systèmes se présentent à l'imagination, car l'aimant par son contact peut polariser la furcelle, ou bien il peut agir comme soustracteur et lui enlever par l'un de ses pôles le fluide qui la met en mouvement. Quoi qu'il en soit il convient pourtant de remarquer que dans le corollaire LIV, en appliquant aux expériences qui l'ont précédé l'idée que l'aiguille aimantée pouvait agir en retenant ou laissant passer les fluides, nous avons dit que dans l'expérience 680 le fluide A, vitré ou boréal, ne paraissait pas pouvoir s'échapper par la pointe bleue (pôle austral); et ici nous voyons que c'est le contact du pôle austral qui annule la furcelle ascendante. Le fluide vitré ou boréal se maintient-il donc autour de la partie australe de l'aimant? Il s'ensuivrait que ce fluide resterait à la tête de la furcelle quand l'aimant y est attaché (596), mais qu'il abandon

nerait la furcelle quand l'aimant est employé comme soustracteur (697, 701, 703).

711. Dans les expériences 703 et 706, l'action de l'aimant sur une furcelle déjà chargée a des résultats contraires à ce qui se passe hors du sol excitateur. Dans 704 et 707, le contact de l'aimant a précédé la charge de la furcelle, et l'a peut-être empêchée, puisque tout s'est passé comme hors du sol excitateur. Dans 705, les premiers contacts avec la furcelle chargée ont donné un résultat semblable à 703 ; mais si après trois contacts la furcelle s'est trouvée déchargée, elle a dû se trouver comme en 704, et un nouveau contact a dû produire le même effet que dans cette dernière expérience, et c'est ce qui est arrivé avec des intensités variables. Enfin, en 708, on ne voit point, en suivant les mêmes idées, que le pôle boréal ait pu soustraire à la furcelle le fluide boréal qui la met en mouvement.

712. Mais au lieu de choisir dans les deux hypothèses dont nous venons de parler, si on les combine ensemble on pourra concevoir une explication des expériences précédentes, qui sera peut-être une fiction, mais qui pourra aider à se les représenter. Il suffit pour cela de supposer 1° qu'il y a dans la furcelle une certaine quantité des deux fluides, quantité propre à la furcelle, et qui ne peut l'abandonner ni·lui être enlevée ; mais ces deux fluides peuvent se séparer et se polariser (phénomène analogue à ce qui se passe dans l'aimantation); 2° que la furcelle peut acquérir une

surcharge des deux fluides qui lui viennent du sol excitateur, qui peuvent lui être enlevés, soit ensemble, soit séparément, et dont la proportion et la disposition peuvent varier (phénomène analogue à ce qui se passe dans les expériences électriques ordinaires); 3° il faut encore admettre que tous ces mouvemens des fluides n'ont pas lieu avec la rapidité électrique, mais avec une certaine lenteur analogue à celle qui se remarque dans les effets de l'aimantation.

713. N'oublions pas que sur le sol excitateur, lorsque la furcelle monte, il paraît que le fluide A, ou boréal, est prédominant, et que quand elle descend c'est que le fluide I, ou austral, est prédominant; c'est là ce que nous avons entrevu du phénomène bacillogire, sans avoir cherché à l'expliquer.

714. Cela posé, si, marchant sur le sol excitateur, la furcelle est montée, je dois croire qu'elle a acquis une surcharge de fluides, et que le boréal y est prédominant. Si alors je touche le pôle austral de l'aimant, il agira comme soustracteur, et il enlevera la surcharge boréale; la furcelle restera soumise à la surcharge australe, et elle baissera (703).

715. Si je n'ai point encore marché sur le sol excitateur, lorsque je touche le pôle austral, il n'y a pas de surcharge; la furcelle se polarise, sa tête devient boréale, et elle monte (704).

716. Si, commençant comme en 714, je réitère les contacts, la surcharge australe, qui seule est restée sur la furcelle, finit par être refoulée vers

les mains ; la furcelle se trouve dans le cas de 715, et se polarise ; sa tête devient boréale, et elle monte (705).

717. Si, la furcelle étant montée par l'effet du sol excitateur, je touche le pôle boréal, il enlève la surcharge australe ; la surcharge boréale, qui déjà était prédominante, n'en est que plus puissante, et la furcelle monte fortement (706).

718. Si je n'ai point encore marché sur le sol excitateur quand je touche le pôle boréal, il n'y a pas de surcharge ; la tête de la furcelle devient australe par suite de la polarisation, et elle baisse (707).

719. Enfin si, commençant comme en 717, je réitère les contacts, la surcharge boréale restée seule est refoulée vers les mains, la furcelle se polarise, sa tête devient australe et baisse (708).

720. Qu'on me pardonne cette petite campagne dans le domaine de l'imagination ; dans l'exposé d'expériences aussi monotones j'ai peut-être de l'avantage à présenter quelques idées à la critique, quand ce ne serait que pour soutenir l'attention.

CHAPITRE XXIII.

APPLICATION DES EXPÉRIENCES BACILLOGIRES A LA
PHYSIOLOGIE VÉGÉTALE.

Introduction.

721. Nous avons vu dans le chapitre ix que les tissus végétaux étaient plus ou moins perméables aux fluides bacillogires, et ce fait n'aurait même plus besoin de démonstration depuis que nous avons montré l'identité des fluides bacillogires et des fluides électriques ; mais nos recherches ne nous ont pas laissé avec cette seule donnée ; nous savons que les fluides bacillogires ne traversent pas les organes végétaux dans tous les sens, comme l'eau traverse une éponge, et qu'au contraire ils y ont des routes déterminées dont ils ne paraissent pas s'écarter, du moins tant qu'ils ne sont pas dans une trop grande abondance. Nous tirerons de là une première induction, c'est qu'il y a quelque rapport entre les organes élémentaires des plantes ou entre leurs fonctions vitales et les fluides bacillogires.

722. Il est nécessaire de remarquer que le mou-

vement des fluides bacillogires dans les plantes ne paraît pas restreint au moment des expériences. Des tiges restées sur leurs racines et seulement coupées par le haut pour pouvoir toucher leur intérieur, des feuilles sans être détachées et sans aucune mutilation, ont produit par leur contact avec la furcelle tous les effets que nous avons remarqués en les employant comme soustracteurs ; et d'ailleurs ce mouvement habituel serait encore une induction fournie par la nature électrique de ces fluides, car il n'est pas naturel de supposer que ces corps végétaux, dont la température et l'humidité varient, qui sont plongés dans des milieux dont l'électricité varie, qui sont frappés par une lumière périodiquement variable, et qui enfin sont perméables à l'électricité, conservent toujours la même dose de fluides électriques.

723. Ainsi donc tout nous porte à croire que les fluides électriques ou bacillogires parcourent habituellement dans les végétaux des routes déterminées.

724. Mais si les expériences que nous avons exposées sont suffisantes pour nous faire reconnaître cette propriété des fluides bacillogires en les regardant comme but de nos recherches, elles indiquent aussi un état relatif des organes végétaux différent d'un organe à l'autre, différent d'une plante à une autre, peut-être différent à diverses époques de la végétation d'une même plante ; et dès lors la question tombe dans le domaine de la physiologie végétale. Il ne s'agit plus de reconnaître une propriété des

fluides, on cherche la constitution des plantes par rapport à ces mêmes fluides.

725. Et qu'on ne pense pas qu'il s'agisse d'étudier un petit phénomène isolé, sans influence sur la végétation, ou qui jusqu'à présent, presque inaperçu, doit jouer un bien faible rôle. Tout se lie dans la nature ; le peu que nous savons sur la vie végétale et animale se compose de phénomènes qui s'enchaînent les uns les autres, et qui sont évidemment dans la dépendance d'autres phénomènes couverts encore pour nous d'un épais nuage. Ainsi, toutes les fois que nous faisons un pas dans cette carrière de découvertes, toutes les fois que nous repoussons un peu le nuage obscur, non-seulement nous voyons quelque chose de nouveau, mais encore une lumière plus abondante doit rejaillir sur tous les objets. Nous pensons donc que les phénomènes bacillogires peuvent nous éclairer sur la physiologie végétale; et ces fluides électriques qui se présentent dans toute la nature, qui pénètrent tous les corps, jetteront peut-être quelque éclair, du moins quelque étincelle lumineuse dans les secrets replis de l'organisation des plantes.

726. Mais pour achever de nous convaincre de l'utilité probable de ce genre de recherches, il nous faut jeter un coup-d'œil rapide sur l'organisation élémentaire des plantes. Ici, je dois en convenir, tout le monde n'a pas vu des mêmes yeux; pourtant je ne ferai nul effort pour accorder les divers systèmes, je parlerai d'après mes propres observations, mais je parlerai avec plus d'assurance quand

j'aurai l'avantage de me trouver d'accord avec des observateurs justement célèbres.

727. Toute nouvelle production végétale, tout accroissement à un organe, ou tout organe dans son premier âge, commence par être une masse de tissus cellulaires. Cette opinion, conforme à celle de M. de Mirbel, m'a paru généralement vraie, et de longues recherches ne m'ont point fait voir d'exception, pourvu, et je crois qu'on l'admettra facilement, pourvu que l'on ne se laisse pas séduire par l'extrême exiguité de certaines plantes ou de certains organes filamenteux, et que l'on veuille bien concevoir cette masse de tissus cellulaires comme susceptibles de toutes les variations de forme, et comme pouvant s'étendre en lames ou se prolonger en filamens.

728. Les cellules qui forment cette masse ont été judicieusement comparées à de l'écume de savon ou à de la mousse de bière ; seulement elles sont ordinairement plus égales entre elles, du moins dans celles qui composent une même partie d'un même organe. Dans la jeunesse de ce tissu, comme dans l'écume, la paroi qui sépare deux cellules forme une seule membrane, une seule couche commune aux deux cellules (1); la forme de celles-ci tend à être

____

(1) M. Linck admet des parois particulières à chaque cellule ; ainsi il les reconnaît pour des utricules ou vésicules (*Ann. mus.*, t. XIX, p. 310). A la vérité il reconnaît que souvent elles ne sont pas séparables, et c'est ce qu'il appelle cellules combinées. Il semblerait donc qu'il les croit naturellement distinctes, et que c'est par un effet subséquent, ou du moins secondaire , qu'elles se réunissent. Je pense que c'est l'in-

globuleuse ou allongée, et la pression qu'elles exercent les unes sur les autres les rend polyèdres ; mais ces polyèdres sont ordinairement irréguliers, parce que les cellules sont irrégulièrement situées entre elles, et qu'elles ne sont pas parfaitement égales ; enfin leurs parois membraneuses ne laissent pas ordinairement paraître de pores, même au microscope ; et si quelquefois on croit en voir, c'est plutôt un soupçon qu'une perception évidente.

729. Tel est le premier produit de la végétation. Dans cette masse qu'un simple souffle semble pouvoir imiter, l'action vitale va se tracer des routes ; nous verrons bientôt en effet des cellules s'aligner les unes par rapport aux autres, et se disposer dans un sens ou dans un autre par rangées qui se distinguent dans le reste de la masse, non par le volume des cellules, qui n'a que peu ou point changé, mais par l'ordre qu'elles affectent ; elles représentent une veine subcylindrique, coupée par une multitude de petits diaphragmes. Ces veines ou rangées sont d'abord peu nombreuses et comme solitaires, mais bientôt les cellules qui les avoisinent s'alignent aussi, et elles se trouvent groupées par faisceaux. Bientôt on remarque plusieurs de ces rangées dont les diaphragmes sont plus écartés, enfin dans bien des cas on finit par en voir qui

---

verse, les cellules ont originairement et habituellement leurs parois simples, et communes à deux, mais dans certains cas ces parois se dédoublent.

n'ont pas du tout de diaphragmes ; elles prennent alors le nom de vaisseaux, de tubes séveux, etc. Sont-ils une nouvelle production ainsi formée dès son origine ? je ne le pense pas, et sans en avoir la preuve positive, je suis plus porté à croire que ce sont de simples séries de cellules dont les diaphragmes se sont détruits.

730. Telle est la marche ordinaire de la végétation dans un organe qui doit contenir des vaisseaux tubulés ; quelquefois elle ne va pas jusque là, et on ne remarque rien de plus que la disposition sériale des cellules (plusieurs fucacées, jongermannes, etc.). Je laisse de côté tout ce qui n'a pas rapport à mon sujet, comme la formation des trachées, qui pour moi est un des mystères les plus obscurs de la végétation ; je laisse aussi de côté toutes les exceptions à la loi la plus générale. Le fait important qu'il faut remarquer, c'est ce changement de disposition des cellules, qui presque toujours étaient d'abord sans ordre, et dans lesquelles on finit par reconnaître des séries solitaires ou groupées.

731. Et comment un tel changement a-t-il pu s'opérer ? Il faut nécessairement que la masse de cellules ait été parcourue par une force, par une puissance qui d'abord passait d'une cellule à l'autre en faisant des sinuosités forcées par leur disposition irrégulière. Bientôt cet agent a redressé son cours et a formé les séries ; on sent bien que la forme de ces cellules, et même celle de leurs voisines, a dû varier, ce qui est facile à concevoir, la mem-

brane qui forme leurs parois étant très-susceptible d'extension (1).

732. Mais cet agent qui pénètre dans la masse de tissu inordonné, et qui force l'arrangement des séries, y a sans doute une marche rapide ; un ruisseau qui coule lentement ne redresse point son lit ; et sur les cartes géographiques on juge souvent de la rapidité d'une rivière par la rectitude de son cours. Or, les fluides aqueux, tels que la sève, les sucs propres, ne peuvent avoir de cours un peu rapide que dans des tubes dont la cavité n'est point obstaclée. Les nombreux diaphragmes qui partagent les séries de cellules ne peuvent être traversés avec un peu de vitesse que par des fluides incoërcibles, tels que l'électricité, ou tout au plus par des fluides gazeux. Nous n'attribuerons donc point l'arrangement des cellules à la sève ni aux autres fluides aqueux, qui sans doute peuvent y pénétrer, mais avec lenteur et sans avoir une impulsion suffisante pour changer l'ordre des cellules. Et sous ce rapport ce serait aux fluides incoërcibles qu'il conviendrait le mieux d'attribuer cette opération ; néanmoins n'en excluons pas d'abord les fluides gazeux, et contentons-nous de dire que c'est aux fluides gazeux ou aux fluides incoërcibles qu'est dû l'arrangement des cellules ; ainsi ce sont eux

---

(1) On pourrait prouver que l'épiderme qui couvre le tronc d'un cerisier de huit à dix pouces de diamètre, est la même qui le couvrait quand il n'avait que six lignes de diamètre.

qui tracent la route que doivent suivre par la suite les fluides aqueux ; c'est donc à eux qu'est dû l'arrangement et la disposition des fibres, je ne dis pas comme cause première, mais comme cause immédiate. Maintenant il me paraît suffisamment démontré combien est importante pour la physiologie végétale l'étude de la marche des fluides bacillogires ; des expériences subséquentes indiqueront peut-être avec plus de certitude si c'est à eux ou aux fluides gazeux qu'il faut attribuer ces effets. Mais raisonnant provisoirement un peu moins sévèrement et nous livrant à l'examen du plus probable, nous remarquerons 1° que les fluides gazeux eux-mêmes ne paraissent guère dans le cas de passer rapidement au travers des nombreuses cloisons des cellules; 2° que ces séries de cellules présentent des alternatives de substances plus ou moins solides, plus ou moins fluides, qui rappellent les piles voltaïques formées de matières végétales, et que ces mêmes séries rappellent aussi, au moins pour la forme, l'organe particulier des poissons électriques, organe généralement formé de tubes cloisonnés, membraneux ou cartilagineux, présentant aussi des séries de cellules remplies d'une substance plus liquide. Si ces analogies étaient fondées, dans la végétation comme dans les expériences voltaïques, les fluides électriques seraient donc agens, et le dégagement des gaz ne serait qu'un premier résultat.

733. Avant de reprendre la suite des expériences, je dois répéter que leur résultat peut varier

si la dose de fluide communiquée à la furcelle devenait trop forte. Par exemple, si un appendice est tel qu'il puisse résister à une certaine tension électrique, et qu'il ne livre pas passage au fluide tant qu'il n'est accumulé sur la furcelle que jusqu'à un certain degré, il ne s'ensuit pas que cet appendice résisterait de même à l'expansion du fluide accumulé à plus grande dose. Aussi il arrive souvent qu'après avoir armé la furcelle d'un appendice efficace, ou qui, laissant couler le fluide, annule le mouvement, on remarque néanmoins à l'instant où l'on entre sur le sol excitateur un petit commencement de mouvement; mais il cesse dès que le fluide a pu pénétrer l'appendice. C'est une cause de cette nature qui probablement a empêché jusqu'à présent de reconnaître dans les corps les différences de propriété conductrice que la furcelle nous fait connaître. Les machines électriques ordinaires fournissent une beaucoup trop forte dose d'électricité; la tension électrique du conducteur est trop forte, et pour peu qu'on lui présente un corps végétal, le fluide force le passage dans un sens quelconque et s'échappe par des voies qui n'étaient point ouvertes à son action lente. La furcelle est un instrument délicat avec lequel nous suivons de plus près la marche de la nature; néanmoins il est luimême susceptible de jeter dans l'erreur, et je pense que si l'état du sol excitateur, ou la constitution particulière du bacillogire, étaient tels qu'il arrivât une trop grande quantité de fluide à la furcelle, il pourrait se faire que les résultats des expé-

riences fussent altérés, et que des appendices nuls
devinssent tout-à-coup efficaces, et, laissant échapper
le fluide, annulassent l'action de la furcelle. En
un mot, les résultats que j'annonce ont eu lieu
entre mes mains, et seront les mêmes pour tous
ceux qui, sous ce rapport, seront constitués comme
moi ; mais d'autres constitutions pourront amener
des modifications qu'il sera néanmoins presque toujours facile de juger et d'apprécier, pourvu qu'on
ait bien étudié sa propre constitution et qu'on ne
s'en tienne pas à de premiers essais.

734. Ce qu'il me faut encore ajouter c'est que
je ne veux pas faire ici un traité de physiologie
végétale, je veux seulement faire voir comment cette
science est susceptible de recevoir l'application des
expériences bacillogires, et quel genre de lumière
elles peuvent y porter ; on ne s'étonnera donc
pas si je laisse quelques faits incomplets, et si je
rapporte des expériences isolées.

Suite des expériences.

735. Les expériences que j'ai rapportées chap. ix
m'ont permis de conclure (corollaire ix) que dans
les tiges ligneuses le fluide moteur de la furcelle
ascendante, désigné depuis par le nom de fluide A,
et qui paraît être le fluide électrique positif, parcourait facilement de bas en haut les fibres ligneuses
et celles du liber, et de haut en bas la moelle et
le parenchyme.

736. Il passe difficilement de haut en bas dans

les fibres ligneuses et dans celles du liber, et il passe difficilement aussi de bas en haut dans la moelle et dans le parenchyme.

737. Réciproquement le fluide moteur de la fur-celle inverse, que depuis nous avons nommé I, et qui paraît être le fluide électrique négatif, jouit des propriétés inverses, et passe dans ces organes en sens contraire au fluide A.

738. J'ai néanmoins prévenu que ces phénomènes variaient dans quelques cas; en effet, avant de proclamer la constance de ces lois, il fallait les vérifier à diverses époques de l'année, et dans les différentes phases de la végétation; tandis que la plupart de mes expériences à cet égard avaient été faites dans la fin de juillet et en août, sur des arbres qui ne poussaient point à cette époque, ou dont la seconde pousse était terminée (elle a été très-hâtive en 1822, et dès le mois de juin elle se montrait sur les chênes). D'un autre côté j'avais presque toujours fait mes essais avec des tronçons de bourgeons de l'année ou du moins avec la base de bourgeons bien développés; c'était assez pour reconnaître quelques propriétés des fluides bacillogires, mais pour étudier leur action dans la végétation il fallait varier les époques des expériences et employer d'autres parties.

739. Dès le 12 juillet 1822, une expérience que je n'avais pu suivre avec détail me mettait sur la voie. J'avais pris un bourgeon de chêne qui était de la première pousse du printemps, mais il était chargé de bourgeons de la seconde sève qui étaient

en pleine végétation. Je pris un tronçon principal près de son sommet, et j'en enlevai l'écorce. Je taillai sa base en pointe, mais obliquement, de manière que cette pointe se trouvât formée par les fibres les plus extérieures du bois. Je l'attachai comme appendice, et cette pointe en avant à la furcelle ascendante, elle ne monta presque plus, et donna seulement $+$ 10° à deux passages simples et même à un double.

740. Je taillai la pointe autrement et je la plaçai dans l'épaisseur moyenne du bois, et non pas près la moelle. La furcelle donna $+$ 60° à deux passages simples.

741. Cette double expérience semblait prouver que dans cet état de végétation les fibres extérieures du bois recevaient un courant descendant du fluide A.

742. Quelques jours après un tronçon de bois tout-à-fait analogue fut pris sur l'aulne. Ce fut son bout supérieur que je taillai en pointe et que je plaçai en avant : lorsque la pointe se trouva formée par des fibres extérieures, la furcelle ascendante monta bien, ainsi le fluide A ne passait pas de bas en haut par ces fibres extérieures.

743. Lorsque la pointe fut formée dans les fibres moyennes du bois, la furcelle ne monta plus.

744. Enfin quand la pointe se trouva formée par les fibres contiguës à la moelle, la furcelle monta.

745. Dans ces deux dernières expériences j'avais eu soin d'entailler la base du tronçon de bois de manière à pouvoir mettre en contact avec la tête

de la furcelle la base des mêmes fibres dont le sommet formait la pointe.

746. J'ai fait ensuite trois expériences analogues en taillant la pointe dans la base d'un morceau d'aulne semblable ; j'eus des résultats conséquens, ainsi donc inverses, et qui se trouvaient semblables à ceux que m'avait fournis le tronçon de chêne.

747. Le 2 septembre, un morceau de charme qui n'était point en végétation fut éprouvé d'une manière analogue, avec la furcelle ascendante et avec la furcelle inverse. Il ne montra pas les mêmes particularités, et ses fibres extérieures ligneuses parurent soumises aux lois ordinaires des articles 735, 736 et 737.

748. Le 8 du même mois, un morceau de chêne fut exposé aux mêmes épreuves, et il parut aussi soumis aux mêmes lois, car dans les positions où strictement, d'après ces lois, les fluides devaient s'écouler, le mouvement était nul, ou tout au plus de 10°, et dans les positions où ils devaient être retenus, le mouvement s'est trouvé de $+$ 80 ou $+$ 90° avec la furcelle ascendante, et variable de $-$ 30 à $-$ 60° avec la furcelle inverse.

749. Le 5 mars 1823, j'ai pris un tronçon d'un bourgeon de chêne de l'année d'avant ; il était couvert de gemmes qui devaient pousser dans peu de temps, néanmoins la sève était peu en mouvement, et l'écorce était encore adhérente au bois. Il a été préparé d'une manière analogue à ce que j'ai décrit dans les précédentes expériences, et m'a paru prouver qu'à cette époque le fluide A descendait par les

fibres extérieures du bois, comme je l'avais vu en juillet 1822. Je ne rapporte pas les détails de ces expériences, qui m'ont paru un peu compliquées, mais dénaturées, soit par le froid assez vif de mes mains, soit par l'état de la furcelle qui avait été exposée tout l'hiver à la gelée et à l'humidité, et dont la surface était désorganisée.

750. Le 7 mars je pris un morceau de châtaignier dans le même état que celui de chêne dont je viens de parler ; il avait quatre à cinq pouces de long et trois à quatre lignes de diamètre. L'écorce était encore fort adhérente, et j'employai une furcelle neuve qui à l'essai donna d'abord $+$ 100°, et à d'autres passages $+$ 180° et même 190°. Voici les résultats que j'ai obtenus.

PRÉPARATION de l'appendice.	POSITION de l'appendice.	NOMBRE de passages.	QUANTITÉ de mouvemens.
Pointe formée dans la surface extérieure du bois.	Sommet posé en avant et taillé en pointe.	2 passages.	$+$ 60°. $+$ 150°.
	Base taillée en pointe et posée en avant.	Un passage quadruplé.	$+$ 15 à 20°
Pointe formée dans la moyenne épaisseur du bois.	Sommet taillé en pointe et posé en avant.	Un passage quadruplé.	Zéro ou légère sensation montante.
	Base taillée en pointe et posée en avant.	4 passages.	$+$ 50°. $+$ 90°. $+$ 90°. $+$ 90°.

Ainsi, à cette époque, dans le châtaignier le fluide A s'écoulait plus aisément de haut en bas que de bas en haut par les fibres extérieures du bois; mais par les fibres intérieures il s'écoulait librement de bas en haut, tandis qu'il avait peine à passer de haut en bas.

751. Les exceptions que je viens de citer aux lois des art. 735, 736 et 737 ne sont pas les seules. Les expériences suivantes en vont montrer d'autres.

752. Le 4 septembre 1823, j'ai pris un bourgeon de chêne vigoureux et encore en végétation, parce qu'il avait crû sur la souche d'un arbre coupé tardivement; j'en ai pris un tronçon vers son extrémité supérieure et dans une partie où les feuilles encore tendres n'avaient ni leur grandeur naturelle ni la distance qui devait les séparer. J'en ai enlevé l'écorce, qui se composait du parenchyme avec son épiderme, et du liber formé alors de cinq faisceaux distincts. Par des essais tout semblables à ceux qui précèdent, j'ai vu que le fluide A montait dans le jeune bois comme à l'ordinaire, et dans toute sa masse, mais que dans la moelle il passait aussi en montant. Il m'a paru de même que ce fluide s'écoulait aussi de bas en haut par le parenchyme et par le liber. Au lieu qu'ayant pris dans la partie inférieure du même bourgeon un autre tronçon chargé de feuilles entièrement développées, et qui étaient entre elles à la distance qu'elles devaient conserver, ce tronçon m'a paru en tout soumis aux lois des articles 735, 736 et 737.

753. Mais il ne suffisait pas d'étudier la marche des fluides dans le sens de la longueur des tiges ligneuses, il fallait rechercher encore s'ils passaient

de l'axe à la surface extérieure , *aut vice versâ.*
Car si j'ai dit, chapitre ix (192), que les fluides
passaient difficilement d'une partie des tiges ligneuses à l'autre , on a dû comprendre que je
n'énonçais ce fait qu'en le restreignant aux circonstances particulières citées alors , c'est-à-dire dans
le cas où la masse du fluide arrivait à l'appendice dans le sens de sa longueur. Mais il peut en
être autrement quand les fluides se présentent d'une
autre manière, et dans tous les cas les expériences
étaient insuffisantes. Elles le sont encore malgré
celles qui suivent.

754. Le 22 mai 1823, j'ai pris une tranche de
bois de pin (*pinus maritima*) sciée perpendiculairement à l'axe, et de quatre à cinq lignes d'épaisseur ; elle provenait d'un jeune arbre coupé deux
ou trois mois avant, mais dont le bois était encore
vert. J'en ai tiré deux cylindres dont l'axe était
un rayon de cette tranche , par conséquent une
des extrémités de chacun d'eux se trouvait formée
de la couche extérieure du bois, et l'autre extrémité était prise dans le cœur près la moelle. Chacun
de ces cylindres avait vingt-deux à vingt-trois lignes de long, et quatre à cinq lignes de diamètre.
J'ai taillé en pointe grossière une extrémité de chacun de ces cylindres, mais dans l'un, A , c'était
l'extrémité formée par les couches extérieures, dans
l'autre, B, c'était l'extrémité voisine de la moelle.
J'ai employé ces deux cylindres comme appendices
en mettant toujours leur pointe en avant. Le cylindre A a empêché la furcelle ascendante de

monter et n'a pas empêché la furcelle inverse de descendre ; d'où j'ai conclu que le fluide A passe de l'axe médullaire à la surface extérieure du bois, et que le fluide I ne peut suivre cette route. Le cylindre B a laissé monter la furcelle ascendante, mais il a empêché la furcelle inverse de descendre, d'où j'ai conclu que le fluide I passe du dehors du bois vers son axe médullaire, mais que cette voie n'est pas ouverte au fluide A.

755. Il aurait fallu des recherches analogues, relativement à l'écorce ; elles me manquent tout-à-fait. Cependant on peut croire par induction que le fluide A passe aussi du dedans au dehors de l'écorce. C'est du moins ce que semblent indiquer les expériences faites avec un tronçon de rosier, et rapportées chapitre ix (170 à 173). En effet, dans l'art. 173 le fluide A paraît avoir parcouru le parenchyme de haut en bas et s'être écoulé pas les aiguillons ; il se portait donc du dedans au dehors. J'ajouterai ce dont on se convaincra plus aisément, en examinant des plantes à feuilles sessiles, que la surface inférieure des feuilles semble être un épanouissement de la surface de la tige, et cette dernière surface a plus d'analogie avec le dessous qu'avec le dessus des feuilles ; or, probablement, du moins dans les arbres d'une constitution analogue à ceux que j'ai soumis à ces épreuves, c'est la surface inférieure des feuilles qui paraît propre à laisser exhaler le fluide A. On peut donc présumer qu'il en est de même des tiges, et qu'ainsi le fluide A se porte du dedans au dehors de l'écorce.

Corollaire LVII.

756. En faisant ici le résumé des précédentes expériences, je ne noterai pour simplifier que ce qui est relatif à la marche du fluide A ; j'ai déjà dit plusieurs fois que cela suffisait pour faire connaître aussi celle du fluide I, puisqu'elle est en sens contraire ; et les expériences de cette série m'ont généralement paru confirmer cette loi. Cependant il s'est présenté quelques cas d'exception que je mentionnerai plus tard, parce qu'ils m'ont été fournis par d'autres végétaux ; mais ils suffisent dans tous les cas pour tenir un peu en défiance à cet égard.

757. Quoi qu'il en soit les expériences qui précèdent paraissent indiquer que dans les tiges ligneuses dicotylédones,

1° Le jeune bourgeon, ou la portion de bourgeon qui se développe et dont les différens points de la longueur n'ont pas encore atteint la distance qui doit exister entre eux, est traversé par un courant du fluide A, qui monte du bas au sommet, dans toutes les parties constituantes de la tige, savoir : moelle, bois, liber, parenchyme (752) ;

2° Dans le jeune bourgeon, ou portion de bourgeon qui a acquis toute son élongation, le fluide A continue à monter par le bois et le liber, mais il descend par la moelle et le parenchyme (752). Ne serait-ce point à l'action de la surface supérieure des feuilles qu'il faudrait attribuer ce changement de route ?

3° Ce dernier état se maintient sur les bourgeons ou rameaux de plusieurs années, tant qu'il n'y a pas sur eux de végétation très-active, ou; en d'autres termes, tant qu'ils ne sont point en sève ou prêts à y entrer. Ce fait est prouvé par toutes les expériences qui nous ont servi à établir les lois des articles 735, 736 et 737;

4° Mais quand sur un rameau d'autres bourgeons se développent ou sont prêts à se développer, il s'établit dans les fibres extérieures du bois, et peut-être dans les fibres intérieures du liber, un courant descendant de ce même fluide A (739 à 750). Il paraît que des fibres contiguës au cylindre médullaire sont soumises aussi à une action descendante (744), mais je ne sais si elle est momentanée comme celle des fibres extérieures, ou si, influencée constamment par la moelle, elle est permanente;

5° Ce changement de direction du courant dans les fibres extérieures du bois précède un peu le mouvement apparent de la sève (749, 750);

6° Le fluide A se porte aussi de l'axe médullaire à la surface extérieure du bois (754), et probablement de là à la surface extérieure de l'écorce (755). On peut présumer que dans le bois ces courans ont lieu par les prolongemens médullaires.

J'adresse ces résultats à M. du Petit-Thouars. Je pense qu'ils lui présenteront quelque intérêt, aussi bien que ceux de la série qui suit.

Suite des expériences.

758. Le 14 septembre j'ai pris la racine et la base de la tige d'un *erigeron canadense;* je l'ai fendue en deux, j'ai enlevé l'écorce et la moelle, ainsi il ne restait que les fibres ligneuses. Le tronçon de tige avait environ trois pouces de long, et celui de racine à peu près autant. L'un et l'autre, irrégulièrement déchirés, se terminaient en pointe grossière. J'ai attaché ce fragment par son milieu comme en croix, mais horizontalement, à la tête de la furcelle ascendante. Elle n'a plus monté malgré un passage triplé sur le sol excitateur n° 2.

759. J'ai couvert de soie la portion de tige, le fragment de racine restant découvert; la furcelle n'a pas monté.

760. J'ai découvert la portion de tige et j'ai couvert la portion de racine; la furcelle n'a pas monté.

761. J'ai couvert de soie les deux parties, la furcelle a monté comme sans appendice; elle avait donné à l'essai + 70°.

762. J'ai attaché cet appendice à la tête de la furcelle par la pointe de l'extrémité racine, l'extrémité tige se portant en avant, et ayant soin que la tête de la furcelle n'atteignît pas la séparation des deux organes; la furcelle a monté comme à l'ordinaire.

763. Elle a monté de même quand j'ai fait l'inverse, c'est-à-dire quand l'appendice a été attaché par son extrémité tige, l'extrémité racine étant en avant,

ayant soin, comme tout-à-l'heure, que le sommet de la furcelle n'atteignît pas le point de séparation.

764. J'ai posé ce même appendice comme en 758, mais à la tête de la furcelle inverse, et ses deux extrémités découvertes; la furcelle a baissé comme à l'essai; elle donnait ce jour — 110° ou — 120°.

765. Je dois prévenir que dans cette série d'expériences j'ai rencontré d'abord deux résultats contraires à ceux que j'indique; mais ils provenaient de ce que j'avais négligé des précautions que j'expliquerai mieux à la suite du corollaire.

Corollaire LVIII.

766. Il suit de là évidemment qu'à l'endroit du nœud vital, la propriété conductrice de ces fibres ligneuses change et devient contraire. A partir de ce point, du côté de la tige, elles laissent passer le fluide A de bas en haut, et du côté de la racine elles le laissent passer de haut en bas. L'expérience 764 est d'accord avec les autres, en prouvant qu'à partir du nœud vital le fluide I ne peut s'échapper ni en montant par les fibres ligneuses de la tige ni en descendant par celles de la racine.

767. Ce qui se passe là est conforme à ce qui a lieu à la base d'un bourgeon qui se développe sur une branche d'arbre. D'après les nᵒˢ 1 et 2 de l'art. 757, il y a, au moins par les fibres ligneuses, un courant de fluide A, montant de la base du

bourgeon ; et d'après le n° 4 du même art. 757, un autre courant du fluide A, descendant du même point, s'établit dans le lieu où va se former une nouvelle couche de fibres ligneuses.

768. J'ai dit que le succès de ces expériences exigeait quelques soins. En effet, lorsqu'on prépare l'expérience 758, il faut que le contact de la tête de la furcelle se fasse bien précisément au point où la faculté conductrice change de direction. J'avais d'abord établi ce contact un peu trop du côté des racines, alors 758 réussit parce que le fluide A s'en allait par l'extrémité radicale ; il en fut de même quand j'eus couvert l'extrémité caulinaire, et 759 réussit aussi. Mais 760 me donna d'abord un petit mouvement qui me fit supposer que le nœud vital étant un peu plus haut que je ne l'avais cru, le fluide ne pouvait remonter jusque-là, pour ensuite s'écouler par l'extrémité caulinaire. Lorsque j'eus établi la communication en conséquence de cette supposition, je recommençai toutes ces expériences, et j'eus les résultats que j'ai indiqués. L'expérience 762 m'a aussi manqué d'abord ; la furcelle n'a pas monté ; il semblait alors que le fluide A remontait dans la partie supérieure de la racine pour atteindre le nœud vital, puis s'écouler par la tige, ce qui était contraire aux autres observations ; mais je m'aperçus qu'ayant enlevé la moelle de la tige, et même quelques fibres de l'étui médullaire, je n'avais rien fait d'analogue dans la racine ; j'y remédiai, et de plus j'établis le contact de la tête de la furcelle, non plus avec les fibres intérieures

de l'appendice, mais avec celles qui formaient la surface extérieure du cylindre ligneux de cette plante. Je n'eus plus alors aucune anomalie.

REMARQUES SUR CERTAINES FURCELLES.

769. Dans le chapitre II j'ai prévenu que le tilleul, le genét d'Espagne et même le marronier d'Inde étaient peu propres à former des furcelles, ou du moins que les effets particuliers qu'ils produisaient devaient les faire exclure de l'usage habituel. S'il se trouve déjà trois exceptions parmi le petit nombre d'essais que j'ai pu faire, n'est-il pas à craindre que mes expériences n'indiquent que des cas particuliers de l'organisation végétale, et, non plus comme je le suppose, des lois assez générales, du moins parmi les dicotylédones? Mais cette crainte disparaîtra par quelques réflexions et par l'examen de l'organisation des arbres que je viens de citer.

770. D'abord il faut considérer que le sens du mouvement des fluides bacillogires dans les végétaux nous a été révélé par l'usage que nous avons fait de leurs parties comme appendices ou comme soustracteurs. Mais il est évident que dans la furcelle il se passe autre chose. Dans les furcelles de bois, chaque partie (moelle, bois, liber et parenchyme) s'y trouve avec sa constitution particulière; chacune de celles qui influent sur le phénomène exerce sans doute cette influence en raison de sa constitution, et l'effet résultant est le même que si la furcelle était faite de certaines substances

homogènes, puisque nous avons vu des furcelles métalliques donner les mêmes effets que celles de bois. On peut donc dire que le mouvement de la furcelle de bois est le résultat de plusieurs actions ou effets particuliers. Or, si une de ces actions devient en excès par rapport à d'autres, ou si au contraire elle s'affaiblit trop, le résultat peut changer sans que chaque action particulière change de nature. C'est là ce qui arrive dans le genêt d'Espagne et dans le tilleul.

771. Le genêt d'Espagne (*spartium junceum*) pousse des rameaux vigoureux, jonciformes, et qui dans l'année font naître près de leur base d'autres rameaux à peu près aussi forts qu'eux. Quand on veut les employer pour faire une furcelle, on est presque toujours obligé de la composer d'un de ces rameaux principaux et d'un rameau secondaire inséré sur lui ; il en résulte que la tête de la furcelle fait aussi partie du rameau principal, et qu'elle est par conséquent la continuation d'une des branches de cette même furcelle. Or, ce rameau principal est composé d'une écorce assez mince, d'une couche ligneuse mince aussi, et d'un très-large cylindre de moelle, qui probablement est habituellement parcouru par des fluides abondans, car les cellules y sont ordonnées par série. Le rameau secondaire a la même composition, mais à l'endroit où il prend naissance son cylindre médullaire paraît fermé par le bois du rameau principal sur lequel il s'appuie, tandis que le cylindre médullaire de ce dernier se trouve ouvert au sommet de la furcelle

par la troncature qu'on a faite. Il suit de là que cette furcelle diffère de celles que j'emploie ordinairement, 1° par la surabondance de moelle ; 2° par la différence d'organisation de ces deux branches, l'une communiquant sans interruption avec la tête de la furcelle, et étant pour ainsi dire ouverte, l'autre étant fermée. C'est à ces deux causes réunies, et surtout à la seconde, que je crois devoir attribuer les particularités que j'observe dans les mouvemens de cette furcelle. J'ai fait à cet égard un assez grand nombre d'expériences, mais j'en rapporterai peu, et elles n'ont pas suffi pour m'éclairer tout-à-fait sur la marche de cette furcelle. Voici néanmoins ce que j'ai observé le plus ordinairement.

1° Si on la prend de manière à tenir dans la main droite le sommet du rameau principal, et dans la main gauche le sommet du rameau secondaire, alors elle descend ou elle reste à zéro.

Dans ce cas il y a lieu de croire que le fluide A, répandu dans la branche droite, s'écoule trop facilement par le sommet de la furcelle ;

2° Si l'on prend de la main gauche le rameau terminal, la furcelle monte ;

3° Si on ferme avec de la cire à cacheter l'orifice du tube médullaire à la tête de la furcelle, et qu'on prenne le rameau principal dans la main droite, la furcelle reste à zéro, ou bien elle monte, mais je ne l'ai pas vue descendre, du moins en commençant ;

4° Si c'est de la main gauche qu'on prenne le rameau principal de cette même furcelle fermée, ellé monte aussi, ou quelquefois elle reste à zéro ;

5° Dans tous ces cas les furcelles de genêt deviennent promptement intermittentes si l'on fait des passages multiples ;

6° Si avec un corps mince, mais un peu obtus, on renfonce la moelle dans le tube médullaire, de manière que le sommet de la furcelle présente un tube vide à peu près jusqu'à l'insertion du rameau latéral, alors la furcelle paraît rentrer à peu près dans le cas des furcelles ordinaires, et présenter des phénomènes analogues.

772. Ces détails suffiront, et je pense qu'en attendant plus amples éclaircissemens nous pourrons attribuer ces particularités à l'écoulement trop rapide du fluide A, par la moelle de l'une des branches des furcelles de genêt d'Espagne. Ce n'est point par la même cause qu'il faut chercher à expliquer les anomalies que présentent les furcelles de tilleul, je croirais au contraire qu'elles tiennent à l'abondance et à l'épaisseur du liber, corps qui, comme on sait, ne conduit pas le fluide A du sommet à la base des rameaux, et qui, devenu trop épais, peut bien nuire au passage de ce fluide de la main droite à la tête de la furcelle. Quoi qu'il en soit les furcelles de tilleul, taillées et préparées comme à l'ordinaire, sont très-peu actives, ou même tout-à-fait inactives ; mais ce sont deux petites baguettes droites de tilleul qui m'ont fourni les singulières suites alternatives de mouvement que j'ai rapportées chapitre xvi (385 et 386).

773. A l'égard du marronier d'Inde, si je lui

ai donné l'exclusion dans le chapitre 11, c'était pour
ne pas entrer alors dans des détails qui auraient
retardé l'exposé que j'avais à faire. Il fournit en
effet des furcelles qui souvent sont très-bonnes ;
mais la grosseur et le peu de flexibilité de ses rameaux fait que ces furcelles ne peuvent être mises
en mouvement que par une puissance bacillogire
assez forte, soit dans l'individu, soit dans le sol
excitateur. Elles conviennent donc peu aux personnes qui commencent à s'exercer. Mais aussi, lorsque le mouvement s'y détermine, l'impression sur
les mains en est d'autant plus forte et plus remarquable. Ce sont ces furcelles qui sont les plus sujettes à se rompre en se tordant près des poignées
lorsqu'elles font plusieurs tours.

Suite des expériences.

774. J'ai enveloppé la tête d'une furcelle ascendante avec une feuille de vigne, en mettant la
surface inférieure de celle-ci en dehors. Tous les
bords de la feuille repliés se trouvaient cachés sous
le ruban de soie qui attachait l'appareil : la furcelle
a monté comme à l'ordinaire.

775. J'ai fait la même chose en mettant en dehors la surface supérieure de la feuille : même résultat.

776. J'ai pris quatre ou cinq tronçons de tiges
du *juncus articulatus* ; ils étaient longs d'environ
trois pouces. Je les ai attachés comme appendice
à la tête d'une furcelle ascendante, ayant soin de

mettre en avant et libre la partie supérieure de ces tronçons. On doit bien penser que la furcelle n'a plus monté.

777. J'ai établi une feuille de vigne sur le sommet de cet appendice, précisément comme je l'avais mise sur le sommet de la furcelle dans l'expérience 774; ainsi le surface extérieure était en dehors. Là furcelle n'a pu monter.

778. J'ai fait la même préparation, mais en mettant en dehors la surface supérieure de la feuille; la furcelle a monté comme à l'essai.

779. J'ai pris une furcelle inverse, j'y ai attaché les mêmes appendices de jonc, mais en mettant leur extrémité inférieure en avant; la furcelle n'a plus descendu.

780. J'ai enveloppé cette extrémité avec une feuille de vigne, en mettant la surface inférieure en dehors; la furcelle est descendue comme à l'essai.

781. J'ai fait la même chose, mais en mettant la surface supérieure en dehors; il n'y eut plus de mouvement.

Corollaire LIX.

782. Plusieurs expériences que j'avais antérieurement rapportées, notamment dans le chap. IX, prouvaient déjà suffisamment que le fluide A s'échappait par la surface inférieure de certaines feuilles, et le fluide I par la surface supérieure. Les expériences qui précèdent, en s'accordant avec

ce fait, prouvent que le fluide A peut traverser ces feuilles de dessus au dessous, et le fluide I du dessous au dessus. L'analogie que dans l'art. 755 j'avais supposée paraît donc plus complète; la surface inférieure de ces feuilles représente la surface extérieure de l'écorce, et la surface supérieure des mêmes feuilles représente la surface intérieure de l'écorce.

783. Mais ces mêmes expériences nous font faire une remarque relative au mode d'action des appendices. Dans les articles 774 et 775 l'application de la feuille a été sans effet, de quelque côté qu'on la mît. Elle n'a donc pas favorisé la sortie des fluides. Mais dans les expériences 776 et 779, les fluides sortaient par les appendices que j'avais placés, et dans les expériences 777, 778, 780 et 781 la feuille les a retenus ou les a laissés passer selon sa position. Placée comme en 774 et 775 la feuille n'a pu jouer le rôle d'appendice efficace, tandis que nous le lui avons vu remplir complètement en l'attachant par son pétiole.

784. Je ne cite des expériences en ce genre que sur des feuilles de vigne; l'uniformité d'action que j'ai rencontrée toutes les fois que j'ai employé des feuilles d'une constitution analogue, me fait penser que ceci peut être généralisé pour la plupart des feuilles à surface plane, appartenant à des arbres dicotylédones. Mais les expériences de Bonnet (*Usages des feuilles*) et d'autres physiciens font connaître que le mode d'action de chaque surface des feuilles n'est point uniforme, et que notamment

dans les herbes, même dicotylédones, il est le plus souvent différent de ce qu'il est dans les arbres. Nous nous garderons donc bien d'étendre ces conclusions, et même, parmi les arbres dicotylédones, nous ne les appliquerons pas aux conifères.

785. Quant au motif qui m'a fait employer pour appendice le *juncus articulatus*, c'est seulement parce qu'il s'est trouvé près de moi ; toute autre tige monocotylédone aurait produit le même effet. Et si j'ai réuni plusieurs tiges ensemble, c'était pour assurer la sortie de la plus grande dose possible de fluide ; mais je crois qu'une seule aurait suffi.

Suite des expériences.

786. La différence d'organisation qui existe entre les plantes dicotylédones et les monocotylédones devait me faire supposer que je trouverais particulièrement dans ces dernières un mode d'action des fluides bacillogires différent de celui que j'ai décrit. J'ai donc soumis leurs feuilles à toutes les épreuves que j'ai détaillées pour les autres ; j'ai employé particulièrement dans ces essais les feuilles de *maïs, sorgho, arundo phragmites, arundo calamagrostis, poa aquatica, avena sativa, bromus giganteus, bromus sylvaticus, hemerocalis fulva iris pseudoacorus, etc.* J'ai toujours vu :

787. 1° Que, quand une de ces feuilles ou portion de feuille était attachée par sa base à la tête d'une furcelle ascendante, sa partie supérieure libre en avant, la furcelle ne pouvait plus monter ; et il en

était ainsi soit que la surface supérieure de la feuille fût tournée vers la terre ou vers le ciel, soit que la surface supérieure ou l'inférieure fût en contact avec la tête de la furcelle ;

788. 2° Que si c'est une furcelle inverse que l'on emploie, dans tous ces mêmes cas elle descend au moins aussi fort qu'à l'essai, et même quelquefois j'ai cru trouver son mouvement augmenté ;

789. 3° Que si ces feuilles sont attachées à la tête d'une furcelle ascendante par leur extrémité supérieure, leur extrémité inférieure étant libre en avant, la furcelle monte au moins comme à l'essai ; dans quelques cas son mouvement m'a même paru plus fort, notamment quand j'employais une feuille de grande graminée garnie de sa gaîne, qui se trouvait portée en avant ;

790. 4° Que si on faisait la même préparation, mais en employant une furcelle inverse, celle-ci ne pouvait plus monter.

791. 5° Une furcelle ascendante ayant été préparée comme en 776 avec des tronçons de *juncus effusus*, et leur extrémité ayant été couverte par une feuille de maïs, d'abord comme dans l'expérience 777, puis comme en 778, la furcelle a monté dans les deux cas comme à l'essai. Il en est résulté la même chose quand, au lieu d'employer la lame de la feuille, je me suis servi de sa gaîne.

792. 6° Les expériences comparatives ont été faites avec la furcelle inverse, et elle est descendue comme à l'essai.

Corollaire LX.

793. Il résulte de ces expériences que les feuilles des plantes monocotylédones laissent passer le fluide A de la base au sommet, et le fluide I du sommet à la base. Mais ni l'un ni l'autre de ces fluides ne peuvent les traverser dans leur épaisseur.

794. Quant à l'augmentation de mouvement qui a eu lieu dans certains cas, je l'ai déjà notée sans chercher à l'expliquer (187).

Suite des expériences.

795. Je ne rapporterai point ici les recherches que j'ai faites sur les tiges des monocotylédones, 1° parce que cela prolongerait trop ce chapitre, et que ceci n'est point un traité de physiologie végétale ; 2° parce que, toutes nombreuses que soient mes expériences, elles sont encore fort incomplètes, et par exemple je n'ai pas encore pu démêler clairement l'effet des nœuds des graminées. Au reste plusieurs de ces expériences ont été rapportées précédemment, particulièrement dans les chapitres ix et x ; et d'ailleurs il est facile de se représenter celles que je ne rapporterai pas ; on sait assez ma manière d'opérer et d'employer les appendices ou les soustracteurs. Je me contenterai donc de donner comme corollaires les résultats qui m'ont paru pouvoir être un peu généralisés.

Corollaire LXI.

796. Les tiges des plantes monocotylédones, qui n'ont pas de nœuds, laissent passer le fluide A de bas en haut, et le fluide I de haut en bas; je n'ai pu reconnaître à cet égard de différence dans leurs diverses parties, et il m'a paru aussi que de l'axe à la surface extérieure, ou de celle-ci à l'axe, il n'y avait pas de passage libre pour ces fluides. Ces faits ont été observés dans des tiges de liliacées, d'alisma, de scirpus, de jonc. Le *juncus articulatus* lui-même m'a donné les mêmes résultats, parce que les diaphragmes qui partagent son tube intérieur ne sont pas de véritables nœuds.

797. Les tronçons de graminées pris d'un nœud à l'autre, et sans nœud intermédiaire, donnent les mêmes résultats.

798. Mais les nœuds des graminées et peut-être d'autres, apportent à cette loi des modifications qu'il faudra étudier. Dans un commencement de recherches à leur égard, j'ai cru voir que le fluide A traversait en montant certains passages que le fluide I ne pouvait franchir en descendant, car il m'a semblé que dans aucun cas le fluide I ne pouvait traverser un nœud pour descendre d'un entre-nœud supérieur à celui qui est au-dessous, tandis que le fluide A peut traverser un nœud pour se rendre de l'entre-nœud inférieur soit à la feuille, soit à l'entre-nœud supérieur. Si ce fait se vérifie, c'est un premier exemple d'une route qui n'est pas

susceptible d'être traversée par les deux fluides en sens inverses l'un de l'autre. J'en ai peu à citer de ce genre.

799. Cette incertitude de l'effet des nœuds des graminées, ou même dans tous les cas la complication qu'ils peuvent apporter à l'expérience, est ce qui, notamment dans le chapitre x, m'a fait recommander de n'employer que des tronçons d'un nœud à l'autre et sans nœuds intermédiaires, quand on vent se servir de graminées soit comme appendices ou comme soustracteurs, pour étudier l'action des furcelles.

Suite des expériences.

800. Si j'ai généralisé les conclusions que j'ai tirées jusqu'à présent des expériences de ce chapitre, et si j'ai attribué à la totalité de ces grandes classes du règne végétal (les dicotylédones, les monocotylédones) les propriétés que j'ai rencontrées dans le très-petit nombre de plantes que j'ai soumises à mes épreuves, je l'ai fait néanmoins avec précaution et en prévenant que cette uniformité d'action était seulement probable, et qu'elle ne l'était que là seulement où on ne découvrirait pas une différence marquée dans l'organisation.

801. Ces principes nous feront reconnaître d'abord que dans les acotylédones ou chryptogames nous devons nous tenir encore plus en garde contre ce penchant assez ordinaire de l'imagination, de

généraliser des observations particulières. En effet, dans les acotylédones l'organisation est si variée qu'il est impossible de ne pas s'attendre à trouver une variation analogue dans les phénomènes vitaux. Néanmoins il y a encore, du moins par familles, des analogies évidentes ; et peut-être sans être téméraire pourrait-on conclure d'une mousse à une autre, d'un champignon à un autre ; au reste mes observations sont encore plus incomplètes ici que sur les autres classes, ainsi les conclusions que j'en tirerai seront encore plus hypothétiques.

802. En octobre 1823, quatre brins *d'hypnum triquetrum*, avec leurs rameaux attachés par la base à la tête de la furcelle ascendante, n'ont point empêché son action (ils étaient humides).

803. Ils n'ont point empêché non plus le mouvement de la furcelle inverse.

804. En septembre 1823 (il faisait très-sec), j'ai pris sur des charmes la mousse nommée *orthotrichum affine*. Un groupe de cette plante, tel qu'il se trouve sur les écorces, ayant été fixé par la base, soit à la tête de la furcelle ascendante ou à celle de la furcelle inverse, les a laissées agir l'une et l'autre.

805. Fixé par le sommet, un semblable groupe a laissé baisser un instant la furcelle inverse, mais elle s'est relevée vers la moitié du passage. En renouvelant cet essai, l'effet a été le même, et un passage multiple n'a pu produire d'autre mouvement.

806. Fixé de même par le sommet à la furcelle

ascendante, un autre faisceau pareil l'a laissée agir.

807. Mais considérant que la sécheresse avait contracté toutes les parties de cette plante, et que leur action vitale pouvait être changée, je l'ai humectée et je l'ai soumise aux mêmes essais.

808. Fixée par la base elle a donné dans les deux cas de 804 le même résultat, c'est-à-dire que les furcelles ont agi comme à l'essai.

809. Fixée par le sommet à la furcelle inverse, elle a fourni le même résultat que 805, et la furcelle n'a donné que quelques indices de mouvement.

810. Mais fixée par le sommet à la furcelle ascendante, comme en 806, le mouvement a été totalement nul, malgré des passages multiples.

811. Le *lichen prunastri*, légèrement humecté, a annulé la furcelle ascendante dans quelque sens qu'on l'attachât.

812. Mais il a laissé agir la furcelle inverse, ou même a excité son mouvement, soit qu'il fût fixé par le sommet ou par la base.

813. Je dois faire observer qu'au moment des expériences 804 à 810 les forces bacillogires étaient assez faibles, et les furcelles donnaient à l'essai environ $+45°$ et $-45°$, et au moment des expériences 811 et 812 les furcelles donnaient $+80°$ et $-90°$ environ.

814. Le 5 octobre 1822, j'ai pris le stipe d'un grand champignon (*agaricus procerus*), dont j'avais ôté le chapeau et le collet; j'ai ôté ensuite, pour diminuer le poids, l'espèce de renflement bulbiforme qui est à la base de ce stipe, et je l'ai attaché d'abord le sommet en avant, puis la base

en avant, à une furcelle ascendante qui à l'essai donnait + 90° ou + 100°. Dans ces deux cas la furcelle a monté comme à l'essai, ou seulement un peu plus tardivement.

815. La furcelle inverse ne donnait que — 45°. J'y ai attaché ce même stipe successivement dans les deux sens; la furcelle n'a plus donné de marques bien sensibles de mouvement.

816. Le 11 octobre, j'ai pris un autre champignon moins gros (*amanita citrina*, Var, *B. Persoon*). Il n'était pas encore entièrement développé, et son anneau, quoique distendu et prêt à se déchirer, voilait encore entièrement les lames. Je l'ai attaché le sommet en avant, successivement à la furcelle ascendante et à l'inverse. L'une et l'autre ont agi précisément comme à l'essai; l'ascendante donnait + 90° à 100°, et l'inverse — 80° environ.

817. Immédiatement après j'ai séparé le chapeau du stipe, et j'ai laissé celui-ci attaché, le sommet en avant, à la tête de la furcelle inverse ; j'ai ainsi répété l'un des cas de 815; la furcelle n'a pas descendu malgré un passage quadruplé.

818. Dans ces deux dernières expériences j'avais laissé l'espèce de masse qui forme la base du stipe ; à la vérité elle avait quelques déchirures. Dans les quatre expériences qui précèdent, et dans les deux qui suivent, il faut se méfier de l'effet de la pesanteur et chercher à le bien distinguer de la tendance ascendante ou inverse de la furcelle.

819. Une autre fois j'ai répété 816 seulement avec

la furcelle inverse, qui à l'essai donnait — 80° à
— 90°, mais le chapeau du champignon était bien
ouvert. Il y a eu des commencemens de mouvement descendant qui n'ont pas passé — 45°, ou
qui d'autres fois étaient presque insensibles ; mais
dans tous les cas la furcelle revenait très-promptement à zéro, et si on prolongeait les passages elle
devenait intermittente.

820. J'ai enlevé l'épiderme de la surface supérieure du chapeau ; le mouvement de la furcelle
a été tout-à-fait annulé.

Corollaire LXII.

821. Voici les inductions que fournissent ce me
semble ce petit nombre d'expériences.

822. Les mousses n'admettent aucun fluide de
bas en haut, qu'elles soient sèches ou humides
(802 , 803 , 804 et 808) ; quand elles sont sèches
elle ne laissent pas passer le fluide A de haut en
bas (806) ; mais le fluide I paraît pouvoir y pénétrer en ce sens, néanmoins avec quelques difficultés (805) ; quand elles sont humides elles lais-
seut pénétrer facilement le fluide A de haut en
bas (810) ; le fluide I pénètre dans ce même sens,
mais avec un peu moins de facilité (809).

823. Les lichens, du moins ceux voisins du
prunastri , et quand ils sont humides, ne laissent
passer le fluide I dans aucun sens (812), mais le
fluide A y pénètre soit de la base au sommet, soit
du sommet à la base (811).

824. Le stipe des champignons ne laisse passer le fluide A dans aucun sens (.814), mais laisse passer le fluide I dans les deux sens (8r5, 817). Il traverse aussi le chapeau au moins du dedans au dehors (820), mais il ne peut traverser son épiderme. Ainsi, lorsque ce chapeau n'a point ses organes inférieurs découverts et libres, et qu'il a son épiderme, le fluide I ne peut en sortir (8r6) ; mais ce même fluide paraît pouvoir sortir par les lames du champignon , quoiqu'avec un peu de difficulté (8r9).

825. On sent bien que si j'ai employé ici quelques expressions positives , c'est pour simplifier mon énoncé. Les expériences sur les mousses surtout ont besoin d'être revues , car ces petites plantes n'étaient point en végétation ; et si un peu d'humidité a pu changer instantanément leurs rapports avec les fluides bacillogires , l'action vitale peut y produire d'autres modifications.

Suite des expériences.

826. J'étais curieux de soumettre aux mêmes recherches les parties des fleurs et de la fructification. J'ai devant moi plus de cent vingt expériences à cet égard, mais .elles seraient déplacées ici , et d'ailleurs elles sont bien loin de me donner des renseignemens un peu positifs ; je me contenterai donc de rapporter les expériences que j'ai faites sur une seule espèce de fleurs, comme pour servir d'exemple aux recherches que l'on peut faire sur ces organes. Mais j'insiste sur le soin qu'il faut avoir

ici plus qu'ailleurs, de ne pas généraliser, car dans le peu que j'ai vu j'ai reconnu que les mêmes organes, observés dans des espèces différentes, donnent souvent des résultats différens.

827. J'ai pris des fleurs de *tecoma radicans*, vulgairement nommé jasmin de Virginie. C'était en septembre 1823.

828. J'ai d'abord examiné les péduncules, mais sans chercher à distinguer les diverses parties qui peuvent les composer. J'ai coupé carrément le sommet de l'un d'eux ; la base a été au contraire coupée très-obliquement, afin qu'en appliquant cette troncature sur la tête des furcelles elles se trouvassent en contact avec les diverses parties constituantes des péduncules. Ainsi préparés, et placés par conséquent le sommet libre en avant, ils ont empêché le mouvement des deux furcelles.

829. Le calice a été isolé en cernant sa base autour du réceptable. Une fente longitudinale a permis de l'entr'ouvrir. Sur la tête de la furcelle ascendante j'ai placé ce calice, soit en mettant sa partie inférieure en contact, et le limbe libre en avant, soit en le plaçant dans une position renversée ; mais dans les deux cas la tête de la furcelle touchait la surface intérieure du calice. Dans les deux cas la furcelle est restée sans mouvement.

830. Les deux mêmes expériences ont été faites en faisant toucher la tête de la furcelle à la surface extérieure du calice ; le mouvement a de même été annulé.

831. Les quatre expériences des deux articles

précédens ont été répétées avec la furcelle inverse, et dans tous les cas le mouvement a eu lieu comme à l'essai.

832. Enfin un calice préparé de même, mais toute sa moitié supérieure ayant été tronquée et supprimée, a été mis en contact par la surface intérieure de sa base avec la tête de la furcelle inverse ; celle-ci n'a plus donné de mouvement.

833. Une corolle épanouie fixée par sa base ou par son sommet, et sa surface intérieure étant en contact avec la tête de la furcelle ascendante, a annulé son mouvement.

834. Il en a été de même dans les deux cas analogues, en mettant la surface extérieure en contact avec la tête de la même furcelle.

835. Les quatre expériences des deux articles précédens ont été répétées avec la furcelle inverse ; le mouvement a eu lieu comme à l'essai.

836. Une corolle tronquée au-dessous de l'insertion des étamines a été fixée par sa base, dont la surface intérieure touchait la tête de la furcelle inverse. Le mouvement a eu lieu comme à l'essai.

837. Une corolle avant l'épanouissement, et dans son entier, a été placée dans une position analogue sur la tête de la furcelle ascendante ; elle a donné le même mouvement qu'à l'essai.

838. J'ai garni la furcelle ascendante d'un appendice efficace formé d'un morceau de *juncus effusus*, placé la partie supérieure en avant ; la furcelle ne pouvait plus agir. J'ai pris une corolle de *tecoma* qui n'était pas encore ouverte, et j'ai fait entrer

le haut de l'appendice dans le tube de cette corolle, de manière que s'il s'écoulait quelque chose par l'appendice cela devait se répandre dans l'intérieur de la corolle et s'y maintenir ou passer au travers; le mouvement de la furcelle a éprouvé un léger retard, puis il a eu lieu comme à l'essai.

839. J'ai ensuite tronqué le sommet de la corolle, qui s'est présentée alors comme un entonnoir étroit; la furcelle n'a plus monté.

840. J'ai garni la furcelle inverse d'un appendice formé d'un morceau du même jonc, mais placé la partie inférieure en avant, et par conséquent le mouvement de la furcelle a été détruit. J'ai fait avec elle les deux expériences analogues aux deux précédentes; les résultats ont été semblables, c'est-à-dire que dans la première la furcelle a baissé comme à l'essai, et la seconde n'a pas produit de mouvement.

841. A l'égard des étamines il faut d'abord remarquer que les anthères s'ouvrent et sont en état de répandre le pollen quelque temps avant l'épanouissement de la fleur. Si donc on veut avoir des anthères fermées il faut les chercher dans les boutons.

842. J'ai pris quatre étamines dont les anthères n'étaient pas ouvertes; je les ai attachées par la base à la furcelle ascendante, les anthères étant libres en avant; le mouvement n'a pu avoir lieu.

843. Je les ai attachées en sens inverse, les anthères étant couvertes par le lien de soie; la furcelle a éprouvé un léger retard, puis elle a monté comme à l'essai.

844. Ces quatre étamines attachées par la base à la furcelle inverse l'ont laissé agir comme à l'essai ; mais attachées par le sommet elles ont empêché son mouvement.

845. J'ai ôté les quatre anthères et j'ai attaché les quatre filets à la furcelle ascendante, d'abord par la base, puis par le sommet; dans les deux cas ils ont empêché le mouvement.

846. J'ai fait la même chose à la furcelle inverse : quand ces filets ont été attachés par la base la furcelle a d'abord un peu baissé, puis elle est revenue à zéro.

847. Quand ils ont été attachés par le sommet il n'y a eu aucun mouvement.

848. J'ai pris quatre étamines dont les anthères étaient ouvertes; les résultats ont été les mêmes que quand les anthères étaient fermées, seulement il n'y a point eu de retard dans l'expérience analogue à 843.

849. Le style et son stigmate (l'ovaire et même la base du style étaient coupées) attachés par le bas ou par le sommet à la furcelle ascendante, l'ont empêchée d'agir.

850. Dans les deux mêmes positions sur la furcelle inverse, ces organes n'ont point empêché le mouvement.

851. L'ovaire, ayant à peu près son tiers supérieur retranché, a été attaché à la furcelle ascendante, soit par la partie où cette troncature avait été faite, soit par la base ; le mouvement a eu lieu comme à l'essai : des expériences faites sur d'autres

plantes me font croire qu'en laissant le sommet de
l'ovaire et le mettant en contact avec la furcelle le
mouvement éprouve quelque retard ou diminution.

852. Le même ovaire a été attaché par la base
à la furcelle inverse, qui alors est restée sans action.

853. Lorsque j'ai fixé cet ovaire, par son extrémité tronquée, à cette même furcelle, celle-ci a
baissé légèrement d'abord ; mais elle est bientôt
revenue à zéro.

854. J'ai pris un tronçon de chaume mince de
graminée (*festuca*), j'ai attaché sa partie supérieure
à une furcelle inverse, ce qui l'a annulée. J'ai pris
alors un ovaire de *técoma*, chargé de son style. J'ai
tronqué la base de cet ovaire et je l'ai vidé au moins
en partie. Je l'ai ensuite placé comme une coiffe
sur l'extrémité saillante de l'appendice, ou extrémité inférieure du chaume ; la furcelle est rede-
venue agissante et a baissé comme à l'essai. Cette
expérience, à cause de sa délicatesse, est peut-
être plus susceptible d'erreur que les autres ; néanmoins je l'ai répétée plusieurs fois; elle a donné le
même résultat. J'ai fait l'expérience inverse avec la
furcelle ascendante, en y joignant le même appendice placé de l'autre sens , et en mettant sur son
extrémité l'ovaire tronqué au sommet; ainsi disposée
cette furcelle a monté comme à l'essai , peut-être
avec un léger retard.

Corollaire LXIII.

855. En me renfermant dans les limites d'une sévère circonspection toutes les fois que j'ai eu des faits à rapporter, j'ai pu dans les corollaires exposer un peu plus librement le résultat de mes premières réflexions. J'admets donc encore ici provisoirement l'hypothèse qui me sert à enchaîner les faits, et je continue à supposer que quand un appendice empêche le mouvement de la furcelle ascendante, c'est qu'il permet ou favorise l'écoulement du fluide A. Quand il produit le même effet sur la furcelle inverse, c'est au fluide I qu'il offre un moyen de s'échapper.

856. D'après ces suppositions il résulte de l'art. 828 que le péduncule peut recevoir les deux fluides et les transmettre à la fleur. Je ne dis pas qu'ils y passent en effet, je dis seulement qu'ils peuvent y passer.

857. Si le calice reçoit une dose du fluide A, il semble ne faire qu'y passer, puisqu'il s'écoule librement dans les deux sens (829, 830).

858. Le fluide I ne peut en sortir (831); cependant il paraît qu'il peut y entrer par la base (832).

859. La corolle peut être pénétrée par le fluide A, soit qu'il lui vienne de sa base, soit qu'elle le puise dans l'atmosphère (833, 834). Quand elle est épanouie il semble d'après les mêmes articles qu'elle ne peut le retenir. Mais quand elle n'est pas ouverte, celui qui lui vient par sa base ne peut s'échapper (837). Il semble donc que c'est seu-

lement par sa surface intérieure qu'elle peut laisser écouler le fluide A répandu dans sa substance.

860. La corolle ne se laisse point traverser par le fluide I (835), et même il paraît qu'elle n'en laisse point arriver du péduncule, ou du moins il n'y pénétrerait pas jusqu'aux étamines (836).

861. La corolle, quand elle est fermée, est une boîte close dont les parois sont imperméables du dedans au dehors au fluide A et au fluide I qui pourraient s'être répandus dans sa cavité (838, 839, 840).

862. Les filets des étamines laissent passer de haut en bas et de bas en haut les deux fluides, cependant il paraît que le fluide I y passe de bas en haut un peu moins librement (845, 846, 847); au reste, comme, d'après ce qui a été remarqué tout à l'heure (860), il n'est pas probable qu'ils en puissent recevoir par leur base, nous supposerons qu'ils ne peuvent transmettre aux anthères que le fluide A.

863. Le fluide A sort librement des anthères, tant fermées qu'ouvertes, et ne peut y entrer par leur surface extérieure (842, 843 et 848).

864. Le fluide I ne pourrait en sortir si elles en contenaient ; elles pourraient en absorber par leur surface extérieure (844 et 848).

865. Le style et le stigmate ne laissent passer le fluide I dans aucun sens (850), mais le fluide A peut y passer de haut en bas comme de bas en haut (849); néanmoins il ne peut lui en venir d'en bas, d'après l'article suivant.

866. L'ovaire n'est point traversé de bas en haut, ni de haut en bas par le fluide A (851); il admet dans les deux sens le fluide I (852), mais il ne peut lui en venir par le style, d'après l'article précédent.

867. Les parois de l'ovaire ne paraissent pas perméables au fluide I, du moins du dedans au dehors (854).

868. Qu'on se représente donc la corolle fermée, et les anthères prêtes à s'ouvrir, puis s'ouvrant réellement. La corolle ne peut verser en dedans d'elle par sa surface intérieure que le fluide A, puisqu'elle est impénétrable au fluide I (860); les étamines ne peuvent probablement y verser que ce même fluide A (862); et comme le style ne laisse pas passer le fluide I (865), non plus que les parois de l'ovaire (867), il paraît donc que des deux fluides bacillogires le seul fluide A peut se trouver dans le vide de la corolle; lui seul a pu se porter aux anthères; s'il y a un courant dans le style il ne peut être qu'une absorption de ce même fluide, et il arrive ainsi par le haut de l'ovaire, tandis qu'un courant de l'autre fluide arrive ou peut arriver par le bas de l'ovaire. S'ils y arrivent ni l'un ne l'autre ne paraissent en sortir (867). Que deviennent-ils ?

869. Je me garderai d'autant mieux de pousser plus loin les conjectures, que j'ai vu dans d'autres plantes les fluides suivre un système de route tout différent, et qu'indépendamment des diverses constitutions qui peuvent se rencontrer dans les fleurs,

l'exemple que je viens de présenter peut être récusé, attendu que le *técoma* fructifie extrêmement rarement dans le canton que j'habite, et que très-probablement la fécondation ne devait pas s'effectuer dans les fleurs que j'ai examinées. J'espère qu'on me pardonnera néanmoins ce que ce chapitre peut contenir d'un peu hasardé ; il est tout entier hors de l'ensemble de cet ouvrage ; il échappe à la partie théorique puisque je le présente comme une application.

CHAPITRE XXIV.

870. Dès que j'ai eu connaissance de l'effet que
les métaux placés dans la main exerçaient sur la
furcelle, dès que j'ai entrevu quelques rapports
entre les phénomènes que j'examinais et ceux qui
ont d'abord été désignés sous le nom de galva-
nisme, j'ai dû porter mon attention sur les con-
tractions musculaires, et rechercher s'il me serait
possible d'en produire par le moyen des furcelles.
J'ai complètement échoué ; mais l'analogie que j'ai
démontrée entre les fluides bacillogires et les fluides
électriques ne me paraît point altérée par ce défaut de succès, car je l'attribue uniquement à la
trop petite dose de fluide que je transmets à la
furcelle. Les expériences que j'ai faites à cet égard
n'ont pourtant pas été infructueuses ; elles m'ont
fourni de nouvelles lumières sur les fluides bacillogires et sur l'état physique des animaux par
rapport à ces fluides ; je vais donc exposer mes
recherches.

871. Pour les faire j'ai employé des grenouilles
tuées immédiatement avant l'expérience. Après les

avoir dépouillées je prenais seulement leur partie postérieure avec la plus grande portion de la colonne vertébrale. Je ménageais avec soin les nerfs cruraux, mais j'ôtais les os des îles et le sacrum (qui dans ces animaux sont très-longs), et pour cela je coupais ces os tant à leur extrémité postérieure que près de leur articulation avec les vertèbres lombaires. Par cette préparation la masse des vertèbres lombaires restait suspendue et ne communiquait avec les membres postérieurs que par les nerfs cruraux. C'est au reste la préparation la plus ordinairement employée pour les expériences galvaniques.

872. J'ai pris deux petites baguettes de bois , dont chacune, étant tenue à pleine main près de l'une de ses extrémités , pouvait parvenir vers la moitié de l'espace qui sépare mes mains quand je tiens une furcelle. J'ai attaché avec un ruban de soie au bout de l'une de ces baguettes une grenouille préparée ; les reins étaient précisément sur l'extrémité, l'une des cuisses allongée le long de la baguette, l'autre cuisse libre , pendant de côté, et la masse vertébrale suspendue aux nerfs cruraux et pendant un peu au-delà du bout de la baguette. J'ai pris cette baguette dans ma main gauche, en même temps que la poignée gauche d'une furcelle ordinaire ; tandis que je tenais dans ma main droite l'autre petite baguette et la poignée droite de la furcelle. Dans cette position, lorsque l'extrémité de la baguette de droite (qui était taillée en pointe) était rapprochée en contact de l'extrémité de la baguette de gauche ,

ou du corps qui y était attaché, j'avais d'une main
à l'autre un conducteur direct. Je m'avançai avec
cet appareil sur le sol excitateur, en tenant éloignées
l'une de l'autre les deux extrémités des baguettes,
et, lorsque la furcelle fut bien montée, je touchai
avec la pointe de la baguette de droite les nerfs
cruraux de la grenouille à leur sortie de la colonne
vertébrale : la furcelle descendit sur-le-champ. Je
répétai nombre de fois cette expérience, toujours
la furcelle restait sans mouvement, si j'établissais
le contact avant qu'elle eût commencé à monter;
ou bien elle retombait à zéro si déjà elle avait
monté. Il est à remarquer qu'un intervalle de six
lignes, ou même un peu moins, entre une partie quelconque de la grenouille et la pointe de la baguette
de droite, était suffisant pour empêcher ce conducteur direct d'être efficace, et alors la furcelle
montait comme à l'ordinaire. Or, lorsque je touchais
les nerfs comme je l'ai dit, la pointe de la baguette
de droite était à plus de six lignes des muscles de
la grenouille, ainsi la communication se faisait nécessairement de droite à gauche par les nerfs et
les muscles, ou de gauche à droite par les muscles
et les nerfs.

873. On pensera peut-être que le mouvement
que je faisais pour établir le contact pouvait déterminer l'abaissement de la furcelle; mais j'avais
trop d'usage de cet instrument pour méconnaître
l'effet de mes mouvemens; d'ailleurs j'ai dit que
la furcelle ne montait pas quand le contact était
établi d'avance.

874. J'ai répété cette expérience en sens inverse, c'est-à-dire que je tenais dans la main droite la baguette chargée de la grenouille ; elle a donné le même résultat. Ainsi la communication s'est établie d'une main à l'autre par cette espèce de conducteur direct, soit que les nerfs fussent du côté de la main droite, et les muscles du côté de la main gauche, ou soit qu'on les ait placés en sens contraire.

875. Je préparai ensuite une autre expérience. Je m'assurai d'un appendice efficace ; il consistait en une petite baguette de coudrier longue de quatre pouces et dépouillée de son écorce ; son extrémité supérieure était taillée en pointe formée par les fibres les plus extérieures (c'était le 4 octobre). Cet appendice, attaché la pointe en avant à la tête de la furcelle ascendante, empêchait son mouvement ; après m'être assuré de cet effet, je laissai provisoirement cette petite baguette de côté. J'attachai à la tête de la furcelle ascendante un bout de tube de verre qui la dépassait de quatre à cinq pouces, j'y fixai aussi par les cuisses une grenouille préparée. Dans cet état la masse des vertèbres pendait au bout des nerfs. J'essayai encore cet appareil en passant sur le sol excitateur, la furcelle montait au moins comme à l'essai, ainsi le fluide A ne s'écoulait pas par les parties saillantes de la grenouille.

876. Je pris alors la petite baguette de coudrier, et je l'attachai elle-même la pointe en avant sur le tube de verre, de manière que cette pointe le dépassât, et que la base de cette baguette fût à six ou huit lignes de distance de toute partie de la fur-

celle et de la grenouille. En cet état il n'y avait nulle communication entre cet appendice de coudre et la furcelle, aussi cette furcelle agissait comme à l'ordinaire, malgré le poids de l'appareil.

877. Je relevai la masse vertébrale, et je la fixai sur la base de l'appendice; j'établis ainsi une communication continue de la furcelle aux muscles, des muscles aux nerfs, et de ceux-ci à l'appendice. La furcelle ne put plus monter, malgré une marche très-prolongée sur le sol excitateur. Deux fois pourtant il y eut une légère apparence de mouvement, mais il ne continua pas.

878. Laissant en place l'appendice et le tube de verre, je détachai la grenouille et je la replaçai, mais en sens contraire, c'est-à-dire que les cuisses étaient sur l'appendice, et la masse vertébrale sur la tête de la furcelle. Le courant effluant devait passer alors des nerfs aux muscles; mais cela n'eut pas lieu, la furcelle monta aussi fort qu'à l'essai ou même plus, et ce jour les forces bacillogires étaient assez développées.

879. Je pris ensuite une furcelle inverse et je la préparai de même avec le soin de lui donner un appendice efficace pour elle; c'est-à-dire que ce fut la base de la petite baguette de coudre qui fut taillée en pointe (toujours dans les fibres extérieures) et portée en avant; lorsque j'eus placé la grenouille comme en 877, c'est-à-dire de manière que le courant effluant dût passer des muscles aux nerfs, la furcelle descendit un peu plus qu'à l'essai.

880. Mais lorsque j'eus disposé cette grenouille

ou une autre préparée de même, comme en 878, c'est-à-dire de manière que le courant effluant dût passer des nerfs aux muscles, la furcelle ne put prendre aucun mouvement.

Corollaire LXIV.

881. Il résulte des quatre dernières expériences que le fluide A peut passer librement des muscles aux nerfs cruraux, et non de ces nerfs aux muscles, tandis qu'au contraire le fluide I peut passer librement des nerfs cruraux aux muscles, et non des muscles à ces nerfs.

882. Les expériences 872, 874 semblent d'abord n'être pas absolument d'accord avec ce résultat, puisqu'il a paru indifférent de placer la grenouille d'un sens ou de l'autre ; mais la manière d'agir des conducteurs directs me semble encore plus enveloppée de voiles que celle des appendices, et les résultats ne sont pas toujours analogues ; nous avons vu en effet que le verre est efficace comme conducteur direct.

883. On peut admettre, ce me semble, du moins pour tous les animaux vertébrés, que les rapports du système nerveux au système musculaire sont généralement analogues ; il s'ensuit que les expériences qui précèdent peuvent être provisoirement généralisées, et qu'elles indiquent probablement la marche des fluides bacillogires dans les muscles et dans certains nerfs des animaux vertébrés.

884. Pourtant il ne faut pas croire que cette

marche soit aussi simple et toujours uniforme, car alors on en conclurait que les membres pareils doivent être dans le même état par rapport à ces fluides, tandis que nous voyons le bras droit produire un effet contraire à celui du bras gauche. Si au reste il est vrai que les deux bras soient dans un état différent, il devient intéressant de connaître aussi l'état des autres parties du corps. Tout cela présente une suite de recherches auxquelles se rapportent plusieurs expériences précédemment exposées; en voici encore quelques-unes.

Suite des expériences.

885. Je rappellerai d'abord les articles 203 à 208, desquels il résulte que la furcelle ascendante étant en mouvement entre les mains d'un bacillogire, le contact de la main droite, du pied droit, du visage ou de la poitrine d'une autre personne contre la tête de cette furcelle annule immédiatement les forces qui l'animent et la font retomber à zéro ; tandis que le contact de la main gauche et du pied gauche, sans influence sur la furcelle ascendante, annulent la furcelle inverse. Je rappellerai encore ce que j'ai dit chapitre xv (377) de l'attraction de la poitrine sur la tête de la furcelle ascendante. J'ai fait sur moi-même des recherches plus détaillées.

886. J'ai dépouillé de tout vêtement la partie supérieure de mon corps jusqu'à la ceinture, et, marchant ainsi sur le sol excitateur en tenant une

furcelle ascendante, je touchais avec sa tête, dès qu'elle était montée, différens points de la surface de mon corps. Ne pouvant soumettre à la même investigation les parties dorsales ni les mains mêmes qui tenaient l'instrument, un de mes fils (que j'ai déjà cité comme ayant une grande force bacillogire dans la main droite) s'est prêté à la même expérience, mais c'est au travers d'un léger vêtement qu'avec la tête de ma furcelle je touchais soit son dos soit quelques-unes des parties inférieures de son corps. Voici les conclusions encore très-incertaines que ces diverses recherches m'ont fournies.

Points du corps dont le contact avec la tête d'une furcelle ascendante en mouvement a annulé ce mouvement, et dont le contact avec la tête d'une furcelle inverse est probablement sans effet.

Tout le visage.

La main droite.

La saignée du bras droit, sur le tendon du biceps.

Toute la masse du biceps du bras droit.

Les côtes et la première fausse côte du côté droit.

Le milieu du haut du sternum.

Le milieu du sternum, un pouce et demi au-dessus de sa base.

Le point de la poitrine situé à un pouce et demi à gauche du précédent, et à la même hauteur.

Le haut des vertèbres dorsales.

Le haut des vertèbres lombaires.

Points dont le contact n'a point annulé le mouvement de la furcelle ascendante, mais annulerait probablement celui de la furcelle inverse.

La main gauche.

Toutes les parties de mon bras gauche que j'ai pu toucher avec la furcelle que je tenais.

La première fausse côte gauche, à six pouces de son extrémité extérieure.

Deux pouces au-dessous du sternum.

Un pouce au-dessus de l'ombilic.

Sur la base de la colonne vertébrale, près du sacrum.

Corollaire LXV.

887. En faisant ces essais j'avais pour but de reconnaître les limites des espaces qui jouissent de l'une ou l'autre propriété ; en y joignant quelques observations éparses, je crois pouvoir dire, du moins pour moi et pour mon fils, que tout le côté droit et la tête ont la propriété d'annuler par leur contact la furcelle ascendante ; tandis que le côté gauche a la même propriété par rapport à la furcelle inverse. Mais la ligne verticale moyenne du corps ne paraît pas partager ces deux régions ; au-dessus du diaphragme la propriété du côté droit s'étend un peu vers la gauche ; et au-dessous du diaphragme, la propriété du côté gauche s'étend un peu vers la droite. Ainsi le sternum jouit de la propriété du côté droit, et la ligne blanche possède la propriété du côté gauche ; et cet état différent de la

poitrine et du bas-ventre agit quelquefois même sans contact sur la furcelle quand elle en passe trop près ; il influe alors sur les résultats des expériences, et peut les dénaturer si l'on n'y prend pas garde. En étudiant en particulier l'état électrique des mains, on ne perdra pas de vue qu'il n'est question ici que de leur état naturel et non de ce qu'elles éprouvent quand on tient une furcelle en action, ou quand on place dans la main un corps électrique ou magnétique. L'art. 577 nommément et ceux qui le précèdent ont fait connaître les changemens qu'éprouve alors l'état naturel des mains, et nous ont permis d'entrevoir les causes des anomalies qui en résultent.

888. Quoi qu'il en soit, cet état particulier aux diverses parties du corps a une influence très-marquée sur les autres corps. Il a déjà été signalé dans le chapitre xx, art. 578 et suivans; on a vu que des pièces d'argent qui séjournent sur le côté droit conservent leurs propriétés, tandis que si elles séjournent sur le côté gauche elles prennent les propriétés du cuivre.

Suite des expériences.

88g. Ces dispositions du côté droit et du côté gauche existent chez la plupart des individus, et sont beaucoup plus répandues que la propriété bacillogire elle-même. Ainsi des pièces métalliques portées sur le côté droit ou sur le côté gauche d'une personne quelconque se mettront dans un état relatif à ces positions ; mais pour les reconnaître il faudra un bacillogire exercé. Je n'ai cependant fait ces essais que sur huit à dix personnes, parmi lesquelles plusieurs n'étaient nullement bacillogires. Une seule a fait exception, et les pièces d'argent qu'elle portait ou à droite ou à gauche n'ont signalé que les propriétés ordinaires de l'argent. Cependant cette même personne n'était pas sans influence sur d'autres phénomènes bacillogires, par exemple le contact de sa main droite contre la tête de la furcelle qui montait sur le sol excitateur, l'a fait constamment descendre, et sa main gauche ne produisait pas le même résultat.

890. Ces effets du contact des mains sur la tête de la furcelle ont été essayés plus souvent que l'influence du corps sur les métaux, et peut-être les exceptions sont-elles encore plus rares. Je n'en ai rencontré que trois ou quatre fois, et l'une au moins était momentanée. Mon second fils marchait sur le sol excitateur et tenait une furcelle qui montait fortement ; le contact de ma main droite fut sans effet, quoique nombre de fois j'eusse fait avec succès la même expérience avec la même personne. A la vérité nous venions de faire avec des aimans beaucoup d'essais qui pouvaient avoir influencé ou nous-mêmes ou les furcelles. Au reste, peu d'instans après ce manque de succès, je réitérai en touchant la furcelle un peu plus long-temps, elle s'abattit alors comme de coutume.

891. Une autre exception est plus remarquable. Je tenais moi-même la furcelle ascendante sur le

sol excitateur, et ce contact des mains avait été essayé par cinq ou six personnes, hommes ou femmes, de différens âges. Toujours les mains droites avaient annulé le mouvement, et les mains gauches avaient été sans effet. Il restait une jeune personne de dix à onze ans, malade, et ayant une petite fièvre continue qu'on croyait causée par un engorgement dans les viscères. Le contact de l'une et de l'autre de ses mains fut sans effet sur la furcelle. Enfin deux autres exceptions, qui d'ailleurs ont été peu approfondies, m'ont été fournies, l'une par une femme d'une santé très-délicate, et alors même un peu malade, l'autre par un homme qui paraissait en bonne santé.

892. Celles de ces expériences qui pourraient faire soupçonner un rapport entre l'état de santé et les phénomènes bacillogires, sont secondées à cet égard par une épreuve faite sur moi-même. Dans l'automne de 1824 je fus attaqué de quelques fièvres réglées peu fortes. Pendant un frisson léger, mais assez long, qui précédait un accès, je me transportai sur le sol excitateur n° 2, étant armé d'une furcelle ascendante ordinaire; elle prit le mouvement inverse; la poignée gauche fut garnie de soie, le mouvement diminua d'intensité, mais fut toujours de même nature. J'augmentai l'épaisseur de l'enveloppe de soie, et je finis par empêcher tout mouvement. Mais de quelque manière que je m'y prisse la furcelle ne monta pas. Quand le frisson fut passé, et pendant la durée de l'accès de fièvre, qui fut faible, je me trouvai dans l'état bacillogire qui m'est ordinaire, c'est-à-dire que quand je n'employais pas

de préparation, la furcelle montait; mais avec les garnitures de soie j'obtenais à volonté l'un ou l'autre mouvement. Deux jours après un autre frisson faible produisit le même effet. En mai 1825 j'eus quelques accès assez violens. Dans un frisson très-fort, ne pouvant me rendre sur le sol excitateur, j'eus recours à des pièces métalliques pour exciter le mouvement de la furcelle; mais je ne pus produire que des effets inverses, il me fut impossible d'obtenir le mouvement ascendant. Pendant la fièvre un essai fort incomplet me donna lieu de penser que mon état électrique habituel s'était rétabli.

Corollaire LXVI.

893. On sent qu'il est impossible de rien conclure de faits aussi isolés, mais ils amènent à des réflexions que j'exposerai rapidement. Il est évident en effet que les diverses parties du corps sont habituellement dans des états électriques différens, et jouissent de propriétés électriques différentes. Dans l'état de santé ces diverses parties sont entre elles dans un certain rapport relativement à l'électricité. Mais ce rapport peut être tout autre dans l'état de maladie. A la vérité ces changemens dans les rapports électriques des organes peuvent être ou la cause ou la suite de la maladie; dans l'un et l'autre cas il devient important de les étudier, soit pour y remédier s'ils sont cause, soit pour les indiquer comme symptômes s'ils sont résultat. Et c'est peut-être à défaut d'une étude assez approfondie qu'on

a rejeté des moyens auxquels il est possible qu'on revienne un jour. Ainsi, par exemple, il a été assez prouvé que dans quelques cas des malades ont éprouvé ou soulagement ou même guérison par la communication d'une certaine quantité d'électricité fournie par une machine à roue de verre. D'après ces exemples on a réitéré les essais du même remède, et très-souvent sans succès, ce qui l'a fait tomber à peu près en désuétude; mais n'est-il pas visible qu'on l'employait de la même manière dans des cas qui pouvaient être différens; toujours on fournissait le fluide positif, et c'était peut-être souvent le fluide négatif qui manquait; ou bien on lui faisait parcourir tel muscle, tel nerf dans un sens, tandis que c'était en sens inverse qu'il fallait lui faire forcer le passage.

Suite des expériences.

894. J'ai enveloppé de soie la poignée gauche de la furcelle; elle a monté par l'influence de ma main droite.

895. J'ai passé à deux ou trois reprises ma main droite sur mon visage, la furcelle a encore monté, et même en général plus fort.

896. Puis j'ai passé ma main droite sur le bas-ventre, un peu plus du côté gauche; elle y a pris les propriétés de la main gauche, et elle a fait descendre la furcelle pendant quelques momens (à peu près la durée d'un passage), après quoi elle est revenue à son état ordinaire, et la furcelle a monté.

897. De même, ayant enveloppé de soie la poignée droite, la main gauche, par son passage sur le bas-ventre (un peu à gauche), n'y a recueilli qu'un accroissement de sa force inverse ; tandis que son passage un peu réitéré sur le visage lui a donné pour un moment les propriétés de la main droite, et elle a fait monter la furcelle.

898. Mais la disposition des mains, et probablement même du corps, paraît directement influencée par les expériences, et il semble que dans chacune d'elles le corps se trouve dans un état correspondant à celui de la furcelle.

899. Le 3 juillet 1822 j'avais fait successivement et sans intervalle plusieurs expériences, dont les unes avaient produit le mouvement ascendant, et d'autres le mouvement inverse, et j'avais employé pour les faire des furcelles qui m'avaient montré des anomalies et dont je voulais étudier les effets. J'en pris une formée de deux petits rameaux de genêt d'Espagne réunis par leurs extrémités supérieures, dont j'avais enlevé l'écorce du côté du contact. Quelques heures avant j'avais employé cette même furcelle avec succès, elle s'était trouvée inverse et avait donné $-40°$ et $-45°$. En ce moment elle ne donna d'abord rien ; multipliant le passage elle se montra très-promptement intermittente ; mais ses mouvemens ne s'étendirent pas au-delà de $+10°$ et de $-20°$.

900. Je fis une autre furcelle toute semblable, sinon que les extrémités réunies étaient réduites à moitié épaisseur ; elle me donna zéro à six passages différens.

901. Je voulus chercher à augmenter l'action bacillogire, et je couvris ma tête d'un bonnet de soie noire; quatre passages donnèrent encore zéro.

902. Je repris alors la furcelle d'essai qui ce jour était à la vérité peu énergique, mais qui néanmoins avait donné peu avant $+ 40°$. Dans cet instant elle ne put prendre aucun mouvement; ainsi les forces bacillogires étaient neutralisées en moi. Mais en continuant les passages et en conservant ma coiffure de soie elles revinrent petit à petit; j'en fis cinq après celui qui avait été nul; ils donnèrent $+ 10$, $+ 30$, $+ 80$, $+ 90$ et $+ 90$ degrés.

903. Peu de jours après, j'avais fait une expérience assez prolongée, relative à des furcelles analogues aux précédentes, mais plus fortement intermittentes. Je me trouvai de même ensuite hors d'état de mettre en mouvement les furcelles ordinaires. Je plaçai quatre pièces d'argent de cinq francs sous mon pied droit, et peu après j'eus quelques indices du renouvellement du mouvement; mais ce ne fut qu'après une vingtaine de passages que je pus obtenir $+ 40°$. J'ôtai alors les pièces d'argent; la furcelle sans préparation donna encore $+ 40°$, et je me retrouvai dans mon état ordinaire.

904. Une autre fois j'avais encore travaillé longtemps avec une furcelle d'épine blanche, je l'avais rendue intermittente, et même elle avait acquis cette propriété à un haut degré; les accès ascendans et inverses se succédaient avec une grande rapidité; je quittai cette furcelle et j'en pris une autre de charme qui n'avait jamais donné de symptômes

d'intermittence, et qui n'avait été soumise à aucune expérience capable de lui donner cette propriété; néanmoins elle se trouva intermittente dès les premiers pas; ses mouvemens étaient peu étendus, mais les accès étaient courts et très-répétés. Je ne faisais pas vingt pas sans que la nature du mouvement ne changeât; j'ai déjà rapporté cette expérience chapitre XIV, art. 350.

905. Je ne sais combien j'aurais conservé cette disposition qui évidemment résidait en moi. L'opération par laquelle j'avais rendu intermittente la furcelle d'épine blanche avait influé sur moi-même et m'avait mis dans un état analogue, si bien que l'autre furcelle que j'ai prise, et qui était dans l'état ordinaire, s'est trouvée forcée de se mettre dans l'état correspondant au mien, et s'est montrée intermittente.

COROLLAIRE LXVII.

906. Il est donc évident que les expériences bacillogires peuvent changer l'état du corps relativement aux fluides qui agissent dans ces expériences, et aussi qu'elles peuvent être influencées par l'état du corps, d'où il résulte qu'elles peuvent être symptômatiques de cet état, toujours considéré relativement aux fluides bacillogires. Si donc en premier lieu on venait à découvrir que la marche plus ou moins régulière, ou la disposition de ces fluides dans le corps humain, pût influer sur la santé, il en résulterait que les expériences bacil-

logires pourraient y influer aussi. Et si l'on découvrait en second lieu que les variations de la santé fissent varier la marche ou la disposition des mêmes fluides, il est évident que ces expériences deviendraient symptômatiques.

907. Quant à moi elles ne m'ont causé ni bien ni mal; c'est tout ce que je leur demandais, ayant le bonheur de jouir d'une bonne santé; mais il faut observer que j'en ai fait de toutes les manières que j'ai pu imaginer, et il serait bien possible que les unes eussent détruit l'effet des autres. D'ailleurs je ne puis pas dire que leur influence sur moi ait été tout-à-tout nulle. Quelquefois, après deux ou trois heures d'expériences, je me suis senti une légère lassitude différente de celle que cause un exercice trop prolongé, et pour ainsi dire plus intérieure; mais en général elle se dissipait promptement. Cependant, aux époques où je me suis livré le plus assidument à ces recherches, et où je faisais des expériences pendant près de quatre heures par jour, il m'est resté souvent la nuit un peu d'agitation, notamment quand j'avais long-temps étudié les furcelles intermittentes; ces secousses nerveuses qu'on éprouve quelquefois quand on s'endort, et auxquelles je suis assez sujet, étaient devenues plus fréquentes; mais tout cela disparut dès que je consacrai moins de temps à ce travail, et que j'y mis des interruptions; au reste cette légère agitation que je ressentais la nuit n'était ni pénible ni fatigante, et n'était accompagnée d'aucune chaleur particulière; elle était du genre

de celle qu'on éprouve quand, sans en avoir l'habitude, on a passé quelque temps sur la mer un peu agitée, et qu'on se retrouve à terre, bien portant, mais croyant encore sentir le balancement des flots.

CHAPITRE XXV.

908. Quoique dans plusieurs de mes corollaires on puisse encore trouver quelques traces du désir de deviner la nature et sa manière d'agir, je pense avoir rempli ma promesse et m'être suffisamment tenu en garde contre l'esprit de système, puisqu'en exposant séparément mes expériences j'ai fourni des matériaux dégagés de l'influence de mon imagination, et qui seront prêts à être employés dans l'ordre qui paraîtra le mieux s'accorder avec la marche de la nature. Maintenant je regarde mon ouvrage comme terminé, et je joins ici une espèce d'appendice où je vais exposer quelques réflexions et remarques qu'on prendra si l'on veut pour des suppositions ou pour des hypothèses hasardées. Quelques observations que j'ai encore à rapporter, et qui pour moi présentent le même degré de certitude que les autres, paraîtront peut-être plus susceptibles de critique, soit parce qu'elles s'écartent encore plus des régions connues de la physique, soit parce qu'elles se rapprochent de quelques-uns des faits que le charlatanisme ou le défaut

d'instruction suffisante avaient enveloppés d'illusions et d'absurdités.

909. Mais d'abord je dois tâcher de réunir les traits épars dans mes corollaires; il faut voir s'ils s'accordent entre eux, et si on peut en tirer une esquisse provisoire qui fixe un peu nos idées.

ANALYSE SYSTÉMATIQUE DES COROLLAIRES.

910. Les phénomènes bacillogires peuvent être attribués à une action, impulsion ou vibration qui se communique du sol excitateur à la furcelle sans transmission de substance, ou bien à la transmission d'une matière ou substance qui passe du sol excitateur à la furcelle (corollaire 1er). Forcé de choisir entre ces deux hypothèses, nous adopterons la seconde comme plus conforme à des idées qui ont été généralement admises, qu'on conteste peut-être avec raison, mais contre lesquelles l'opinion générale ne s'est point encore prononcée.

911. Les effluves du sol excitateur (ou du moins ce qui en arrive à la furcelle) sont composés de deux fluides (corollaire II) analogues, ou plutôt identiques avec les fluides électriques et magnétiques (corollaires II, XXXI, XLIV, LI). Le fluide A, ou celui qui produit le mouvement ascendant, est identique avec le fluide positif et avec le fluide boréal. Le fluide I, ou celui qui produit le mouvement inverse, est identique avec le fluide négatif et avec le fluide austral (corollaires XXXVI, XXXVII, XXXIX, LI).

912. Les effluves du sol excitateur passent par le corps du bacillogire pour se rendre à la furcelle (corollaire 1er).

913. Le corps du bacillogire est un intermédiaire essentiel à la production du mouvement qui n'aurait pas lieu dans le cas d'une transmission plus directe (corollaire xxv), et le corps concourt au phénomène non-seulement comme conducteur, mais comme partie essentielle d'un appareil électromoteur (corollaires xxxv, xxxviii, xxxix, xli, xlii, xlvii).

914. Les effluves du sol excitateur se répandent dans tout le corps de l'homme et tendent à se disperser dans l'atmosphère. Si on s'oppose à cette dispersion par le moyen de corps non conducteurs, les effluves se trouvent plus condensés et produisent plus d'effet (corollaire 1er).

915. Les effluves, qui sans doute sont composés des deux fluides combinés, sont décomposés par le corps de l'homme, et chacun de ces fluides occupe des parties diverses (corollaires ii, x, xvii, xxviii, lxv), notamment le fluide A (ou positif) occupe la main droite ; le fluide I (ou négatif) occupe la main gauche (corollaires ii, x).

916. Les deux mains contribuent au mouvement de la furcelle (corollaires vi, vii, xii), et les deux fluides se portent sur elle (corollaire xv); mais si l'on établit des conducteurs directs entre les mains ou entre les pieds, la furcelle reste sans mouvement (coroll. xii, xxv); sans doute qu'alors les fluides ne se portent plus sur la furcelle.

917. Les courans de fluides restent séparés sur la furcelle et se portent d'une main à l'autre en tournant en hélice autour des branches ; il se détache d'eux un rameau divergent qui se porte le long de la tête de l'instrument et tend à se répandre dans l'atmosphère (corollaire xvi).

918. Dans le mouvement inverse les hélices que forment les deux courans sont tordues en sens contraire à ce qu'elles sont dans le mouvement ascendant (corollaire xvi). C'est là la principale différence que présentent les circonstances de ces deux mouvemens. Mais il paraît en outre que dans le mouvement ascendant le fluide A (ou positif) est plus abondant, et que dans le mouvement inverse le fluide I (ou négatif) est plus abondant (corollaire ii).

919. La disposition des fluides sur la furcelle varie 1° lorsqu'on l'enveloppe en certains endroits de corps non conducteurs (corollaire xvii) ; 2° suivant la position de l'instrument (corollaire xvii).

920. Indépendamment de la disposition des fluides qui sont communiqués à la furcelle dans le phénomène bacillogire, son état électrique peut encore être modifié par des influences électriques sans communication ; c'est ainsi que le corps du bacillogire paraît exercer sur elle une action directrice, même par les parties qui ne sont pas en contact (corollaires xvii, xxviii).

921. Pour que le phénomène ait lieu il ne faut pas que la furcelle porte quelque partie qui facilite l'écoulement des fluides (corollaire viii) ; ce sont

ces parties qui ont reçu le nom d'appendices ; de même il ne faut pas présenter au contact de la furcelle ou trop près d'elle des corps qui puissent lui enlever les fluides (195, corollaire x). Ce sont les soustracteurs.

922. Les divers corps de la nature présentent des propriétés très-variées, soit comme appendices soit comme soustracteurs ; et ces propriétés sont conséquentes de la constitution électrique de ces corps (corollaires ix, x, et chapitres xxiii, xxiv).

923. Mais un corps qui, comme appendice ou comme soustracteur, retient ou empêche le passage d'une petite quantité de fluide, ne peut s'opposer à un plus grand effort (corollaire xxxvii), et quelquefois la constitution électrique de ce corps en est changée. De là la différence entre les phénomènes électriques, où les fluides électriques agissent à grande dose, et l'action simple et tranquille de la nature. De là l'insuffisance des instrumens ordinaires pour faire connaître l'action de l'électricité dans une multitude de phénomènes de la nature, parce que ces instrumens ne donnent des signes d'électricité que quand les fluides sont en assez grande quantité pour forcer tous les passages.

924. L'action d'un corps électrique sur le sommet de la furcelle produit en elle certaines modifications dont on peut juger par la manière dont s'exerce le phénomène bacillogire. *L'action semblable* du même corps sur les poignées de la furcelle paraît produire des modifications analogues, car dans ce second cas le phénomène bacillogire,

s'il a lieu, se montre avec les mêmes circonstances que dans le premier cas (corollaire xxxv).

925. Je dis *l'action semblable*, car il est évident, par exemple, que l'action par épanchement sur une poignée ne peut produire le même effet que l'action par influence ou par soustraction sur le sommet.

926. La torsion qu'on remarque souvent dans les poignées de la furcelle n'est qu'un effet secondaire produit par la rotation et par l'effort qu'on y oppose (corollaire v).

927. Dans les expériences bacillogires la furcelle est mise dans un état particulier, conséquent de ces expériences, et qu'on peut comparer à une sorte de polarisation (corollaire iii, iv); cet état persiste ; de là résultent la furcelle ascendante et la furcelle inverse.

928. Les conducteurs directs (du moins ceux qui, empêchant le mouvement de la furcelle, paraissent recevoir les courans bacillogires) éprouvent de même une sorte de polarisation plus ou moins persistante (corollaire xiii). Il en est de même des appendices et des soustracteurs (1).

929. Pendant les expériences, le corps du bacillogire lui-même paraît être dans un état correspon-

---

(1) Ce que je dis ici des appendices et des soustracteurs pourrait se déduire des détails d'un grand nombre d'expériences rapportées dans cet ouvrage ; mais d'autres expériences faites depuis l'impression des premiers chapitres le démontrent directement

dant à celui où est la furcelle (corollaires 24, 26, 27), mais il reprend son état naturel plus ou moins promptement.

930. Les fluides électriques ou magnétiques transmis à la furcelle par tout autre corps que le sol excitateur produisent la plupart des phénomènes bacillogires ; mais le corps du bacillogire lui-même paraît toujours essentiel à la production du mouvement (corollaires 35, 37, 38, 44).

931. La furcelle qui reçoit des fluides d'un corps quelconque hors du sol excitateur est soumise plus ou moins complètement à la loi de direction magnétique, relativement aux pôles du monde, et conséquemment à l'espèce de fluide dont elle est chargée (corollaires 47, 49, 50, 51); néanmoins l'influence du corps du bacillogire est toujours une condition essentielle (corrollaire 47). En effet ceci n'est qu'un cas particulier du paragraphe précédent.

932. La furcelle qui reçoit les fluides du sol excitateur est soumise aussi à la loi de direction, mais relativement alors à ce sol et conséquemment à la préparation antérieure de l'instrument (corollaire 51).

933. Pour compléter ce tableau, après avoir exposé ce que nous avons entrevu de la nature des effluves bacillogires et de leur mode d'action, il paraîtrait peut-être convenable d'analyser et de présenter aussi sous un même point de vue les lumières que nous avons pu recueillir soit sur l'électricité proprement dite, soit sur le magnétisme,

26

soit enfin sur leurs rapports avec différens corps.
Je pourrais par exemple rappeler que des substances qui passent pour n'être pas conductrices de
l'électricité m'ont paru dans certains cas laisser
passer les petites doses de fluides qui auraient suffi
pour mettre la furcelle en mouvement (corollaire
37). Je ferais aussi remarquer l'état électrique
particulier à chaque métal et indépendamment du
contact d'un autre métal (corollaire 40). Mais
tous ces faits sont isolés, et ne tenant que secon-
dairement à l'ensemble que j'ai essayé de tracer, je
ferais une répétition inutile en les exposant de nouveau ici ; il en est de même de tout ce que la furcelle
m'a appris sur les rapports de l'électricité avec les
végétaux et les animaux ; et surtout à cet égard
une récapitulation serait superflue, puisque le tout est
compris dans les chapitres spéciaux XXIII et XXIV.

934. Mais si je cherche à éviter ces répétitions
il n'en est pas de même relativement à quelques
recommandations que j'ai adressées à ceux qui voudraient étudier le même sujet ; d'abord je ne sau-
rais trop redire que lorsque je n'ai pas précisément
énoncé le contraire, les expériences ont été faites
par moi seul, par conséquent je ne puis garantir
que le résultat fût tout-à-fait identique si elles
étaient répétées par un autre ; car, j'en ai prévenu
et j'insiste encore sur ce point, je regarde les
résultats des expériences comme conséquens de
la disposition et des quantités relatives de chaque
fluide bacillogire dans les diverses parties du corps
humain, soumis à l'influence de quelque corps

qui excite un mouvement dans ces fluides ou qui en change les proportions ; or, il me paraît que sous ce rapport l'état naturel du corps humain est très-variable d'un individu à l'autre.

935. Une autre remarque essentielle à ne pas perdre de vue, c'est qu'il doit y avoir une multitude de petites circonstances encore inconnues et qui peuvent influencer les expériences et dénaturer leurs résultats. Je vais citer un exemple qui prouve combien il faut y regarder de près avant de prononcer qu'il y a erreur, et quel soin il faut prendre des plus petits détails.

936. J'étais dans un appartement au premier étage de la maison que j'habite ; je parlais des phénomènes bacillogires à un homme qui les connaissait peu, mais qui d'ailleurs était accoutumé à bien observer. Je voulus lui faire voir quelques expériences analogues à celles qui sont rapportées chapitre xx (545 et 562), et ayant pris une furcelle, je marchai nord et sud, sans m'armer d'aucune pièce métallique ; la furcelle resta sans mouvement, comme je devais m'y attendre. Pour varier un peu mes essais, au lieu de toucher avec ma furcelle un morceau de métal posé dans un lieu quelconque, je priai cette autre personne de prendre une pièce métallique, et d'en toucher le sommet de l'instrument. Néanmoins, craignant que le contact de la main et de la pièce métallique n'apportât quelque changement à l'état naturel de celle-ci, je demandai à mon collaborateur d'envelopper ses doigts avec une étoffe de soie. Il prit ainsi une pièce

d'argent et en toucha le sommet de ma furcelle;
celle-ci, contre mon attente, descendit. Je la fis
toucher de même avec une pièce de cuivre, elle
descendit encore; nous réitérâmes avec l'argent,
alors elle monta, et constamment ensuite elle monta
quand elle fut touchée par de l'argent, et elle
descendit quand elle fut touchée par le cuivre.
Je restais fort surpris du résultat inverse du premier essai, lorsque l'observateur qui était avec
moi en devina lui-même la cause. Il crut se rappeler
que dans ce premier essai le sommet de la furcelle avait peut-être moins touché la pièce métallique que la soie qui l'environnait. Nous fîmes de
nouveaux essais à cet égard, et nous vîmes que la
soie, incapable par elle-même de causer le mouvement de la furcelle, acquiert cette propriété par
le contact d'un métal, et se met dans un état
bacillogire contraire à celui de la pièce métallique
qu'elle touche; ainsi, si elle environne une pièce
d'argent, son contact contre le sommet de la furcelle la fera baisser; si elle environne un morceau
de cuivre, elle fera monter la furcelle.

937. On voit donc que ce genre de recherches
demande toute l'attention et toute la précision que
les physiciens sont accoutumés à apporter dans
leurs travaux. Au reste il n'est pas douteux que
non-seulement un peu d'habitude facilite ces expériences comme toute autre chose, mais encore
que le corps ne s'y prête réellement mieux s'il a
été long-temps exercé, soit que les fluides bacillogires y circulent plus facilement quand ils y

ont pour ainsi dire élargi leur route, soit que le corps conserve une sorte de polarisation et reste dans un état plus favorable aux expériences de ce genre. Quoi qu'il en soit il est certain que beaucoup de personnes qui d'abord ne s'étaient pas crues susceptibles d'éprouver cette espèce d'influence, se sont trouvées, après quelques essais, très-distinctement bacillogires. A cet égard je vais exposer ce qui m'est arrivé à moi-même, et j'indiquerai par là et par quelques autres exemples la méthode que je crois la meilleure pour rechercher en soi cette propriété.

938. J'ai dit dans le discours préliminaire que je vis faire de semblables expériences à un homme qui attribuait le mouvement de la furcelle entre ses mains à l'influence de courans souterrains sur lesquels il passait. J'étais dans une position très-favorable pour essayer si j'étais doué de la même faculté ; j'habitais alors le château de la Source, près Orléans ; la principale source du Loiret se trouve dans les jardins, je l'ai décrite (Journal des Mines, tome XIII, an XI), et j'ai eu alors occasion de mesurer sa puissance dans un temps de sécheresse. Je crois l'évaluer faiblement en supposant que dans sa force moyenne elle jette quarante mètres cubes d'eau par minute, ou mille à douze cents pieds cubes ; elle sort au milieu d'un bassin circulaire qui se dégorge par un canal d'environ vingt-deux pieds de large. Excepté du côté de ce canal on peut tourner autour de ce bassin, et en faisant ce circuit il est infiniment probable

qu'on doit passer sur un conduit souterrain qui sans doute amène l'eau de cette abondante source. Je me munis d'une furcelle et je tournai autour du bassin en imitant ce que j'avais vu faire, et bien convaincu que si cet instrument devait agir entre mes mains, un courant si puissant était particulièrement propre à exciter le mouvement. Cependant ce premier circuit fut sans effet ; je réitérai jusqu'à quatre fois, et toujours sans succès. Ce ne fut guère qu'à la cinquième tournée que je crus sentir dans mes mains une espèce d'effort de la furcelle, et comme une te ndance au mouvement. Ce fut un motif de persévérance ; un nouveau tour fit monter visiblement, mais peu fortement la furcelle ; au tour d'après, le mouvement ascendant fut bien caractérisé ; dès ce moment je fus pour ainsi dire pénétré de la propriété bacillogire, et quoiqu'ayant passé quelquefois jusqu'à près de deux ans sans la rechercher en moi, je l'ai toujours retrouvée avec une intensité à peu près pareille, et sans avoir besoin de la solliciter par des essais préliminaires et infructueux. Maintenant que depuis trois ou quatre ans j'ai fait une énorme quantité d'expériences, je ne puis même pas dire que les forces bacillogires soient plus développées en moi qu'autrefois, il me semble que la furcelle ne monte entre mes mains ni plus fort ni plus vite que dans les commencemens ; mais ces forces sont mieux réglées, mieux partagées, et une foule d'expériences de détail qui me réussissent m'auraient peut-être donné alors des résultats douteux et variables.

939. On conclura de la marche que j'ai suivie pour rechercher et exercer chez moi la puissance bacillogire, que j'avais la pensée que les courans souterrains étaient propres à exciter les mouvemens de la furcelle ; c'est en effet ce dont je suis persuadé ; mais comme dès l'origine on m'annonçait que des masses métalliques enfouies produisaient le même effet, j'étais déjà disposé à regarder la présence des courans souterrains comme un moyen d'exciter le phénomène, mais non pas comme sa cause essentielle ; j'étais donc porté à l'étudier indépendamment de ces courans, et j'ai été confirmé dans cette pensée quand j'ai vu que l'électricité, le magnétisme et le seul contact des métaux suffisaient pour causer ces singuliers mouvemens. D'après cela, en rendant compte de mes expériences, j'ai dû encore avec bien plus de soin me garder de tout ce qui aurait pu leur donner l'apparence de recherches hydroscopiques. Maintenant que je me permets un peu plus les conjectures, je laisserais mon ouvrage incomplet si je ne rapportais pas ce que j'ai observé sur les rapports qu'il peut y avoir entre les courans d'eau et ces phénomènes.

940. Toutes les fois que j'ai eu connaissance de courans d'eau souterrains, naturels ou artificiels, j'ai reconnu au-dessus un sol excitateur, à moins que le courant ne fût d'une extrême faiblesse. Le courant artificiel qui alimente un jet d'environ deux lignes de diamètre et montant à huit ou dix pieds, m'a paru très-suffisant ; un courant naturel dans le cas de fournir cent ou cent vingt litres par

minute m'a paru aussi fort suffisant, et j'ai lieu de croire que de bien moindres courans peuvent encore produire un effet très-sensible.

941. Toutes les fois que j'ai trouvé un sol excitateur, c'est-à-dire un lieu qui, sans le secours factice de métaux, d'électricité ou de magnétisme, pouvait causer les mouvemens de la furcelle, l'examen subséquent des circonstances locales m'a permis de supposer l'existence d'un courant souterrain (1).

942. Si l'on examine attentivement ces deux propositions, on verra que je suis encore bien loin d'engager à se fier aux expériences bacillogires pour la recherche des eaux souterraines. En effet, pour cela il aurait fallu que mes expériences eussent constaté que toutes les fois que je rencontrais un sol excitateur il y avait un courant au-dessous; bien loin de là j'ai dit seulement que les circonstances locales me permettaient de le supposer; mais

---

(1) Je note ici, pour tenir en garde ceux qui voudraient faire des recherches, que j'ai fait toutes mes expériences dans des localités où les couches du terrain sont à peu près horizontales, ou sans grande régularité; alors, quand j'ai pu vérifier l'existence du courant, je l'ai trouvé précisément au-dessous du lieu où la furcelle éprouvait la plus forte impression. Mais quelqu'un qui a pu faire des recherches dans un canton où les couches sont inclinées m'a dit avoir remarqué que souvent cette disposition paraît faire dévier les influences du courant et les écarte de la verticale; alors il n'est pas au-dessous de l'endroit où il signale son existence.

comme en même temps j'ai démontré que le phénomène peut aussi être excité par la présence des
métaux, par l'électricité et par le magnétisme, il
faudrait être assuré que ni ces causes souvent cachées,
ni d'autres qui pourraient nous être encore inconnues, n'ont pu produire le phénomène, pour oser
l'attribuer avec quelque apparence de certitude à un
courant souterrain. Si à cela j'ajoute que des petits
courans connus m'ont souvent fait presque autant
d'effet que de très-grands, et que d'ailleurs, par le
moyen des art. 395 et suivans, j'entrevois à peine
quelques rapports entre la profondeur des courans
et les détails du phénomène, on sentira que je
suis bien loin de pouvoir me fier à l'emploi de la
furcelle dans de semblables recherches. Ce n'est
pas que je la croie inutile à cet égard, mais il
faudra l'étudier spécialement pour cela, et ce n'é-
tait pas le but que je m'étais proposé.

943. Au fait le corps humain paraît être agent
essentiel dans le phénomène, soit qu'il exerce sa
puissance par le moyen de l'électricité qui lui est
transmise ou qu'il absorbe et qu'il transmet, soit
que, stimulé par une cause quelconque, il agisse avec
son électricité propre; du moins tel est le résultat
de ce que j'ai vu; mais quelquefois l'état de l'individu était tel qu'il suffisait de quelque circonstance extérieure presqu'imperceptible pour causer
dans ses mains les phénomènes bacillogires. J'ai vu
un jeune homme de quatorze à quinze ans qui faisait
monter la furcelle dès qu'il la prenait et en quelque lieu qu'il se trouvât; ce ne fut qu'à la longue

que je m'aperçus qu'il avait du fer à ses souliers;
l'ayant engagé à changer de chaussure, les phénomènes cessèrent. J'ai vu une bague, un simple anneau produire des effets analogues. D'après ces
exemples rien ne m'empêche de supposer aussi des
individus chez qui l'état bacillogire soit permanent.
Toutes ces variations doivent mettre en garde contre
les conclusions prématurées qu'on voudrait tirer d'un
phénomène si compliqué.

944. Mais pour en revenir à mes expériences je
dirai que pour que les eaux eussent de l'influence il
m'a semblé nécessaire qu'elles fussent courantes entre
des parois qui les resserrent de toute part; ce contact
des parois et de l'eau courante me paraît surtout
indispensable du côté où est le bacillogire. L'eau
découverte d'une rivière sur laquelle on est, et
l'eau stagnante, me paraissent sans effets en-dessus;
mais l'eau d'une rivière quoique découverte n'est
peut-être pas sans action du côté de son fond ou
de ses parois latérales.

945. Quoi qu'il en soit, si quelqu'un était tenté
de faire des recherches de ce genre et d'étudier
en lui la puissance bacillogire, ce qu'il aurait de
mieux à faire serait de s'adresser à un homme qui
fût déjà exercé; mais s'il ne le pouvait, voici ce
que je lui conseillerais.

946. Il faudra d'abord reconnaître un courant
souterrain, artificiel ou naturel, le plus fort et le
plus rapide possible; il n'est pas absolument nécessaire de connaître précisément sa route; si on est
à portée d'une abondante fontaine on n'aura qu'à

examiner attentivement la disposition du local pour pouvoir juger approximativement de quel côté lui arrive le courant qui l'alimente. On se munira d'une furcelle préparée comme je l'ai indiqué chapitre II. On aura soin de n'avoir aucune bague ni pièces métalliques aux mains ni aux pieds, on tiendra l'instrument comme je l'ai dit même chapitre ; il faudra serrer modérément les mains, mais les bras doivent être sans nulle espèce de roideur, ainsi que tout le haut du corps. On se balancera ou on frappera du pied un peu fortement pour s'assurer qu'on tient bien la furcelle et qu'on est assez sûr de la position des mains pour que la marche ne produise pas un déplacement qui causerait à la furcelle un mouvement mécanique ou artificiel. Alors on marchera sans affectation, mais fermement et sans traîner les pieds, et on s'avancera de manière à traverser le lieu sous lequel on suppose que doit passer le courant. Il faudra porter toute son attention sur ce qui se passe dans les mains, et se préparer à percevoir la plus légère impression qui s'y ferait sentir ; cependant il est très-probable que ce premier passage s'exécutera sans que la furcelle manifeste aucune tendance à monter ou à descendre ; il faudra alors se retourner et faire sans délai un nouveau passage, et à mon exemple ne point se décourager si on en fait infructueusement jusqu'à cinq ou six. Si on parvient à reconnaître un léger mouvement on continuera de même, et il est probable qu'on obtiendra bientôt des effets plus évidens. Dès lors on a atteint le premier but, celui d'exciter en soi la puissance bacillógire. On ne s'étonnera pas si ces premiers résultats sont variables ou irréguliers, si la furcelle descend quand on pense qu'elle devrait monter, si elle prolonge indéfiniment son mouvement, etc.; tout cela se réglera par l'usage.

947. Mais pour ces premiers essais il ne suffit pas de trouver un local favorable, je conseille encore de les faire de huit à neuf heures du matin en été, et de choisir un jour qui annonce devoir être chaud et pesant, dût-il même être orageux, mais qui n'ait point été précédé de grandes pluies.

948. Si quelque circonstance permet de connaître avec un peu de précision la trace même du courant et le lieu où il passe, alors, quand on l'a traversé et dépassé de douze à quinze pas comme pour sortir du sol excitateur qu'on peut supposer, il vaut mieux ne pas aller plus loin et rétrograder vers le point sous lequel est le courant, mais en marchant en arrière et sans se retourner; on ne dépassera pas non plus ce point et on se reportera en avant; alors la marche ne s'étendra que depuis le point situé sur le courant jusque vers l'un des bords présumés du sol excitateur, marchant en avant quand on va vers le bord, et marchant en arrière quand on revient vers le lieu du courant.

949. Si on sentait la furcelle baisser, il faudrait au contraire marcher en arrière en allant vers le bord du sol excitateur, et marcher en avant en allant vers le lieu du courant.

950. Si tous ces moyens étaient infructueux, il faudroit avoir recours aux pièces métalliques; on

pourrait mettre trois pièces d'argent dans la main droite, ou trois pièces de cuivre dans la main gauche; enfin on pourrait essayer de communiquer à la tête de la furcelle l'électricité produite par le frottement d'un tube de verre, ou d'un bâton de soufre, ou bien encore on pourrait y fixer une aiguille aimantée; mais dans tous ces cas il faudrait avoir soin de marcher du nord au sud, ou du sud au nord. Je ne m'étendrai pas davantage sur ces moyens accessoires qui se déduisent des expériences que j'ai rapportées; mais je répéterai encore que le plus sûr moyen est de voir un homme déjà exercé, pourvu qu'on ne s'impatiente pas de ne pas l'imiter immédiatement, ni de ne pouvoir obtenir les mêmes résultats que lui.

951. Maintenant cherchons à nous résumer d'une manière plus générale que je ne l'ai fait en commençant ce chapitre, et au lieu de partir de l'effet particulier des effluves électriques terrestres sur la furcelle, envisageons le phénomène bacillogire en lui-même et dans son ensemble.

952. La furcelle est un électroscope (1) extrêmement sensible qui indique directement certain

---

(1) Je m'aperçois en finissant, et mon ouvrage étant à peu près imprimé, que j'ai employé généralement le mot électroscope pour électromètre. Je crois électroscope préférable, mais j'ai eu tort puisqu'il n'est pas usité. L'usage que j'ai fait de ce mot tient à une habitude que j'ai prise sans m'en apercevoir, et que j'ai reconnue trop tard. J'espère néanmoins qu'il n'en résultera aucune confusion d'idées; le mot est trop clair pour pouvoir se prêter à une fausse interprétation.

état électrique du corps humain ; et l'état électrique du corps pouvant être influencé par plusieurs causes intérieures ou extérieures, la furcelle peut souvent faire connaître indirectement la présence ou l'action de ces causes.

953. Ainsi, par exemple, si, tenant une furcelle, et s'étant assuré qu'elle n'a pris aucun mouvement pendant qu'on a fait soixante, quatre-vingts ou cent pas, plus ou moins, on s'aperçoit tout-à-coup qu'elle s'élève ou s'abaisse, il faut d'abord conclure que l'état électrique du corps a été modifié. Mais si on a lieu de penser que cet état n'a été modifié par aucune cause interne et propre au corps, on est en droit de rechercher cette cause à l'extérieur du corps. Et si ni l'individu ni la furcelle n'ont été en contact avec nul autre corps accidentel, cette cause devra se trouver ou dans l'air ambiant ou dans le sol sur lequel on marche. Je pense avoir prouvé que dans ce cas elle vient du sol ; mais l'examen que j'ai fait de ces effluves terrestres m'a forcé de les comparer à d'autres causes externes ou internes qui peuvent aussi modifier l'état électrique du corps.

954. A présent on pourra rechercher dans quel cas et dans quels lieux ces effluves terrestres se font reconnaître, question qu'on a voulu trop tôt résoudre et contre laquelle j'ai dû me tenir en garde. On pourra rechercher aussi et peut-être plus utilement quelles sont les autres causes qui peuvent modifier l'état électrique du corps humain, et la furcelle servira encore avantageusement à cet égard.

SUPPLÉMENT

CONTENANT

QUELQUES EXPÉRIENCES FAITES PENDANT L'IMPRESSION
DE CET OUVRAGE.

955. En commençant à classer mes expériences pour en former cet ouvrage, j'ai dû ralentir l'activité de mes recherches, afin de tâcher de me tirer de l'espèce d'encombrement dans lequel je me trouvais ; mais j'ai cru pouvoir reprendre et continuer ma marche dès que j'ai eu rédigé mon travail. J'ai recueilli ainsi de nouvelles et abondantes richesses qui ne peuvent trouver place ici ; il suffira de dire qu'elles ne contrarient en rien ce que j'ai annoncé jusqu'à présent ; néanmoins parmi ces expériences j'en choisirai quelques-unes qui, en nous ouvrant une autre direction, indiquent de nouveaux rapports entre les fluides bacillogires et électriques ; elles seront précédées de quelques corrections, ou plutôt de l'indication des précautions à prendre pour le succès de certaines expériences du chapitre xv ; mais je dois d'abord faire connaître une furcelle que j'emploie maintenant très-fréquemment et avec succès.

DESCRIPTION D'UNE NOUVELLE FURCELLE.

956. La forme de cet instrument est fort analogue à celle des furcelles ordinaires que j'ai décrites. Celle-ci est composée comme les autres de deux branches et d'une tige commune nommée *tête de la furcelle*; les dimensions sont à peu près les mêmes que j'ai indiquées. La tête est un morceau de bois sec et travaillé, elle est en forme de cylindre un peu comprimé et percé de deux trous parallèles à son axe. Dans ces trous cylindriques sont enfoncées deux baleines un peu plus minces que des baguettes de fusil, et qui forment les deux branches de la furcelle. Pour se bien plier vers l'endroit des poignées il m'a paru bon que les branches de baleine allassent un peu en s'amincissant en s'éloignant de la tête de l'instrument, ainsi elles ne sont pas tout-à-fait cylindriques.

957. Cet instrument est fort commode pour moi, et toujours prêt; mais je dois convenir que la grande élasticité des baleines rend plus difficile de l'établir bien en repos et de prévenir les mouvemens accidentels, quand on n'a pas une grande habitude de ces expériences. Au reste, mille autres constructions pourraient réussir; ce n'est même point ainsi que j'avais commandé l'instrument, l'ouvrier m'a mal compris, mais il a atteint mon but.

REMARQUES SUR LES ARTICLES 368 ET SUIVANS
(chap. xv).

- 958. Les expériences rapportées dans le chapitre xv
depuis l'article 368 jusqu'à l'article 371 ont été
répétées au mois de mai 1825. J'ai obtenu les
mêmes résultats , mais seulement dans certains cas,
et quand j'opérais absolument de même. Un changement dans une circonstance que j'avais crue indifférente a produit d'autres effets. Je dois aussi prévenir
que j'ai reconnu qu'il était utile d'envelopper la base
tronquée de la branche avec un corps non-conduc-
teur, tel qu'une étoffe de soie ; ensuite la branche peut
être fixée à la jambe avec un lien conducteur. L'article 374 fait sentir les motifs de ces précautions.

959. Dans le chapitre xv (368) j'ai commencé par
tourner la branche de façon que la surface inférieure des feuilles traînât sur la terre ; le mouvement de la furcelle a été augmenté. Ensuite j'ai
retourné la branche de manière que le dessus des
feuilles était contre terre, le mouvement a été
annulé. Il en a été de même toutes les fois que
j'ai suivi le même ordre dans les expériences ,
c'est-à-dire toutes les fois que, dans la première
expérience faite avec une branche, la surface inférieure de ses feuilles a été mise contre terre ;
mais lorsque dans la première expérience faite avec
une branche c'était la surface supérieure qui était
contre terre, la série des résultats n'était plus analogue à celle de l'article 368. En effet, dans ce cas
la première expérience , conforme à B de l'art. 368,

27

a donné à la vérité le même résultat, c'est-à-dire que le mouvement a été à peu près annulé ; mais quand ensuite j'ai retourné la branche pour la disposer comme en A ou en C de l'article 368, le mouvement est resté nul.

960. Il y a donc deux sortes de séries lorsque l'on tourne alternativement le dessus des feuilles en dessus ou en dessous. La première commence en tournant le dessus vers le ciel; alors, toutes les fois que cette expérience se répète, le mouvement est augmenté, et quand on fait l'autre expérience, le mouvement est nul. La deuxième commence en tournant le dessus des feuilles vers la terre, alors le mouvement est annulé ou très-diminué dans tous les cas.

961. Or, si l'on se demande comment il se peut faire que l'expérience A (368) précédée de l'expérience B, donne un résultat si différent de A faite d'abord ou isolément, on sera forcé de convenir que dans le premier cas A a été influencée par B, ce qui ne peut avoir lieu qu'en admettant que ces expériences dérangent la marche ou la disposition des fluides de la branche feuillée, ou lui font subir une sorte de polarisation qui peut se combiner avec celle que nous avons déjà entrevue dans le corps du bacillo-gire (373). Si donc on veut étudier comment une branche ainsi placée intervient dans le phénomène bacillogire, il faut observer ses effets la première fois qu'elle est employée ; en ayant égard à cette restriction nous n'avons rien à changer au corol-laire XXVI.

EFFETS BACILLOGIRES DE LA LUMIÈRE DÉCOMPOSÉE.

962. J'ai pris un prisme de crown-glass à base équilatérale, j'ai formé un spectre solaire, et pour cela je n'ai eu recours ni à une chambre noire ni à un volet percé ; j'ai simplement exposé mon prisme au soleil devant une croisée ouverte. Le spectre se peignoit sur une muraille distante de dix à douze pieds, il était horizontal et pouvait avoir environ quatre pouces de haut et autant de large.

963. J'ai exposé horizontalement la tête de la furcelle dans le rayon violet pendant un peu moins d'une minute, ensuite, la prenant à l'ordinaire et marchant nord et sud, elle a baissé assez fortement.

Je l'ai exposée de même dans le rayon rouge, après quoi elle a monté assez fortement.

Le rayon vert ne lui a causé aucun mouvement.

964. Ces expériences ont été répétées plusieurs fois et variées, assez pour m'apprendre qu'elles n'étaient pas toujours uniformes et qu'elles étaient sujettes à des modifications, mais pas assez pour que je puisse en détailler toutes les circonstances ; cependant leur importance m'a déterminé à les exposer, quelque imparfaites qu'elles soient encore.

965. Pourtant j'ai déjà saisi quelques précautions qu'il faut prendre.

966. D'abord il m'a paru essentiel, après que la tête de la furcelle a été plongée dans un rayon coloré, de ne point, en la retirant, lui faire traverser un

autre rayon coloré. Ce passage, quoique rapide, suffit souvent pour empêcher le mouvement.

967. En second lieu il m'a semblé plus avantageux de faire tomber le rayon coloré sur l'un des côtés de la tête de la furcelle, et non sur la partie qui doit être en dessus ou en dessous. Ce n'est pas que dans ce dernier cas on ne puisse obtenir du mouvement; mais en général il m'a paru moins fort.

968. Telle est la première indication d'une route qui paraît s'étendre bien loin dans le domaine de la physique, et que je me propose de développer dans des ouvrages subséquens, lorsque j'aurai pu l'explorer plus à loisir.

TABLE.

Les premiers numéros indiquent les pages ; quand il a pu être utile de donner une indication plus précise, le numéro de l'alinéa se trouve entre parenthèses à la suite de celui de la page ; les points qui suivent ce même numéro d'alinéa indiquent que le même sujet est encore traité dans un ou plusieurs des alinéas suivans.

Pages.

Pages.

FIN DE LA TABLE.

ERRATA.

Page 19, lig e, 22 ; chapitre XI, *lisez* chapitre XII.

Page 39, ligne 14, ajoutez 25 au commencement de l'alinéa.

Page 39, ligne 30 (283), *lisez* 282.

Page 60, avant-dernière ligne, mettez deux points (:) à la place de la virgule.

Page 61, 7e ligne, mettez deux points (:) à la place de la virgule.

Page 133, ligne avant-dernière ; le côté droit de la furcelle, *lisez* le côté droit de la tête de la furcelle.

Page 315, première ligne ; corollaire LII, *lisez* corollaire LIII.

Page 318, TITRE; autres propriétés des fluides, *lisez* autres propriétés des fluides bacillogires.

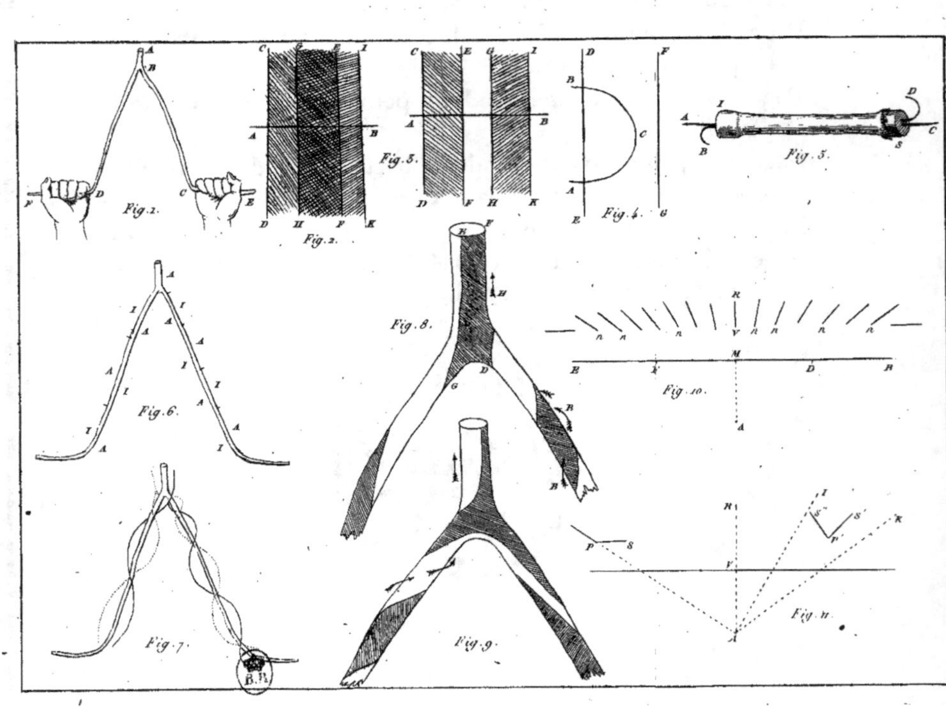